21世纪高等院校教材

地 球 概 论

（第三版）

余 明 主编

科学出版社
北 京

内 容 简 介

"地球概论"是高等师范院校地理科学专业的一门先行的基础课,讲授的是关于地球的宇宙环境以及行星地球整体性的基础知识。

本书首先引入天体和天体系统、天球和天球坐标的概念,并简单介绍获取天体信息的主要手段以及时间历法;其次重点介绍天体的主体——恒星世界以及与地球有关的天体系统(如银河系、太阳系和地月系等);再次讨论了日月地、日地关系以及近地环境对地球的影响,以及叙述了地球运动及其所产生的地理意义;最后对地球整体性知识、地球的演化以及数字地球做了介绍。课程实验指导和常用的数据安排在附录中。

本书可作为高等院校地理科学类、生态类等专业本科生的教材。同时,也可供广大热爱地球科学的读者阅读、参考。

图书在版编目(CIP)数据

地球概论 / 余明主编. —3 版. —北京:科学出版社,2022.4
21 世纪高等院校教材
ISBN 978-7-03-071998-0

Ⅰ. ①地… Ⅱ. ①余… Ⅲ. ①地球科学–高等学校–教材 Ⅳ. ① P

中国版本图书馆 CIP 数据核字(2022)第 050988 号

责任编辑:文 杨 / 责任校对:杨 然
责任印制:师艳茹 / 封面设计:迷底书装

科 学 出 版 社 出版
北京东黄城根北街 16 号
邮政编码:100717
http://www.sciencep.com

三河市宏图印务有限公司印刷
科学出版社发行 各地新华书店经销
*

2010 年 7 月第一版 开本:787×1092 1/16
2016 年 6 月第二版 印张:17
2022 年 4 月第三版 字数:435 000
2024 年 7 月第十九次印刷

定价:59.00 元
(如有印装质量问题,我社负责调换)

第三版前言

为深入学习宣传贯彻党的二十大精神，推动"美丽中国"建设的战略蓝图，结合地理学科建设的实际，掌握地球相关知识意义重大。《地球概论（第三版）》是在第二版的基础上进一步完善、调整和更新。修订后的教材共 8 章和 3 个附录。具体包括：第 1 章天体及其研究方法；第 2 章恒星世界；第 3 章星系与宇宙；第 4 章太阳系及近地宇宙环境；第 5 章日月地系统；第 6 章地球运动及其效应；第 7 章地球物理特征及演化；第 8 章数字地球及其应用。附录 A 课程实验内容与指导；附录 B 实验项目汇总；附录 C 常用的数据。为方便师生使用本教材，辅助资源（如课件、课后练习题参考答案等）可通过二维码获取。

感谢"全国高等师范院校《地球概论》教学研究会"全体老师对本教材再版给予的支持和帮助，感谢科学出版社文杨编辑的支持和帮助。

由于编者水平有限，书中不妥之处，恳求读者批评指正。

余　明

2023 年 6 月于福建泉州修改

第二版前言

  《地球概论》自 2010 年出版发行后，得到广大师生和读者的关注和喜爱。为使教科书与科技发展同步，为了与时俱进，我们从去年开始就着手《地球概论（第二版）》修编工作。第二版教材除对原有教材做了更新及完善外，增加了"恒星世界"和"数字地球"等内容。修订后的教材共有 7 章，即第 1 章，天体及其研究方法和手段；第 2 章，恒星世界；第 3 章，银河系和河外星系概貌；第 4 章，太阳系及近地宇宙环境；第 5 章，日月地系统；第 6 章，地球运动及所产生的地理意义；第 7 章，地球的物理特征及演化。新版教材由主编本人修订完成。为了配合教材使用，原书附录实验项目指导由福建师范大学张林海博士做相应更新。

  感谢"全国高等师范院校《地球概论》教学研究会"的全体老师对本教材的支持和帮助，感谢科学出版社文杨编辑的支持和帮助。

  本教材对应的"地球概论"在线课程已在科学出版社在线教育平台——"中科云教育"正式上线，欢迎读者加入在线课程进行学习及下载相关资源。

  由于编者水平有限，书中不妥之处，恳求读者批评指正。

余 明

2016 年 3 月于福建榕城

第一版前言

地球是我们人类的家园。地球上的大气、海洋、地壳以及内部结构都在不断地运动和演化着，不同物质的运动都有其特殊的动力机制，它们都不同程度上都受地球重力场、地球运动及其变化等各种地球内部因素影响，也受宇宙环境中的外部因素影响。目前，地球所处的宇宙环境已得到人类极大的关注。

从哲学的观点来看，宇宙是无边无际、无始无终的。从科学的观点来看，宇宙有起源、有发展、有变化。所谓"科学的宇宙"，指的就是"观测的宇宙"，即现在能够观测到的天体现象总和，实质上就是总星系。对科学宇宙边界的确定与人类的认识水平有关，并取决于探索宇宙的手段和工具。目前人类所认识的宇宙，是充满物质和能量，我们把宇宙所有物质（包括可视与不可视的）统称为天体，如星系、星团、星云、恒星、行星、卫星、彗星、流星体、射线、星系核、黑洞等；尽管不同的天体在质量、大小、形态特征等方面差别很大，但宇宙中的天体并不是杂乱无章的布局，而是相互联系，并构成级别、大小、规模不同的天体系统，如地月系、太阳系、银河系、河外星系、星系团、总星系等。

从天体角度来说，地球只是宇宙中一个很普通的天体。茫茫宇宙，地球是渺小的，但对人类而言，它又是重要的、不可替代的天体。地球是人类的家园，是人类观测宇宙的基地。若从这个意义上说，地球是"地"，而不属于"天"；地学研究的对象是"地"，天文学研究的对象是所有天体，而地球是其中的一个特殊的天体。"地球概论"研究的是行星地球。所以，"地球概论"可以看成是地学与天文学的交叉学科之一，也是地学专业必修的基础课程之一。"地球概论"为地学其他分支学科提供地球的整体知识，而天文基础知识为"地球概论"课程重点、难点的探讨和深入学习提供基础。

本书由福建师范大学地理科学学院的余明教授主编，参与编写的还有首都师范大学资源环境与旅游学院的刘洪利副教授、华中师范大学城市与环境科学学院的王宏志副教授、陕西师范大学旅游与环境学院的陈林副教授、广州大学地理科学学院的谢献春副教授、唐山师范学院资源管理系的沈方副教授、福建师范大学地理科学学院的张林海老师。本书共 6 章及 1 个附录，具体编写分工如下：第 1 章，余明、刘洪利；第 2 章，王宏志、余明；第 3 章，余明、陈林；第 4 章，余明；第 5 章，余明、张林海；第 6 章，沈方、余明；附录，张林海、谢献春、余明、谢献春。同时，为方便读者，本书还提供了教学光盘，内容包括课程大纲、课程 PPT、课程试题库、课程实验、课程参考答案、课程图库等。

本书的编写，得到全国高师"地球概论"教学研讨会同行们的大力支持，尤其感谢华南师范大学刘南威教授、华东师范大学束炯教授、东北师范大学李津教授、陕西师范大学应振华教授、贵州师范大学方明亮教授、河北师范大学夏彦民教授、广西师范学院周继舜教授、南京师范大学朱长春教授、韶关学院旅游与地理学院廖伟迅教授、安徽师范大学邵华木教授、华南师范大学钟巍教授、咸阳师范学院苏英教授等的长期支持和帮助，感谢福建师范大学地理科学学院院长杨玉盛教授以及同仁们的支持和帮助。

　　本书的出版，还得到福建师范大学精品课程项目、福建师范大学地理科学学院重点学科建设项目的资助，以及科学出版社等单位的大力支持，在此一并致谢。

　　由于编者水平有限，书中不妥之处在所难免，恳请读者批评指正。

余　明

2010 年 5 月于福建榕城

目　　录

第1章　天体及其研究方法

本章导读:

　　地球是宇宙中的一个天体,那么,如何观测天体? 如何获悉天体的信息? 天体是如何演化的? 如何从整体上认识地球? ……所有这些问题都是人类所关心的。本章将对天体及研究天体的主要方法进行介绍。

1.1　天体及天体系统

1.1.1　天体概念及主要天体

1.天体概念

　　宇宙中所有物质和能量,统称为**天体**。天文学研究的对象就是天体。常见的有自然天体(如黑洞、星系、恒星、类星体、行星、卫星、彗星、流星体等)和人造天体(如人造卫星、飞行器等)。在地球上看,天体都在天上。但实际上,地球也是一个自然天体,不过对人类而言,地球是一个特殊的天体。

2.主要天体简介

　　(1)恒星　是天体中的主体。一般由炽热的气体组成的、自身会发热发光的球状或类球状天体,称为恒星。太阳就是一颗恒星,除了月球和行星外,我们在夜晚所见到的天空群星大多为恒星(关于恒星的特点将在第 2 章介绍)。由成团的恒星组成的、被各成员星的引力束缚在一起的恒星群称为星团,一般分为球状星团和疏散星团两种。

　　(2)行星　指绕恒星运行、自身不会发可见光的、以其表面反射恒星光而发亮的天体。据现代天文观测获知,行星并不是太阳系独有的。天空中每 10 颗恒星至少有 1 颗其周围有行星,甚至可能不止 1 颗行星。21 世纪以来,人类已经在 800 多颗恒星周围发现了 1000 多颗行星(候选体星),最多在一颗恒星周围发现了 7 颗行星。目前人类对太阳系外行星的探索兴趣空前高涨。

　　(3)卫星　指绕行星运行、自身不会发可见光、以其表面反射恒星光而发亮的天体。如太阳系内的月球就是地球的卫星。据科学报道,截至 2022 年发现的太阳系自然卫星数多达 300 颗以上。

　　(4)彗星　主要由冰物质组成,以圆锥曲线(包括椭圆、抛物线和双曲线)轨道绕恒星运行。当靠近恒星时,因冰物质受热融化、蒸发或升华,并在恒星粒子流的作用下(如太阳风)拖出尾巴的天体。至今人们仅观察到太阳系内的彗星。

　　(5)流星体　指太阳系中较小的天体,其轨道千差万别。在太阳系中有些流星体是成群的,称为**流星群**。当流星体或流星群进入地球大气层时,由于速度很快,进入地球大气层因摩擦生热而燃烧发光，形成明亮的光迹，称为**流星现象**。大流星体未燃尽而降落在地面，称为**陨星**。有些陨星中含有许多种矿物元素，尤其近年来还发现在一些陨星中存在有机物。

（6）星云和星系　　星云是指银河系空间气体和微粒组成的星际云，一般它们体积和质量较大，但密度较小；形状不一，亮暗不等。早期人类在星云性质未被了解之前，曾把星云分为河内星云和河外星云两种。随着观测手段的进步，人类已区分出河内星云的实质就是银河系内的一些星际物质；河外星云就是现在指的"河外星系"，简称"星系"。**梅西叶天体（或 M 天体）**是特指的 110 个星系和星云。**深空天体**（deep sky object，DSO）指的是天空上除太阳系天体（如行星、彗星或小行星）或恒星天体外，用肉眼难以见到，但用探测器可获悉的弱暗星系等天体（如 **M31**、**M104** 等）。

（7）星际物质　　是存在于星系和恒星之间的物质和辐射场的总称（除包括星际气体、星际尘埃和各种各样的星际云外，还包括星际磁场和宇宙线），星际物质在天体物理的准确性中扮演着关键性的角色（因为它是介于星系和恒星之间的中间角色），在现代天体物理中，星际物质研究越来越受到人们重视。

（8）人造天体　　在 1957 年人造卫星上天以后才有的天体，包括现有人造卫星、宇航器（宇宙飞船）和空间站等。虽然有的人造天体已解体，失去设计时的功能，但每一块小碎片（宇宙垃圾）仍然是人造天体。据估计，现运行在宇宙空间的人造天体已有上万个，为避免碰撞，国际组织或一些国家已开展对它们进行监测和监控。

（9）可视天体和不可视天体（暗物质）　　在宇宙中存在大量的物质和能量，人类把肉眼看得见的（在可见光波段）称为"可视天体"，看不见的称为"不可视天体"或"暗物质和暗能量"。现代天文研究表明，宇宙中存在大量暗物质与暗能量。

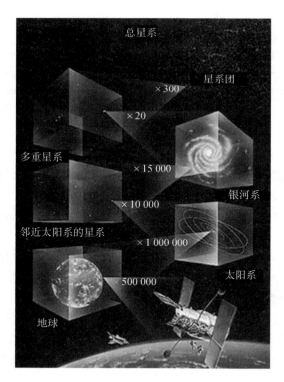

图 1.1　地球在宇宙中的位置

1.1.2　天 体 系 统

宇宙中的天体是相互作用的。互有引力联系的若干天体所组成的集合体，称为天体系统。常见的有地月系、太阳系、银河系、河外星系、星系团、总星系。天体系统结构各异、大小悬殊。地球在宇宙中的相对位置如图 1.1。与地球关系密切的天体系统有地月系、太阳系、银河系。

1.2　获取天体信息的方法

除用肉眼外，人类主要是通过望远镜等天文仪器观测天体运动、研究天体的特性及演化。

获悉天体信息的主要渠道有电磁波、宇宙线、中微子、引力子等。通过这些手段，人们可以了解有关天体的信息（如恒星的光度、温度、颜色、寿命等）以及天体的演化规律。

1.2.1　电　磁　波

电磁波（electromagnetic wave）是在真空或物质中通过传播电磁场的振动而传输电磁能量的波。它具有波动性和粒子性两种性质。任何目标物都具有发射、反射和吸收电磁波的性质，目标物与电磁波的相互作用，构成了目标物的电磁波特性，它既是现代遥感探测的依据，也是人类通过电磁波获取宇宙天体信息的主要方法。就波长来说，我们眼睛所能感觉到的，只是全部电磁波中很狭窄的一部分，即所谓的可见光，其波长范围为 $0.4\sim0.8\mu m$（$1\mu m=10^{-4}cm$）或 $4000\sim8000Å$（$1Å=10^{-8}cm$）。其他不可见光的电磁波有：紫外线 $100\sim4000Å$，X 射线 $0.01\sim100Å$，γ 射线 $<0.01Å$，红外线 $7000Å\sim1mm$，无线电短波 $1mm\sim30m$，无线电长波 $>30m$。电磁波光谱如图 1.2 所示。

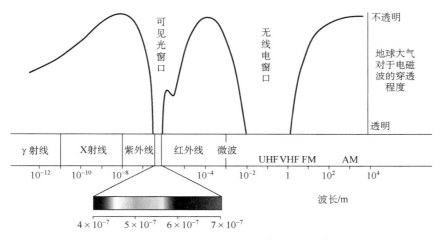

图 1.2　电磁波光谱图

由于地球大气对天体辐射的吸收、反射和散射等作用，所以天体只有某些波段的辐射能到达地面，人们把这些波段形象地称为"大气窗口"。大气窗口指大气对电磁辐射吸收和散射很小的波段，这些波段对地面观测获取天体信息非常有利。主要有以下几个大气窗口：①光学窗口，能透过可见光；②红外窗口，红外辐射主要由水分子所吸收，只有很少部分能在地面观测；③射电窗口，在射电波段有一个较宽的窗口。若要观测天体的全波段辐射，就必须摆脱地球大气的屏障，需到高空和大气外层进行观测。在地球大气上界和地面获取太阳能差异情况如图1.3 所示，其衰减强度随波长而异。

1.2.2　宇　宙　线

宇宙线主要指来自宇宙的各种高能粒子流，包括质子、α 粒子、电子、不稳定的中子和 μ 子等。不过，除中微子外，接收宇宙线必须用各种粒子探测器到大气上界进行。目前，人类在这方面研究虽已取得一定成果，但对太阳系之外的宇宙线还难以做到系统化观测。

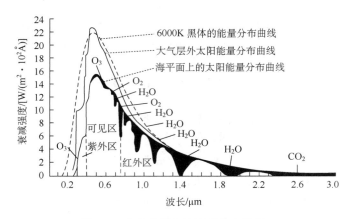

图 1.3　大气上界和地面获取太阳能

中微子质量虽极其微小，但穿透本领很强。通过对中微子观测，人类可以获悉恒星内部热核反应的信息，但不易观测。2002 年，赛德伯勒中微子天文台已成功地观测到来自太阳的中微子，这对研究太阳内部意义重大，也解决了困惑人类多年的"太阳中微子之谜"。

1.2.3　引 力 子

在引力场中，由引力波传播的载体，称为引力子。人类通过对它们的研究，可以间接得到天体的一些信息。令人兴奋的是在 2016 年初人类首次直接探测到引力波的存在。引力波的发现让人类认识宇宙增加了一个通道，也为人类探索宇宙的奥秘提供了另一种手段。

此外，天外来客（如陨星）、宇航取样等，也是人类了解宇宙天体的渠道。

1.3　观测天体的主要工具和数据处理

目前人类能观测的宇宙范围为 150 亿～200 亿光年，但肉眼能直接观测到的天体是很有限的。因此，在历史上，天文学家就一直致力于观测手段的改进和天文观测仪器的研制。可以说，从伽利略望远镜到哈勃太空望远镜，每一次观测手段的改进和新观测仪器的研制，都推动了天文学的发展。望远镜是人眼的延伸，从光学到射电波段，再到其他多波段观测；从地面到航空航天观测，天文仪器不断更新，天文望远镜的功能也日趋完善，人类获取的天体信息也越来越多。为更好地了解地球的宇宙环境，了解天体的运动规律。本节将简要介绍天球和天球坐标、星图和星表、天文望远镜等以及天文数据处理方法等。

1.3.1　天　　球

1. 天球的概念

引力使运动宇宙中的天体能保持相对的平衡。当人们抬头仰望天空时，从视觉上很难辨别出天体距离的远近，似乎是等距的，它们同观测者的关系，犹如球面上的点与球心的关系。这样太阳、月亮和恒星看起来似乎都分布在一个很大的球面上（称天球）。地球上的人无论走到什么地方，都有这种感觉。天空的昼夜变化表明，天球不但存在于地平之上，而且还有一半隐入地平之下。

　　天文学对天球是这样定义的：以观测者为中心、以任意长为半径的一个假想的球体（图 1.4）。它可作为研究天体视位置和视运动的辅助工具。如太阳每日的东升西落、月球在天空中的圆缺变化、日月食现象出现、行星的动态变化等都可借助天球来表示。

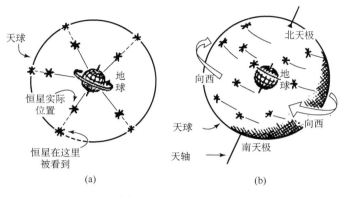

图 1.4　天球示意图

2. 天球的类型

　　由于研究任务不同，天球中心可以选择为观测者、地心、日心或银心等，相应地就有观测者天球、地心天球、日心天球和银心天球等。地心天球，是地球上的观察者所构成的天球，它以地心为天球中心，但地球上的观察者只能在地面上观察，地心与地面的差距就是地球半径，在较大尺度的宇宙空间里，地球半径或直径的距离是可以忽略不计的，这就是天球的半径定义为任意的原因。所以，地心天球与以地面上的观察者为中心的天球是可以被看作是一致的，仅在必要的时候才作某些修正。地心天球主要用以表示太阳系以外的天体视位置和视运动。日心天球，以日心为天球中心，即假设观察者处于日心位置，这种天球主要用于表示太阳系以内天体的视位置和视运动。银心天球，以银心为天球中心，即假设观测者在银心位置，这种天球主要用于研究星系运动。

3. 天球上的基本点和基本圈

　　在天球上定义一些假想的点和大圆（基本线和基本圈），以便确定天体在天球上的视位置，或研究天体的视运动。因此，利用天球可以把各个天体方向间的相互关系的研究，分为球面上点与点或点与线或线与线之间相关位置的研究。同一球面上最大的圆，其圆心在球心的称为"大圆"，其他的圆则称为"小圆"。为此，我们先了解天球上的一些基本点和基本圈（圆）。

　　（1）天顶和天底　沿观测者头顶所指的方向作铅直线向上无限延伸，与天球相交的一点称为天顶（Z）；天球上距天顶 180° 的点，即铅垂线在观测者脚底向地平以下无限延伸，与天球相交的另一点称为天底（Z'），观测者的眼睛则为天球的中心，如图 1.5 所示。

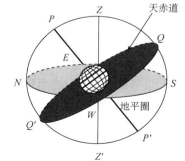

图 1.5　天顶和天底、天极、天赤道、
地平圈、四正点

（2）地平圈　通过地心，并垂直于观察者所在地点的垂线的平面与天球相割而成的圆为地平圈，或表述为通过天球中心而垂直于天顶和天底连线的平面称为地平面，地平面与天球相交而成的大圆，称为"地平圈"，如图1.5中的 *NWSE*。地平圈把天球分成可见和不可见的两个半球。天体每日视运动运行到距地平圈以上最高点称为"上中天（*Q*）"，运行到距地平圈最低点称为"下中天（*Q′*）"。

（3）北天极和南天极　天轴是地轴的无限延伸。天轴与天球相交的点就是"**天极**"。天极有两个：北向的称"北天极（*P*）"；南向的称为"南天极（*P′*）"（有人称"天北极"和"天南极"）。离北天极约1°处有一颗不太亮的星，即小熊座α，中文名"勾陈一"，即现代北极星。南天极及其近旁没有亮星，故没有南极星，所谓"南极老人星"，其实离南天极还很远，离天赤道反而近，只因我国地处北半球，北方根本看不到这颗星，南方看那颗星在南边天际。所以才有"南极老人星"（即船底座α）的说法。

（4）天赤道　与北天极和南天极距离相等，且垂直于天轴的大圆，称为"**天赤道**"，即地球赤道平面无限扩大与天球相割而成的大圆。它把天球分成南、北两个半球。

（5）四方点（或四正点）　通过天顶和天底、北天极和南天极的大圈与地平圈相交的两点中，靠近南天极的那一点称为南点（*S*），靠近北天极的另一点称为北点（*N*）。自北点顺时针旋转90°的那一点为东点（*E*），与东点相距180°的点称为西点（*W*）。或表述为在某地看来地平圈与天赤道相交的两点就是东点（*E*）和西点（*W*），它们在正东方向和正西方向。地平圈上与它们相距90°的两个点就是南点（*S*）和北点（*N*），分别在正南方向和正北方向。*S*、*N*、*E*、*W* 合称为"四方点"或"四正点"（图1.5）。

（6）黄道和黄极　通过天球中心作一与地球公转轨道面的无限平面，这一平面叫黄道面。黄道面与天球相交的大圆，称为黄道，或地球绕日公转轨道平面任意扩展，与天球相割而成的圆为黄道。通过天球中心作一垂直于黄道面的直线，使该线与天球相交于两点，其中靠近北天极 *P* 的那一点为北黄极（*K*），靠近南天极 *P′* 的另一点则为南黄极（*K′*），如图1.6所示。

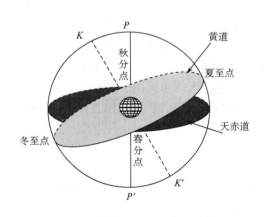

图1.6　黄道、天极二分二至点

（7）黄赤交角与二分二至点　黄道平面与天赤道平面的交角，称"**黄赤交角**"，现为 23°26′（长时间有一定的变幅）。由于黄赤交角的存在，黄道与天赤道有两个交点，即春分点（γ）和秋分点（Ω）。在北半球看起来，春分点是升交点，即太阳在黄道上运行过春分点后便升到天赤道平面以北，太阳光直射在北半球；秋分点是降交点，即太阳过秋分点后便降到天赤道平面以南，太阳光直射在南半球。夏至点是在黄道上距天赤道最北的点，冬至点是在黄道上距天赤道最南的点。目前，太阳大致在每年的3月21日、6月21日、9月23日、12月22日的某一时刻运行至春分点、夏至点、秋分点和冬至点，其日子分别称春分日、夏至日、秋分日和冬至日，习惯上就简称为"二分二至日"。通过二至点的黄经圈，称"二至圈"；通过二分点的黄经圈尚无定名，暂称"无名圈"。黄道、无名圈和二至圈，是相互垂直且等分的三个大圆。

（8）子午圈、卯酉圈和六时圈　通过天顶和北天极，同时又过北点和南点的大圆 *PZSP′Z′N*

称为"子午圈"。通过天顶和天底，同时又过东、西点的大圆 $ZEZ'W$，称为"卯酉圈"。通过北天极和天南极，同时又过东、西点的大圆 $PEP'W$，称为"六时圈"。如图 1.7 所示。

若定义地平圈、天赤道、黄道为基本圈（简称"基圈"），那么子午圈、卯酉圈和六时圈则为"辅圈"。

（9）极点、交点和距点　在天球上，定义距大圆90°的点称为极点（如上述天顶和天底、北天极和南天极）。大圆与大圆相交的点称为交点（如东点和西点、春分点和秋分点等），两大圆之间的距离称为距点，其中距离最大处的点为大距点（如上点 Q 和下点 Q'、夏至点和冬至点等），如图 1.5 和图 1.6 所示。

（10）白道和黄白交角　月球公转的轨道投影到天球上，称为白道，所构成的面为白道面。黄道面与白道面之间存在的交角，简称"黄白交角"，一般为 $4°57'\sim5°19'$，平均为 $5°09'$（详见第 5 章）。

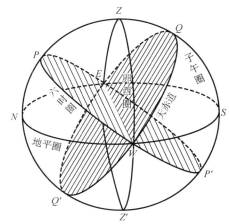

图 1.7　子午圈、六时圈和卯酉圈

1.3.2　天球坐标

天体在天球上的位置，可用天球坐标表示。天球坐标的确立就是为了天体定位的需要。本节先介绍天球坐标的一般模式，然后再介绍常见的几种天球坐标。

1. 天球坐标的一般模式

天球上一点的位置，可用该点距离天球基本点和基本圈的大圆弧，或大圆弧所对应的圆心角来度量，这种弧长又叫**球面坐标**。由天球上的纬度和经度所组成的坐标即**天球坐标**。天球上一点的位置，可用任意一种天球坐标系统来测定，天球坐标的一般模式是基于球面三角形，如图 1.8 所示。构成这个三角形的三条边，分别属于三个大圆，即**基圈、始圈和终圈**。三角形的三个顶点是基圈的**极点、原点**（始圈与基圈的交点）和**介点**（终圈与基圈的交点）。三边中的基圈和始圈，分别是坐标系的横轴和纵轴，终圈则是可变动的，体现这种变动的是点的经度和纬度。通过这两种变动，球面上任何一点的位置，都可以用一定的经度和纬度来确定。前者是点的横坐标，后者是点的纵坐标。

2. 常见的几种天球坐标

由于所选择的基本点和基本圈的不同，因而得出不同天球坐标系。常见的天球坐标有地平坐标、第一赤道坐标、第二赤道坐标和黄道坐标。

1）地平坐标系

在地平坐标系里（图 1.9）：它的基圈是地平圈，原点是南点。它的纬线是地平圈和天球上与地平圈平行的圆，称"地平纬圈"。地平圈就是最大纬线圈。它的经线是天球上通过天顶和天底，且垂直于地平圈的圆，称为"地平经圈"。其中通过南点和北点的地平经圈称"子午圈"，以天顶和天底为界分为子圈和午圈。通过东点和西点的地平经圈称"卯酉圈"，以天顶和天底为界分为卯圈和西圈。

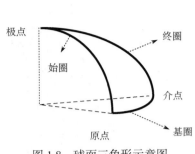

图 1.8 球面三角形示意图

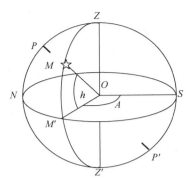

图 1.9 地平坐标系示意图

该坐标的纬度称高度（h），即天体 M 与地平圈的角距离，就是天体光线与地平面的交角，也就是天体的仰角。它用角度表示，以地平圈为起点，沿天体所在的地平经圈向上或向下度量。0°至±90°。上为正，即天体在地平面之上，是可见的；下为负，即天体在地平面之下，不可见。高度的余角称天顶距。

该坐标的经度称方位（A），它是天体对于子午圈的角距离，即天体所在地平经圈与子午圈的交角（实质是两个经圈所在平面的夹角）。它用角度来表示：在天文学里，以南点为原点（起点）在地平圈上向西度量（因天体周日运动方向为自东向西），自 0°～360°，南、西、北、东四点方位分别为 0°、90°、180°、270°；在测量学里，以北点为原点（起点），在地平圈上向西度量，北、东、南、西四点的方位分别为 0°、90°、180°、270°。在图 1.9 中，方位为 $\angle SOM'$（M' 是 M 在地平圈上的投影）。

由高度和方位组成的地平坐标系，能直观地表示观察者所见天体在天球上的位置。它常用于表示太阳在天球上的位置，使用得最多的是太阳高度。日出和日落时的太阳高度就是 0°，一天中太阳高度的最大值出现在正午，某地正午太阳高度有明显的季节变化，最大值出现在夏至日，最小值出现在冬至日。太阳高度为负值时说明在黑夜，极夜时太阳高度就是负值（太阳高度变化规律详见第 6 章）。天文观测流星、彗星、人造卫星等天体一般采用地平坐标。

2）第一赤道坐标系（时角坐标系）

在第一赤道坐标系中（图 1.10）：它的基圈是天赤道，原点是上点 Q。它的纬线是天赤道和天球上与天赤道平行的圆，称赤纬圈。天赤道是最大的赤纬圈，它的经线是天球上通过北天极和南天极的圆，在此为"时圈"。其中通过天赤道上的上点和下点的时圈称子午圈（它亦通过地平圈上的南点和北点），以两个天极为界，分为子圈和午圈。通过天赤道上的东点和西点（此两点亦在地平圈上，因为它们是地平圈与天赤道的交点）的时圈称为"六时圈"，以两个天极为界，分为东六时圈和西六时圈。

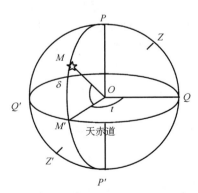

图 1.10 第一赤道坐标系示意图

该坐标的纬度称为赤纬（δ），是天体相对于天赤道的角距离，即天体视方向与天赤道平面的交角。它用角度表示，以天赤道为起始，在天体所在的时圈上度量，南北各自 0°到±90°，一般按习惯，北为正（＋），南为负（－）。赤纬的余角（90°− δ）称"极距"。

该坐标的经度称时角（t），是天体相对于子午圈的角距离，即天体所在时圈与子午圈的交角，实质是两圈所在平面的夹角。以上点 Q（午圈与天赤道的交点）为原点，沿天赤道向西度量（因天体周日运动方向自东向西），但它不用角度表示，而直接用时间单位时、分、秒表示，可记为 h、m、s，如 $6^h8^m12^s$。因天体周日运动是地球自转的反映，地球自转的速度是 1 小时 15°，1 分钟 15′，1 秒钟 15″，时角与角度可按此经值换算。上点、西点、下点和东点的时角则分别为 0^h、6^h、12^h、18^h。

由赤纬（δ）和时角（t）组成的第一赤道坐标系，主要用于测量时间，该坐标也称"时角坐标系"。在天文学中，把春分点（γ）的时角规定为"恒星时"，意思是春分点在上中天时，恒星时为 0 时（0^h），之后，随着地球的自转，春分点在天球上不断西移，时角不断增大，意味着时间在不停流逝。恒星时一般用于天文观测。

当太阳位于上中天时，太阳时角为 0 时，太阳时间却为 12 时，故太阳时与太阳时角有 12 时的差值，即太阳时=太阳时角±12 时。太阳时常用于人们日常生活计时。

3）第二赤道坐标系

由**赤纬（δ）和赤经（α）**组成的第二赤道坐标系，如图 1.11 所示。地平坐标系和第一赤道坐标系都有明显的地方性和周日变化，即在同一时刻的不同的地点观测同一个天体，所得的这个天体在天球上的纬度和经度是不同的；在同一地点的不同时刻观测同一个天体，所得这个天体在天球上的纬度和经度也是不同的。所以，这两个坐标系不宜用于表示天体在天球上的固定位置。在编制星表时，需要注明天体（如恒星、星系、星团等）在天球上的位置，这就必须建立第二赤道坐标系，在这一坐标系中：它的基圈是天赤道。它的原点是春分点，即黄道与天赤道相交的升交点。始圈是春分圈，即通过春分点的时圈。它的纬度是赤纬（δ），与第一赤道坐

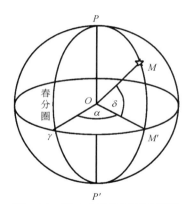

图 1.11　第二赤道坐标系示意图

标系中定义的赤纬一样。但它的经度是天体相对于春分圈的角距离，称赤经（α），亦用时间单位表示，以春分点为原点，沿天赤道向东度量，自 0^h 至 24^h。由此可见，在某一时刻，上中天恒星的赤经就是当时的恒星时，因为上中天恒星的赤经是子午圈上的恒星与春分圈的角距离，而当时的恒星时是春分圈上的春分点与子午圈的角距离，两者是同一个角距离。

由上亦可知，第二赤道坐标系是表示天体在纬向上与天赤道的距离，在经向上与春分圈的距离。在较短时期内，天赤道与春分圈的空间位置是变化很小的，所以，用这种赤经和赤纬注明的天体位置所编制的星表在较短时期内总是适用的。不过，由于地轴的进动，天赤道的空间位置是摆动的，春分点（γ）在黄道上每年西退 50.29″，西退周期为 25800 年，所以，在较长时间内，天体的赤经和赤纬也会有明显的变化。因此，为方便使用者，星表都要注明编制的年份。

4）黄道坐标系

由**黄纬（β）和黄经（λ）**组成的黄道坐标系（图 1.12）常用于表示日、月和行星的空间位置和运动的天球坐标系。

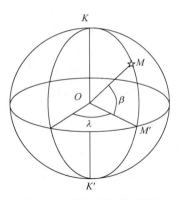

图 1.12　黄道坐标系示意图

在黄道坐标系中：它的基圈是黄道，原点是春分点。它的纬线是黄道和天球上与黄道平行的圆，称黄纬圈。黄道是最大的黄纬圈。它的经线是天球上通过两个黄极的圆，称黄经圈，其中通过春分点的黄经圈是始圈。

它的纬度称黄纬（β），是天体对于黄道的角距离，用角度表示，以黄道为起始，在天体所在的黄经圈上向南北度量，从 0°至±90°，黄道以北为正，黄道以南为负。

它的经度称黄经（λ），是天体对于春分点所在的黄经圈的角距离，以春分点为原点，沿黄道向东度量（因太阳系内天体周年视运动的总趋势向东），自 0°～360°。

太阳总是在黄道上，所以太阳的黄纬总是 0°。太阳的黄经每日递增 59′，春分日、夏至日、秋分日、冬至日时的太阳黄经分别为 0°、90°、180°、270°。月球和其他行星的黄纬也不大（这是由于太阳系行星公转具有共面性特点所致）。由于行星的视运动有时顺行，有时逆行（详见第 4 章），所以行星的黄经并非总是与日俱增。

3. 主要天球坐标的区别和联系

天球有各种不同的坐标系。因此，同一天体用不同坐标表达的位置或运动状况是不同的。不同的坐标系之间，既存在区别，又有互相联系。

1）地平坐标系与第一赤道坐标系比较

它们的经度（方位与时角）都是向西度量，而且，二者都以子午圈为始圈。但是，地平坐标系以地平圈为基圈，因而以南点为原点；第一赤道坐标系以天赤道为基圈，因而以上点为原点。这样，天体的高度便不同于赤纬，方位也不同于时角。它们之间的具体差异，与观测者所在的当地的纬度有关；纬度越高，二者越接近。在南北两极，天赤道与地平圈重合，天北极位于天顶。这时，高度就是赤纬，方位等于时角。

体现地平坐标系与第一赤道坐标系的联系（图 1.13），有如下关系式

在同一地点天极的高度（h_P）=地理纬度（φ）=天顶的赤纬（δ_Z）

天球的南北两极，一个在地平以上，叫做仰极；另一个在地平以下，叫做俯极。对北半球来说，仰极就是北天极。某地的地理纬度与当地天顶的赤纬属于同一个角，它的值等于当地仰极的高度，二者都是天顶极距的余角。在我国历史上，仰极高度被称为北极高。人们正是根据这一原理来测定所在地的纬度。

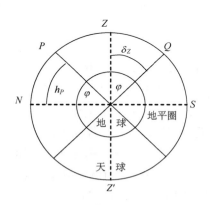

图 1.13　各种纬度关系

2）第二赤道坐标系与黄道坐标系比较

它们的经度（赤经和黄经）都是向东度量，而且，它们有共同的原点（春分点），但是，

第二赤道坐标系以天赤道为基圈，因而以春分圈为始圈；黄道坐标系以黄道为基圈，因而以无名圈为始圈。这样，天体的赤纬不同于黄纬，赤经不同于黄经。它们之间的具体差异，同黄赤交角（即黄道与天赤道的交角）有关。

　　3）第一赤道坐标系与第二赤道坐标系比较

　　这两种坐标系都以天赤道为基圈，因而有共同的纬度（赤纬），所不同的是它们的经度。第一赤道坐标系以午圈为始圈，其经度（时角）自上点向西度量。第二赤道坐标系以春分圈为始圈，其经度（赤经）自春分点向东度量，所以，天体的时角不同于赤经；二者的具体差异，同当时的恒星时有关。任何时刻的恒星时，等于当时上中天恒星的赤经（即上点 Q 赤经），这为恒星时的测定提供极大的方便。所以**任何瞬间同一天体的时角（t_M）与赤经（α_M）之和等于春分点的时角（t_r）也等于当时天顶的赤经（α_Z）；即：$\alpha_M + t_M = t_r = \alpha_Z$**，如图 1.14 所示。

　　任意两地同一瞬间测得同一天体的时角之差等于这两地的经度差，即：$\lambda_A - \lambda_B = t_A - t_B$（图 1.15）。

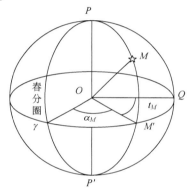

图 1.14　第一和第二坐标系的关系

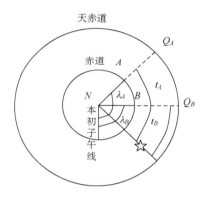

图 1.15　各种经度关系

　　上述几种天球坐标系，既各成体系，又交叉错综，为便于查询比较，现把各种坐标系的要素对比如表 1.1。天体在天球上的位置及运动还可借助天球仪来演示，关于天球仪的结构和使用参见附录 A。

表 1.1　天球坐标系比较

要素	地平坐标	第一赤道坐标	第二赤道坐标	黄道坐标
天球轴	当地垂线	天轴	天轴	黄轴
两极	天顶、天底	北天极、南天极	北天极、南天极	北黄极、南黄极
纬圈	地平纬圈（等高线）	赤纬圈	赤纬圈	黄纬圈
基圈	地平圈（有四正点）	天赤道（有上、下点）	天赤道（有春分、秋分点）	黄道（有二分、二至点）
经圈（辅圈）	地平经圈（有子午、卯西圈）	时圈（有子午圈、六时圈）	时圈（有二分、二至圈）	黄经圈（有二至圈）

要素	地平坐标	第一赤道坐标	第二赤道坐标	黄道坐标
始圈	午圈	午圈	春分圈	通过春分点的黄经圈
原点	南点	上点	春分点	春分点
纬度	高度	赤纬	赤纬	黄纬
经度	方位 （向西度量）	时角（向西度量）	赤经 （向东度量）	黄经（向东度量）
应用	在天文航海、天文航空、人造地球卫星观测及大地测量等部门都广泛应用它	观测恒星、星云、星图等类型的遥远天体常常采用赤道坐标系，它被广泛应用于天体测量中		观测太阳以及太阳系内运行在黄道面附近的天体，则采用黄道坐标系

注：①基圈和始圈上的点，其纬度或经度为 0；极点的纬度为 90°，经度则为任意。②纬度度数相等、方向相反、经度相差 180°的两点互为对距点。

4. 天体的周日运动和太阳的周年运动

1）不同天体的周日运动

在天球坐标上，所有天体都像太阳和月球一样，每天有着东升西落的运动，这是地球自转的反映。一般来说，恒星作为天球上的定点（不考虑其自行），其周日运动是地球自转的反映；天体周日视运动的轨迹是一些相互平行的圈或圆弧，称为周日平行圈（图 1.16）。半径最大的周日平行圈是**天赤道**，它和地球赤道面重合或平行。恒星离天极越近，周日平行圈越小。如果用照相机对准北天极方向曝光一个小时左右，从照片上可以看到各天体绕天极旋转的轨迹（图 1.17）。太阳和月球除参与整个天球的周日运动外，还有它们自身的巡天运动。这将在第 3～5 章中进一步说明。

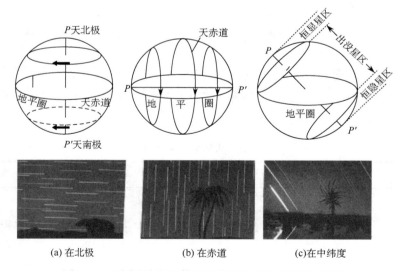

(a) 在北极　　　　　　(b) 在赤道　　　　　　(c)在中纬度

图 1.16　不同纬度的天体周日视运动和周日圈形成示意

2）不同纬度的周日运动

在不同纬度观测天体，所见的天球范围和周日圈情况是不同的。如果我们有机会到世界各地去旅行，就会看到有趣的天体周日视运动现象。在北极（90°N），所以天极高度也是 90°。

显然天赤道与地平圈重合了，如图 1.16（a）。每颗恒星在周日视运动中高度都不变，不存在升落现象，北半天球的恒星都在各自不同的高度上作平行于地平的旋转运动，南半天球的恒星不可见。而在地球赤道地区，纬度为 0°，天赤道与地平垂直，所有的天体都直升直落，如图 1.16（b）所示。在这个地区，可以看到全天的恒星。在北极和赤道之间的区域，如图 1.16（c）所示。当观测者从赤道走向北极时，可以看到北极星在逐渐升高，能看到的南天星则逐渐减少，北天永不下落的星则越来越多。在地平圈以上的周日圈为恒显星区；反之，在地平圈以下的则为恒隐星区；介于二者之间的定义为出没星区。

图 1.17　天体绕天极旋转的轨迹

天球周日运动的纬度差异，主要表现在恒显星、恒隐星和出没星的范围大小不同。纬度越高，恒显星区和恒隐星区越大，而出没星区越小，周日圈与地平的交角越小；纬度越低，仰极高度越小，恒显星区和恒隐星区越小，周日圈与地平的交角越大。在赤道和南北两极，这种变化达到极端。例如，地球上某地纬度 30°N，恒显星区赤纬范围 +90°～+60°，恒隐星区 -90°～-60°，出没星区范围 +60°～-60°；在赤道，全部显示为出没星区；在两极，只有恒显星区和恒隐星区。

3）太阳的周年视运动

日月星辰每天都在东升西落，但并不是毫无变化的重复。同一地点不同季节太阳周日圈不同，四季星空也不同，这些都是地球公转所产生的效应。我们把因地球公转引起的太阳在恒星背景上的相对运动，叫太阳的周年视运动，如图 1.18 所示。在天球中，太阳周年视运动的路线就是黄道，对于其他恒星来说则表现为恒星周年视差（因距离远，人们难以觉察恒星运动）。由于地球公转，星空会出现季节变化的现象。由于太阳的周年视运动和天体周日运动，在不同季节的同一时间内所观测到的星空是不相同的。

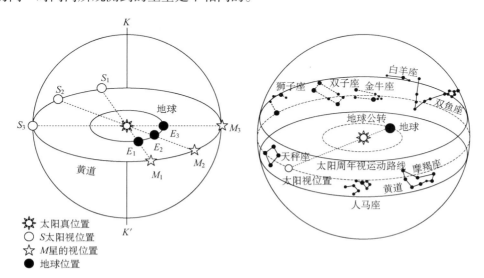

图 1.18　太阳周年视运动

1.3.3　星图、星座和星表

1. 星图

人们为了更好地观测天体，需要星图和星表的辅助指导。**星图**指的是把天体在天球曲面上的视位置投影到平面上而绘成的图，可表示天体的位置、亮度和形态等。天体的位置可由天球坐标确定，因此，天体坐标、星等、亮度一般标注在星图上。为了查找天体位置，现代大部分星图采用的是第二赤道坐标，即用赤经和赤纬来表示天体的位置；也有采用黄道坐标的星图。当然，原始的星图比较简单和粗糙，也不可能精确，仅是星空的素描而已。我国是绘制星图较早的国家。据载，早在新石器时代的陶器上就发现了画有太阳、月亮和星象的图案。战国时魏国的天文学家石申曾绘制过浑天图。三国时吴国的陈卓在公元270 年就将战国时甘德、石申、巫咸三家源于战国或秦汉天文学派所定的星官用不同方式绘在一张图上，构成含 283 官、1464 颗恒星相对位置的全天星官系统（可惜此图已经失传）。我国现存的绢制敦煌星图和苏州石刻天文图（图 1.19）也属世界上仅存的最古老的星图。

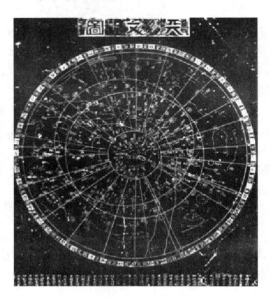

图 1.19　苏州石刻天文图

现代星图的种类繁多，按投影划分，有以天极为中心的极投影星图，有中纬度天区的伪圆锥投影星图，还有以天赤道或黄道为基准的圆筒投影星图；按用途划分，有为认证某个天体或某种天象所在位置的星图，有为对比前后发生变化的星图；按内容划分，有只绘有恒星的星图和绘有各种天体的星图；按对象划分，有供专业天文工作者使用的专门星图，还有为天文爱好者编制的简明星图；按成图手段划分，有手绘星图、照相星图和计算机绘制的星图等；按出版的形式划分，有图册和挂图等。

当代全球最有名的星图是《帕洛玛星图》，它是美国国家地理学会和帕洛玛天文台合作拍摄并出版的世界上最大的星图。从 1950 年到 1956 年在帕洛马天文台用 1.22m 望远镜系统地拍摄了从北天极（+90°）到赤纬-33°的天区，获得 35cm 见方的照相星图 1872 幅，包括天球-33°以北的星空中 21 等以上的恒星 5 亿多颗。为了便于星空观测，还有一种活动星图（或称转动星图），很适合帮助初学者认星，有关活动星图的构造和使用参见附录 A。

一般星图只描绘了肉眼可见的恒星、亮星团、星云等，但没有记录行星、彗星及日食、月食等经常变化的天体现象，有关这些动态信息可以从天文年历、有关杂志或天文网站中查阅。

2. 星座

为了辨认天空的星星，用想象的线条将它们连接起来，并构成各种各样的图形，或把某一块星空划分成几个区域并命名，以便人们讲述和记录，这些图形连同它们所在的天空区域，叫做**星座**，目前国际公认的有 88 个星座（有关星座的知识详见附录 A）。

3. 星表

星表是记载天体各种参数（如坐标、运动、星等、光谱型）和特性的表册，也可以认为是天体的档案，人们可以在星表中查询天体的基本情况，也可以按星表给出的坐标到星空中寻找所要观测的天体。

我国是世界上编制星表较早的国家，如战国时代的《石氏星经》就记载了 121 颗亮星的简况，这就是早期的星表。在西方，公元前 2 世纪，希腊的喜帕恰斯曾编过一份含 1022 颗恒星的星表，且精确度相当高，此表由托勒密抄录，并保留下来。著名的天文学家第谷也曾编制过一份星表，收录了 1055 颗恒星。在此之前的星表，一般都采用黄道坐标。到 1690 年，波兰天文学家赫维留斯采用赤道坐标编制了一份星表，包含有 1553 颗恒星。因赤道坐标比较直观，使用方便，所以后来的星表多采用赤道坐标。

由于观测工具的改进和技术的提高，新编星表的精度和含星数与日俱增，如英国的布拉德雷编制的星表已经考虑了岁差和章动等因素。而德国的贝塞耳又对布拉德雷的星表重新修订，把岁差、章动和光行差的数值作了改进，从而编出了更精确的星表，并于 1818 年正式出版，把含星数扩大到 5 万颗。而德国的阿格兰德尔于 1862 年编成的波恩星表（Bonner Durchmusterung，简称 BD 星表）及其续表（SD 星表），收录了赤纬+90°～−23°天区内亮于 9 等的 457847 颗星的位置，这可说是巨型星表。

由于各种星表编制的时间、使用的仪器、观测条件和处理方法不一致，因此对同一颗恒星给出的参数有不少误差。为了解决这一问题，一些天文学家把各个不同系统的星表经过综合处理后得到的高精度的星表，称为基本星表，以便供他人在建立天文参考坐标系、测量恒星相对位置和编制大型星表时作基准。著名的基本星表有奥韦尔斯星表、纽康星表（N_1 星表和 N_2 星表）、博斯总星表（Boss General Catalogue，简称 BGC）等。

星表的种类很多，按不同的标准可分出一系列不同的星表，如按制作手段可分出不同的照相星表等。著名的照相星表有德国天文学会编制的照相星表（AGK1、AGK2、AGK3）、美国耶鲁大学天文台编制的耶鲁星表、好望角天文台编制的照相星表等。

为了专业研究的需要，有些天文学家编制了同一类或同一特性的天体的星表，如双星星表、变星星表、高光度星星表、磁星星表、白矮星星表、射电星表、光谱星表、星云星团表、红移星表、银河系星表、太阳系星表、彗星表、流星表等等。

星团、星云、星系按天文学的惯例是以某一星表的序号来命名的。在星云星团表中，最常用的是以下几种：一是法国天文学家梅西叶在 1784 年编制的星云星团表，称梅西叶天体（Messier object，简称 M 天体）表，用 M 表示，表中记有 110 个"星云星团"，用数字编号表示，如 M31，即仙女座大星云，经后人观测，在 110 个"星云星团"中，只有几个是真正的星云，其他都是河外星系；二是丹麦天文学家德雷耶于 1888 年编制的星团星云总表（new general catalogue of nebulae and clusters of stars，简称 NGC 表），记有 7840 个星团星云；三是 NGC 表的补充，即 IC 表（index catalogue of nebulae and clusters of stars，简称 IC），共包含 5386 个天体。此外，英国的穆尔编集的科德韦尔星表，简称 C 星表，列出了 109 个深空天体，是业余天文观测常用的星团星云表。

初学天文学的人不一定接触星表，但有时会碰到一些星名或星系、星云、星团名，就要知道它的出处，例如，见到 BGC31223，就要知道这是博斯编制的总星表中编号为 31223 的天体，见到 M80，就要知道这是梅西叶所编制的总星云星团表中编号为 80 的星云或星团或星系；见到 NGC63，就要知道这是德雷耶的星团星云总表中编号为 63 的星团或星云，诸如此类。

此外，由丹麦天文学家赫兹普龙和美国天文学家罗素所绘制的赫罗图，能反映恒星的光谱型（或温度）与光度（或绝对星等）之间的关系。**赫罗图**是以绝对星等或光度为纵坐标，以光谱型或表面温度为横坐标，如图 1.20 所示。在赫罗图上可以看出：大部分恒星分布在图中的左上方到右下方的对角线的狭窄带内，这区域称为"主星序"，主星序的右上角，有一个几乎呈水平走向的"巨星序"，有大量的红巨星以及超巨星。主星序下面的是"亚矮星序"，图的左下方是"白矮星序"。巨星序和主星序不相接，中间的空区称为"赫氏空区"。赫罗图能显示恒星各自的演化过程，能估计星团的年龄和距离，是研究恒星演化重要的手段。

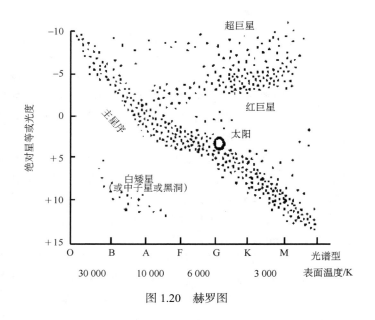

图 1.20　赫罗图

位于主星序上的恒星叫主序星，其分布规律是从亮度大的 O 型星、B 型星延续到图的另一角落的微弱的 M 型星。赫罗图上除主星序外，还可看到由较少恒星组成的一些序列，在右上方 G、K、M 型亮星区域，再上一些可以看到一组巨星，它们的绝对星等都在 0 等左右。巨星以上是超巨星，绝对星等为-2 等或更亮。巨星和主序星之间可称为亚巨星，这些星的光谱型多半在 G～K 的区域，绝对星等平均为+2.5 等。赫罗图的左下角是白矮星（或中子星或黑洞），其光谱多属 A 型，光度很小，绝对星等从+10～+15 等。太阳附近的恒星在赫罗图上的位置是各种类型恒星的混合体，这些星具有不同的质量、不同的化学组成和不同的年龄。太阳目前还处在主星序中，是一颗主序星（关于亮度及星等概念参见第 2 章）。

1.3.4　天文望远镜

在望远镜发明以前，天文观测采用的是目视方法，即用肉眼直接观测天体在天空的视位置和视运动，另外也粗略地估计星星的亮度和颜色。17 世纪以后，相继发明了望远镜、分光镜和光度计，不仅提高了天体位置观测的准确度，而且深化了人们对宇宙的认识。到了 20 世纪，由于大口径天文望远镜的问世，使得人类探测宇宙的深度和广度与日俱增，不少模型、学说由观测得以证实，新天体、新发现大量涌现。20 世纪 30 年代以后，人们越来越广泛地使用无线电方法研究天体和宇宙间的辐射，从而诞生了射电天文学。诸如类星体、脉冲星、星际有机分子、微波背景辐射等天文学新概念也相继出现。20 世纪 50 年代，人造地球卫星发射成功，人类把观测范围由地面扩展到地外空间，现代天文空间探测已经有了长足的发展，人类不仅把望远镜送上天，而且借助太空飞行器踏上月球，把仪器送到太阳系其他行星上进行直接观测或实验。所以，从传统天文观测到现代天文观测，人类已获得大量的宇宙天体的信息，对于地球自身的宇宙环境和演变也有了更多的认识。

1. 天文望远镜的功能

天文望远镜是一种专门收集天体辐射，确定辐射源方向的、具有聚光和成像功能的天文观测装置。天文望远镜获取天体的信息主要是通过电磁波。除了人眼看到的可见光外，天体还有红外、紫外、射电等电磁辐射，这些辐射或者是天体本身发射的，或者是天体反射及散射其他天体辐射。自 1609 年伽利略首次用光学望远镜观测天体以来，天文观测仪器不断发展，探测能力不仅在可见光辐射上有显著提高，还扩展到其他波段。观测手段的改进有力地推动了天文学和天体物理学的发展。现在，人类借助望远镜不仅可在地面进行天文观测，而且可以在空间进行天文观测。

地面观测天体主要利用光学望远镜和射电望远镜。

（1）光学望远镜是基于可见光波段获取信息的。它具备两大重要功能，一是聚光，尽可能多地收集天体的辐射能量，甚至把大量暗弱天体也在望远镜里成像，使人类能看到较暗的天体；二是放大天体的角直径，提高分辨本领，使观测目标的细节看得更清楚。为提高聚光本领，望远镜的直径要做大；要提高角分辨率，就要考虑星像的衍射（光波在遭遇阻挡或透过孔时引起的弯曲或扩散现象）、大气的折射及宁静度（表示模糊程度的数量）等问题。就地面望远镜来说，聚光功能通常是最重要的特性。但由于色差（焦距对于不同波长而不同）的影响，望远镜做大又受到限制。

天文光学望远镜主要由物镜和目镜两组镜头及其他配件组成，主要获悉天体的可见光波段信息。就光路而言，可把光学望远镜分为三类，即反射望远镜、折射望远镜和折反射望远镜（有关光学望远镜原理及操作方法参见附录 A）。

（2）射电望远镜是采用射电波段获取天体信息的。它与光学望远镜不同，它既没有高高竖起的望远镜镜筒，也没有物镜、目镜，它是由天线和接收系统两大部分组成。巨大的天线是射电望远镜最显著的标志，它的种类很多，有抛物面天线、球面天线、半波偶极子天线、螺旋天线等，最常用的是抛物面天线。天线对射电望远镜来说，就好比是它的眼睛，它的作用相当于光学望远镜中的物镜，把微弱的宇宙无线电信号收集起来，然后通过一根特制的管子（波导）把收集到的信号传送到接收机中进行放大。接收系统的工作原理和普通收音机差不多，但它具有极高的灵敏度和稳定性。接收系统将信号放大，从噪音中分离出有用的信号，并传给后端的计算机记录下来。记录的结果为许多弯曲的曲线，天文学家分析这些曲线，得到天体送来的各种宇宙信息。

对天体射电波段的信息表达由强弱的曲线显示，不像光学望远镜那样能拍摄出多姿多彩的天体照片。目前所使用的波段从 1mm～30m 左右。射电波段的天体辐射，不受地球大气层显著影响而能达到地面。由于它们可以穿过可见光不能穿过的尘雾，所以可使射电天文观测深入到以往光学望远镜所不能看到的宇宙深处。而且射电观测不受太阳散射光及云层的影响，也不分白天和黑夜都能进行观测，是一种"全天候"望远镜。但是一个射电望远镜不能把全部射电波段接收，一般只能工作在一个波长；人类要想观测多个波段，就需要多个汇源和接收机。所以，目前多为射电阵望远镜，如图 1.21 所示。

图 1.21　射电阵望远镜

用电子技术连接起来的好几个直径可达 25m 的射电抛物面天线观测相同的天区，地球的自转带动阵列中望远镜运动，每个望远镜扫出一个弧，对应一个假想的孔径达数公里的"超望远镜"表面的一部分。阵列中所有望远镜接收的信息被记录下来，然后用计算机合成以产生天区的像（综合），这个像就是超望远镜应该看到的情景。实际上，模拟超望远镜虽不完美，但其结果却能提供比阵列中任一望远镜单独工作时多得多的信息。

综合孔径方法是 20 世纪 50 年代在英国和澳大利亚开发出来的，第一台重要的综合孔径望远镜是剑桥的"1 英里"望远镜（后来增大到 3mi，或 5km，现在被称为赖尔望远镜），它的个别抛物面天线排列在直线轨道上，其中有些天线可以逐日沿轨道移动，以模拟超望远镜的不同部分。甚大天线阵和澳大利亚望远镜都利用了综合孔径原理。

空间天文观测不仅只是可见光波段，还可以是红外波段、紫外波段、X 射线、γ 射线等多波段，观测仪器不仅设在地面，还可以放在大气上界或宇宙空间的探测器上，如图 1.22 所示。地面观测与空间观测相结合，人类可以全天候、全波段获取天体信息。

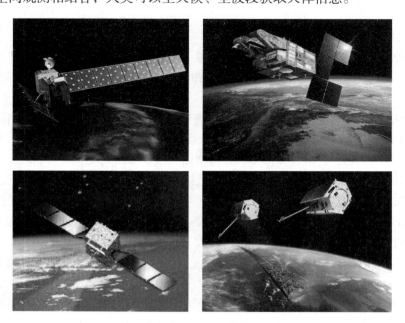

图 1.22　地球空间探测器

（1）基于红外波段的望远镜　红外波段的望远镜其结构与光学反射望远镜相似，但在观测时要使用红外传感器。波长 0.77～1.2μm 的近红外波段观测，可在地面进行。但波长较大的远红外观测，必须到大气外层空间进行。早在 20 世纪 70 年代，分别在 4μm、11μm 和 20μm 波段观测，就发现了 3000 多个红外源，后来又发现了 2 万多个红外源，获得了正在形成中的红外星系的更多的证据。对中、远红外波段探测，还出人意料地发现了一些遥远星系和类星体等强辐射源。对这些极强的红外辐射机制，研究人员至今尚未能做出令人满意的解释。

美国国家航空航天局（National Aeronautics and Space Administration，简称 NASA）在 2003 年 8 月发射了空间红外天文台，其上包括一架口径 85cm 的红外望远镜、搭载红外阵列照相机、红外谱仪、多波段成像光电仪，总重 865kg，是目前世界上发射的最大的红外望远镜。它将为人类打开一扇观测宇宙的新窗口。

（2）基于紫外波段的望远镜　紫外波段的望远镜一般使用 100～4000Å 波段辐射。由于地球大气对太阳紫外光有吸收或阻挡，尤其对波长短于 3000Å 的紫外光很不透明，所以在地面只能接收很少一部分太阳紫外辐射，因此，只能借助火箭和人造卫星到外层空间去。1968 年美国发射的"轨道天文台 2 号"上安装 4 架紫外望远镜，用 4 个波段进行巡视观测，获得了丰富的观测资料，从而使紫外天文学真正形成。后来又进行了卓有成效的紫外观测，在地面操作中心还可以直接看到星场图像。紫外观测，对于星际物质的研究有特殊意义。

（3）基于 X 射线的望远镜　X 射线一般指波长介于 0.01～100Å 的电磁波段。由于 X 射线光子的能量较高，难以寻找用作折射和发射的材料会聚成像。经过长久努力，人们将掠射光学原理应用于 X 射线天文观测，制成了真正有观测价值的高分辨率的 X 射电波的探测，完全在空间进行，迄今已发射了许多载有 X 射线望远镜的空间探测器（如钱德拉 X 射线天文台等），并取得了丰硕的成果。例如，太阳 X 射线爆发，为深入认识太阳耀斑提供了依据。在太阳系之外，目前已发现上千个 X 射线源，其中一部分已得到光学证认，它们和超新星遗迹以及强射电星系有关。

（4）基于 γ 射线的望远镜　γ 射线的波长都短于 0.1Å。康普顿伽马射线天文台在 γ 射线波段上观测宇宙曾给人类带来不少信息。关于天体可能发射 γ 射线的理论，早在 20 世纪 50 年代就开始了。60 年代证实存在宇宙 γ 射线背景辐射。70 年代在整个银河平面（银盘）上探测到高能 γ 射线辐射，并发现了 γ 射电脉冲星。在 γ 射线观测中，最引人注目的是宇宙 γ 射线爆发（伽马暴）的发现，如 2004 年 11 月"雨燕"号探测器升空后不久，已拍摄到仙后座的超新星残留，据天文学家分析，这是一颗巨大恒星爆发后的残留物，爆发时间大约发生在 1680 年。伽玛暴是目前天文学中最活跃的研究领域之一。

2. 现代望远镜特点

进入 21 世纪，航空航天事业迅速发展，各类卫星利用太空资源开发信息流产品已达到相当规模，现代望远镜具有多波段、全天候的观测特点。与传统望远镜比较，它具有明显的八大飞跃。

（1）光学望远镜口径的突破。如中国 2009 年 6 月在国家天文台建成了世界最大口径的大天区面积多目标光纤光谱望远镜（large sky area multi-object fiber spectroscopy telescope，简称 LAMOST），如图 1.23 所示。现在命名为"郭守敬望远镜"。由于它的大视场，在焦面上可以放置 4000 根光纤，将遥远天体的光分别传输到多台光谱仪中，同时获得它们的光谱，成为世界上光谱获取率最高的望远镜。

图 1.23 郭守敬（LAMOST）望远镜

（2）射电望远镜口径的综合，把干涉技术发展到光学波段。如中国 2016 年在贵州省平塘县喀斯特地貌上建成目前世界最大的 500m 口径球面大射电望远镜（ five-hundred-meter aperture spherical telescope，简称 FAST），又称"中国天眼"，如图 1.24 所示。FAST 的优势表现在：①能观测中性氢线及其他厘米波段谱线，可开展从宇宙起源到星际物质结构的探讨；②对暗弱脉冲星及其他暗弱射电源进行搜索；③属于地面及空间甚长基线干涉测量技术（ very long baseline inteferometry，简称 VLBI）的一个巨大单元；④能高效率开展对地外理性生命的搜索；⑤为中国的深空探测计划提供一个高灵敏度、高分辨率的地面跟踪与遥控基地；⑥是发展新的巨型射电望远镜的一个模式。

图 1.24 FAST 射电望远镜

（3）观测位置从地面到空间，克服了大气对天文观测的干扰。如哈勃空间望远镜（1990～2021 年工作）（图 1.25）就给人类提供不少地面难以拍摄到的天体照片。2021 年升空的詹姆斯-韦伯空间望远镜（JWST）已成为哈勃望远镜的替代者与继任者。希望 JWST 能够为人类提供更多的宇宙信息。

（4）获取天体信息上从可见光到射电、红外、紫外、γ射线以及全波段。如空间望远镜的观测。除哈勃空间望远镜（HST）外，还有空间干涉望远镜（SIM）、新世代望远镜（NGST）等。

图 1.25　哈勃空间望远镜

（5）探测手段的进步。从肉眼到功能强大的探测器，空间探测的范围集中在地球环境、空间环境、天体物理、材料科学和生命科学等方面。自 1957 年人类第一颗人造卫星发射上天，到 21 世纪初，全世界已发射近 200 多个空间探测器。它们对宇宙空间的探测取得了丰硕成果，所获得的知识超过了人类数千年所获知识总和的千百万倍。

（6）可进行从"白光"到光谱分析。如中国研制的郭守敬望远镜可以同时观测 4000 个天体光谱的自动光纤系统，这大大超越了人类观测天体的数目。

（7）寻找新的载体，获取更多天体信息，如引力波（超越电磁波）等。

（8）计算机与望远镜相结合，构建交叉学科天文信息学——虚拟天文台，由虚拟的数字天空、虚拟的天文望远镜和虚拟的探测设备所组成的机构。如中国虚拟天文台（Chinese Virtual Observatory，简称 China-VO）、国际虚拟天文台（International Virtual Observatory，简称 IVO）等。

当今，现代望远镜已成为世界工业化与技术界的骄傲。一代又一代望远镜对高新技术及巨型精密制造业提出一个又一个挑战，其自身研制过程中所开发的新技术是对高科技和制造业的重要贡献。望远镜彻底改变了人类的宇宙观。

现代望远镜带来的天文重大发现有：大爆炸宇宙学的建立；哈勃星系退行的发现——宇宙膨胀；3K 宇宙微波辐射发现——大爆炸遗迹；宇宙原始化学丰度的观测——大爆炸核合成；宇宙微波背景辐射功率谱的观测——平坦宇宙的证据；宇宙微波背景辐射的小于 10^5 小扰动——宇宙结构形成的种子；星系旋转曲线的观测——暗物质大发现；高红移星系——宇宙加速膨胀发现；星系——宇宙大尺度结构的发展（详见第 2 章）。

假设没有望远镜，人类只能看到太阳、月球和天上少数最亮的星星。伽利略第一次用望远镜看到月亮环形山和木星的 4 颗卫星，看到银河系是由无数密密麻麻的恒星组成。100 年前，人们还以为银河系就是整个宇宙，今天我们知道宇宙是由数千亿个像银河系这样的星系组成的，它们源自大约 137 亿年前的宇宙大爆炸。100 年前，人们完全不知道太阳系以外还会有别的行星系统，今天我们知道宇宙中还有数以百计这样的"太阳系"。同时，人类也开始去探索最初的生命是如何诞生，开始关注地球的宇宙环境以及宇宙的演化。

1.3.5　天文数据的处理方法和天文软件

天文观测数据处理是在天文观测的基础上揭示宇宙奥秘的重要手段，随着科学技术的发展，各种大型天文仪器设备的投入使用，天文学家获得的数据量迅速增加，例如目前来自郭守敬（LAMOST）望远镜和盖亚（Gaia）卫星的恒星数据约有 19 万颗。现代大多是借助计算机处理分析海量天文大数据。常见的方法有概率统计、误差和最小二乘法、回归分析、谱分析、傅里叶变换、递推算法分析、判别分析、主成分分析、多变量数据分析等等，目前多用 SPSS 等数理统计软件以及天文专业软件分析处理天文数据。相关天文机构提供天文数据服务。例如中国国家天文科学数据中心可为天文观测设备和研究计划提供数据与技术服务。

随着计算机与网络技术的普及和不断发展，电子星图、天文软件的出现给天文爱好者开拓了一片崭新的空间。人们只要坐在电脑前便可以看到实时的星空、各种天象，了解各类天体的信息，还可以通过天文软件控制望远镜或 CCD 相机进行天文观测（有关天文软件的应用参见附录 A）。通过虚拟天文台以及数字地球，获取更多的数据集并快速处理。构建宇宙天体信息系统，通过建模分析，人类将获取更多的宇宙信息。

1.3.6　天文圆顶、天象厅和天文台以及虚拟天文台

1. 天文圆顶、天象厅和天文台

天文圆顶是一种特殊的标志性建筑物，为了模拟星空，可设计成封闭的半球形天像厅。厅内由天象仪和天幕组合构成。通过天象仪，将天文节目放映在天幕上，可以演示日月星辰的升、落、运行变化等，让观众体验置身于太空的感觉，它是对天文爱好者和青少年进行天文科普知识教育的基本设施和重要工具。为了天文望远镜安装、观测，可设计成半圆形的专用屋顶，且在圆顶和墙壁的接合部装置了由计算机控制的机械旋转系统，开有天窗，这样，用天文望远镜进行观测时，只要转动圆形屋顶，把天窗转到要观测的方向，望远镜也随之转到同一方向，再上下调整天文望远镜的镜头，就可以使望远镜指向天空中的任何目标了。

天文圆顶是适应天文观测的需要而建的。它不仅使贵重的天文仪器免受日晒雨淋、风沙侵袭、周日温差的影响，而且也是天文观测的标志性建筑。天文台是专门进行天象观测和天文学研究的机构，世界各国天文台大多建在山上。每个天文台都拥有一些观测天象的仪器设备，主要是各类天文望远镜。

2. 虚拟天文台

400 年前伽利略首次把望远镜指向天空，结束了人类一直用肉眼进行天文观测的历史。19 世纪 40 年代以来，照相技术和光谱技术在天文观测中得到应用，单纯以人眼作为天文探测器的时代结束，天体物理学诞生并发展成为现代天文学的主流。在第二次世界大战中得到蓬勃发展的无线电技术使得天文学家的视野超越出了可见光，从而射电天文学诞生。此后不久宇航时代到来，空间天文学诞生，人类对宇宙的观测扩展到了 γ 射线、X 射线、紫外和红外波段。从人类观测宇宙的里程碑来看，可以划分为三个时代，即光学天文学时代、射电天文学时代和空间天文学时代。

从 20 世纪 90 年代开始, 天文学正经历着革命性的变化。这一变化是由前所未有的技术进步推动的, 即望远镜的设计和制造、大尺寸探测器阵列的开发、计算能力的指数增长以及互联网的飞速发展。

望远镜技术的进步使得人类可以建造大型的空间天文台, 为 γ 射线、X 射线、光学和红外天文的发展开辟了新的前景, 同时也推动了新一代的大口径地面光学望远镜和射电望远镜的建造。现在, 天文学家们正在计划建造功能更好、口径更大的空间和地面望远镜, 并将配备尺寸更大、像素更多的探测器。随着众多先进的地面与空间天文设备的投入使用, 大规模的观测数据不断产生, 如我国建造的郭守敬望远镜每天产生 30 亿字节的数据。在这样的背景下, 一些国家的天文学家提出建设虚拟天文台。

虚拟天文台是由虚拟的数字天空、虚拟的天文望远镜和虚拟的探测设备所组成, 利用最先进的计算机和网络技术将各种天文研究资源 (观测数据、文献资料、计算机资源等, 甚至天文观测设备), 以标准的服务模式无缝地汇集在同一系统中。21 世纪以来, 各国天文学界迅速响应, 纷纷提出了各自的虚拟天文台计划。为了将不同地区的虚拟天文台研发力量联合在一起, 国际虚拟天文台联盟于 2002 年 6 月成立。中国已参与国际虚拟天文台联盟的活动, 同时也投身于虚拟天文台的建设。

巡天, 就是对整个天区进行观测、普查。如果利用 γ 射线巡天、X 射线巡天、紫外巡天、光学巡天、红外巡天和射电巡天所得到的观测数据, 用适合的方法对数据进行统一规范的整理、归档, 便可以构成一个全波段的数字虚拟天空; 而根据用户要求获得某个天区的各类数据, 就仿佛是在使用一架虚拟的天文望远镜; 如果再根据科学研究的要求, 开发出功能强大的计算工具、统计分析工具和数据挖掘工具, 这就相当于拥有了虚拟的各种研究设施。这样, 由数字虚拟天空、虚拟天文望远镜和虚拟研究设施所组成的机构便是一个独一无二的虚拟天文台 (图1.26)。天文学家可以方便地利用虚拟天文台系统, 享受其提供的丰富资源和强大服务, 使自己从数据收集、数据处理等烦琐事务中摆脱出来, 而把精力集中在自己感兴趣的科学问题上。

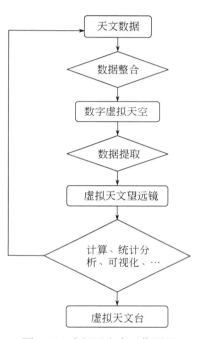

图 1.26　虚拟天文台工作原理

虚拟天文台是 21 世纪天文学研究的一个重要发展方向。它的推广使用将使天文研究再次发生重大变化。虚拟天文台将使天文学研究取得前所未有的进展, 成为开创 "天文学发现新时代" 的关键性因素。为天文学研究信息化创造条件, 为普及大众天文学基础教育提供便利, 为更好地了解地球在宇宙中的环境以及构建 "数字地球" (参见第 8 章) 提供服务。

1.4　时　　间

宇宙中的天体位置及运动状况反映了天体的时空特征。时间与空间一样, 都是物质存在的一种形式。宇宙万物都在漫长的时间中产生、发展与变化。星移斗转, 日月盈亏, 寒来暑往,潮涨潮落……总是一件事接着一件事，一个过程跟着另一个过程，绵延不断，反映出时间既是无始无终的，又是连续不断。这种物质运动变化的序列和持续的性质，就是时间的本质。时间具有时刻和时段两重含义，若选择不同的天体度量时间，就有不同的时间计量系统。时间是天文学的一个实际应用，也是研究地球时空变化的一个重要内容。

1.4.1　时间计量系统

1. 恒星时

如果把遥远的恒星看作是相对不动的，并把它作为参考点，地球自转一周，即自转 360°所需的时间为 1 个恒星日。在恒星日里，再以恒星的时角来推算时刻，这样的时间称恒星时。天文界约定，假设有一恒星位于春分点，用春分点作为量时天体所计量的时间就叫恒星时。目前，天文界已人为规定春分点的时角就是恒星时，以春分点上中天作零时起算，即恒星时等于春分点（γ）的时角，有

$$S = t_\gamma \qquad\qquad (1.1)$$

由于春分点在天球上无标志，春分点的时角是通过测定恒星的时角（t_M）导出。

设有任意恒星 M，其赤经为 a_M，在恒星时为 S 的瞬间它的时角为 t_M。根据恒星时的定义，可得

$$S = t_\gamma = a_M + t_M \qquad\qquad (1.2)$$

式中，a_M 可在天文年历查得；t_M 可实测获得。

当恒星 M 上中天时，$t_M = 0^h$，则有 $S = a_M$，所以，**任何瞬间的恒星时，在数值上等于该瞬间上中天的恒星的赤经**。事实上天文台就是根据这个原理用**中星仪**来测定恒星时的，这是因为在天子午圈上，天体的大气蒙差只有赤纬误差，而在赤经方向是不存在大气蒙差的，所以对提高量时精度有利。

2. 太阳时

自古以来，人们就是以太阳在天穹上的位置来确定一日中的时间。太阳在天穹上的经向位置，在第一赤道坐标中就是时角。这种以太阳时角来确定的时间被称为太阳时 $S_\odot$。太阳时角（$t_\odot$）在度量时以午圈为始圈，也就是说，当太阳位于上中天，即当地正午时，太阳时角为 0^h。而自古人们就把正午的时间定为 12^h，故太阳时与太阳时角有 12^h 的差值，即

$$S_\odot = t_\odot \pm 12^h \qquad\qquad (1.3)$$

太阳时与恒星时的差别在于：恒星时只包含地球自转的因素，是地球自转的真正周期；而太阳时既包括地球自转的因素，又包含地球公转的因素。以恒星日与太阳日为例，恒星日是地球自转 360°所需的时间；太阳日是地球自转（360°+59′）所需的时间，其中 59′是地球公转 1日的平均角距离。这将在第 6 章有较详细的说明，在此不再赘述。但要说明的是，太阳时有视太阳时与平太阳时之分。

（1）视太阳时　地球的公转不是匀速的，在一年中，近日时公转较快，远日时公转较慢；因此，与地球公转相对应的太阳周年视运动也是不匀速的。再者，时间是在天赤道上计量，而太阳是在黄道上作周年视运动，赤道平面与黄道平面并不重合，存在 23°26′交角，所以，即使

地球公转是匀速的，太阳每日在黄道上的视运动的赤经增量也不会匀速。因此，人们把在黄道上作非匀速视运动的太阳视圆面中心称为视太阳，以视太阳的时角所推算的时间就称为视太阳时，简称视时。显然，视太阳时的"日"，其长度是变化的，严格地说是每天都在变化。如果1日中的时、分、秒数都是固定的，那么，时、分、秒的长度也是变化的；如果时、分、秒的长度是固定的，那么，一日中的时、分、秒数就是变化的。有时1日会超过24小时，有时1日为24小时，有时1日不到24小时。我国古代用日晷所测定的时间就是视太阳时。视时是可测的，但计时不准确。因此，需要引入平太阳和平太阳时的概念。

（2）平太阳时　简称"平时"，是以平太阳的时角来计算的时间，并且它以平太阳下中天时为平太阳时零时，也称"民用时"。因为平太阳是一虚设的点不能观测，实际应用时是通过测定视时或恒星时而换算成平时。假设平太阳在天赤道匀速运行，周期为回归年，这样，平时与视时之间，除按预定的"年首"和"年尾"吻合之外，其他时间都会有一个差值，天文界定义：视时与平时之差，称为"**时差**"（即时差=视时-平时）。时差有正有负，可大可小。这主要是上述定义的两个太阳（视太阳和平太阳）、两条路线（黄道与天赤道）、两种速度（变速和匀速）、同一周期（回归年）的缘故。

时差与观测者地理位置无关，只与观测日期有关。时差每年四次等于零，出现在4月16日、6月15日、9月1日和12月24日前后，如图1.27所示。四次极值（极大和极小）如表1.2所示。时差的周年变化，是视太阳日长度的周年变化结果。

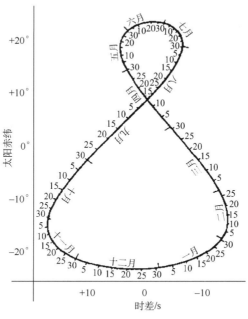

图 1.27　时差曲线图

表 1.2　时差极值日期表

日期	2 月 12 日左右	5 月 15 日左右	7 月 26 日左右	11 月 3 日左右
极值	−14.4min	+3.8min	−6.3min	+16.4min

3. 历书时

人们原想平太阳时的日、时、分、秒都应该是稳定的。但是，随着科学的发展，特别是石英钟的问世，人们不仅知道地球自转不是匀速的，连公转周期也不稳定，即回归年的长度也有变化。1952 年，国际天文学联合会（International Astronomical Union，简称 IAU）做出决议，把 1900 年 1 月 1 日 12 时正的回归年长度作为标准，把这一年长度的 1/365.2422×24×60×60（1/31 556 925.9747），即这一年的平太阳秒作为 1s 的固定长度，称为历书秒（用于制订天文历书的标准秒），也就是说，即使以后地球自转和公转的周期（日与年）有变化，秒的长度则不变了。以平太阳时为基础，以历书秒作为计时的基本单位所确定的时间，称为历书时。从 1960 年开始实行的。因历书秒的长度是固定的，但这样的“秒”是很难取得的，也很难保存，现在几乎不使用历书时。

4. 原子时

由原子内部能级跃迁所发射或吸收的极为稳定的电磁波频率所建立的时间标准，称为原子时。由于地球自转的不均匀性和历书时测定精度低且需时长，1967 年 10 月，第十三届国际计量大会正式把铯原子振荡 9192631770 次的时间定义为原子秒。以原子秒为基本计时单位所制定的时间称为原子时，它是一种物理学的微观时间标准。原子时是从 1967 年起实行的，直至现在。20 世纪 50 年代英国就已制成铯原子钟了。由于世界时的秒长比原子时的秒长约长 $300×10^{-10}$s，1 年约差 1s 左右，因此，根据具体情况，要设置闰秒或跳秒。当回归年的长度增加时，要在年末（12 月 31 日最后 1min 后）或年中（6 月 30 日最后 1min 后）加 1s，即**正闰秒**；当回归年的长度变短时，就要**负闰秒**。

5. 协调世界时

原子时的优点在于秒、分、时的长度是固定，除了闰秒的年和日之外，其他的年和日的长度也是固定的。原子时已广泛用于天文、空间技术和物理计量等领域，但在大地测量等学科则仍以世界时作为时刻标准。因原子时与人们日常的生活习惯联系不大，天文界又规定一种介于原子时和世界时之间的时间尺度称为**协调世界时**，即在时刻上和世界时保持一致（误差不超过 ±0.9s）、秒长以原子时的秒长为准的时间系统。

1.4.2 时间的种类与换算

1. 地方时

（1）地方时的概念　以本地子午面作起算平面，根据任意量时天体所确定的时间，均称该地的地方时。量时天体分别为春分点、视太阳、平太阳所测量的地方时，分别为地方恒星时、地方视时、地方平时。

（2）地方时与地方经度的关系　在同一计时系统内，任意两地（如 A 和 B）同一瞬间测得的地方时之差，与这两地的地方经度差，可用下列式子表示。

地方恒星时之差

$$S_A - S_B = (\lambda_A - \lambda_B) \times 1 \text{ 恒星小时}/15°$$ （1.4）

地方视太阳时之差

$$m_{\odot A}-m_{\odot B}=(\lambda_A-\lambda_B)\times 1\text{ 视太阳小时}/15° \tag{1.5}$$

地方平太阳时之差

$$m_A-m_B=(\lambda_A-\lambda_B)\times 1\text{ 平太阳小时}/15° \tag{1.6}$$

无论是视太阳时，还是平太阳时或恒星时，从本质上说，都是以不同量时天体的时角来确定时间的。而量时天体时角是有地方性的，在同一时刻，不同经度上的量时天体时角是不一样的。比如说，当太阳处在某一经度的上中天时，在其他经度上，太阳一定不是处在上中天。本来，世界上可以把时间统一，如当视太阳处在 0°经线的上中天时，全球都为 12^h，不过这 12^h 对各地的含义不一样，有的地方 12^h 意味着吃中饭，有的地方 12^h 意味着日出，有的地方 12^h 意味着日落或半夜。然而，自古以来，世界上的时间从未统一过，而且各地都要把正午即视太阳处在上中天的时间定为 12^h，这样一来，不同经度时间就不一样了。这种各地都以视太阳时角来确定，并把正午定为 12^h，不同经度时间不一样的时间系统，称为**地方视时**。同理，除地方视时外，还有地方平时和地方恒星时。

当经度相差 1°时，地方时就差 4^m；经度差值 15°，地方时相差 1 个小时。由于地球是自西向东自转的，所以东边的时间早，即绝对数值大；西边的时间晚，即绝对数值小。若已知甲、乙两地的经度和甲地的地方时，乙地的地方时可按下式求得：

乙地地方时=甲地地方时±甲乙两地相隔经度数或经度之差×4^m

若乙地在甲地之东，为"+"；若乙地在甲地之西，为"−"。

例如：已知东经 119°的地方时为 6 月 6 日 8 时，西经 106°的地方时则为：

$$6\text{ 月 }6\text{ 日 }8\text{ 时}-(119°+106°)\times 4^m=6\text{ 月 }5\text{ 日 }17\text{ 时}$$

按时差的定义，视时与平时有如下关系

$$\text{视时}=\text{平时}+\text{时差} \tag{1.7}$$

$$\text{平时}=\text{视时}-\text{时差} \tag{1.8}$$

还可推出以下换算关系

$$\text{平时}=\text{视时}-\text{时差}=[\text{恒星时}-\text{太阳赤经}+12^h]-\text{时差}=a_M+t_M-a_\odot+12^h-\text{时差}$$

$$\text{恒星时}=\text{视时}+\text{太阳赤经}-12^h=\text{平时}+\text{时差}+\text{太阳赤经}-12^h$$

如果推算结果是负值，应加上 24^h；若推算结果超出 24^h，则应减去 24^h。这样，若知道地方恒星时可以推算地方视时或地方平时（需在已知时差值的情况下），也可以由地方平时推算地方恒星时。例如，我们需观测特殊的恒星，再推算地方视时或地方平时，也可以由地方视时推算当时所能看到的星空（"如何认星"详见附录 A）。

例如：某恒星的时角为 10^h22^m，它的赤经是 13^h02^m，试求观测时间的恒星时和某地平时（若此时是春分日，时差+2^m）。

解：恒星时=恒星时角+恒星赤经=$10^h22^m+13^h02^m=23^h24^m$

平时=[恒星时−太阳赤经+12 时]−时差

　　=$23^h24^m-0+12^h-2^m=35^h22^m$（或 11^h22^m）

2. 区时

在古代，地区之间的交往和人际交往不多，各地都使用地方时影响不大，甚至各家门前设置一个日晷等量时工具，也没有多大问题。然而，现代社会区际交往和人际交往频繁，各用各的时间就行不通了。为了时间使用的方便，国际上规定，以经线为界，把全球分为 24 个区，每区跨经度 15°，各区把中央经线的地方时作为本区统一使用的标准时。这样的区，称为"时区"；按时区系统计量的时间，称为"区时"。

　　在划分时区时，为了把 0°、15°和 15°倍数的经线作为中央经线，时区界线的经度就不是整数。其中 0°经线所在的时区称 0 时区；东经半球的时区称东时区，也可用符号"+"表示；西经半球的时区称为西时区，也可用符号"−"表示；东 12 区和西 12 区都是半个时区，它们合成一个完整的时区，称东西 12 区，或就称 12 区。如图 1.28 所示。

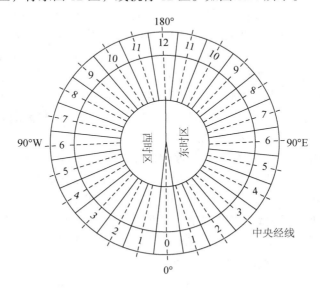

时区: 0时区(或中时区);东时区;西时区
东时区: 1,2,3,……分别为东1区，东2区，……
西时区: 1,2,3,……分别为西1区，西2区，……

图 1.28　时区图示意

　　之所以要分成 24 个时区，是因为地球自转 1 周需要 24h，自转 1 个时区的度数（15°）即需要 1h，于是，每隔 1 个时区，区时就相差完整的 1h；另外，跨经度 15°的时区，不大亦不小，大国固然要跨几个时区，但世界上大多数国家和地区仅跨一两个时区，或完全处于 1 个时区内。

　　如果已知某地的经度，求其所在时区，只要将已知经度除以 15°，所得商数保留一位小数后，四舍五入取整，就可判定是哪个时区。

　　例如，求算西经 117°所在的时区时，117°/15°=7.8，四舍五入取整，故在西 8 区。

　　如果已知甲、乙两地相隔的时区数和甲地的区时，则：

　　乙地的区时=甲地区时±两地相隔时区数×1^h

　　乙地在甲地以东为"+"，乙地在甲地以西为"−"。

　　若已知某地的经度和地方时，求它的区时，只要求其所在时区的中央经线的地方时即是区时。若已知甲地经度和它的地方时，求乙地的区时，则解法有多种：或先求甲地的区时，再算出乙地所在时区，并算出两地相隔时区数，最后求出乙地的区时；或先找到乙地所在时区的中央经线，再算出其地方时即可。

　　例：已知西经 132°的地方时为 4 月 30 日 10 时 50 分，求东经 167°的区时。

　　[解] ①西经 132°所在的时区为：132°÷15°=8.8，故为西 9 区；

　　②西 9 区的中央经线为：15°×9=135°，即西经 135°；

③西经 135°的地方时，即西 9 区的区时为 4 月 30 日 10 时 50 分-(135°-132°)×4^m，即 4 月 30 日 10 时 38 分。

④东经 167°所在地时区为：167°÷15°≈11.1，即东 11 区。

⑤于是，东经 167°的区时，即东 11 区的区时为 4 月 30 日 10 时 38 分+(9+11)×1 时，得 4 月 30 日 30 时 38 分，即 5 月 1 日 6 时 38 分。

对于两个相邻时区的界线（如东经 22.5°）的时区归属问题，从理论上说，它既可属东 1 区，也可属东 2 区，但在实际生活中，每个国家和地区都规定了自己的标准时。至于在南极洲和跨越众多时区的海洋上，一般也极少碰到非要弄清时区界线归属问题的情况。

在地球上位置越东的地方，时间越早。例如，当北京时间是 9 月 1 日 10 时的时候，问美国纽约的时间是多少？北京是东 8 区的区时，纽约是西 5 区的区时，如果向东推算，为 9 月 1 日 10 时+[(12-8)+(12-5)]=9 月 1 日 21 时；如果向西推算，为 9 月 1 日 10 时-(8+5)=8 月 31 日 21 时，时刻当然一样，但日期相差一天，如果推算两遍，就会差两天。时间没有变，仅是推算一下，日期就会相差。为解决这个问题，国际上设定了一条国际日期变更线（现更名为国际日界线），即日界线，日期要作 1 日的变更。由于 180°经线大部分在海域，人烟稀少，所以被选作**理论日界线**。但为了避免在一个国家中同时存在两个日期，实际日界线不是直线而是折线（图 1.29）。在 180°经线作了几处偏折处理：一是在俄国西伯利亚东端向东偏折，使西伯利亚东端不致长期处在与西伯利亚大部分地区不同的日期；二是在美国阿留申群岛处向西偏折，可使阿留申群岛与阿拉斯加大部分地区处在同一日；三是在新西兰向东偏折，可使斐济、汤加和新西兰相邻近，且关系密切的国家可基本上处于同一日期。

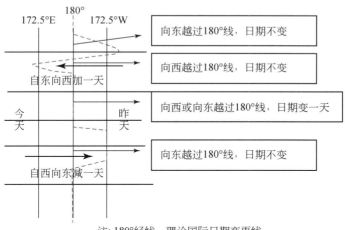

注: 180°经线，理论国际日期变更线
- - - 折线，实际日期变更线

图 1.29　国际日期变更线

从图 1.29 可以看出，日界线的东侧是西 12 区，西侧是东 12 区。国际上规定，东 12 区比西 12 区早 1 日。所以，凡是越过变更线时，日期都要发生变化，即从东向西越过这条线时，日期加 1 天；从西向东越过则减 1 天。有了这条日界线的规定，日期的计算就不会产生差错了。

在此需要说明，日界线是为了避免日期错乱而人为设定的界线，而地球上各个地方进入新的一天与日界线其实是没有关系的。对某一个地方来说，当太阳处在它的下中天时，当地的经线就是夜半线，此时，既是半夜 24^h 亦是凌晨 0^h，一刹那后，当地就开始了新的一天。显然这与日界线毫无关系。不过，日界线是地球上最早进入新日子的地方，也可说，新日子是在日界线上诞生的。

　　例如，当北京日期是 9 月 10 日的时候，西方是 9 月 9 日，全球只有这两个日期，不可能有第三个日期，因为全球的时间最多相差 24 小时，不可能跨越 3 天。那么，9 月 11 日是从哪里开始呢？就是日界线成为夜半线（夜半线与日界线重合）后一刹那开始的。当日界线进入 9 月 11 日之后，全球只有 9 月 11 日和 9 月 10 日这两个日期了，9 月 9 日就没有了，之后，全球各地自东向西紧跟日界线进入 9 月 11 日。由此可见，除日界线外，地球上所有地方的日期和时间，都不可能比日界线上早。所以，日界线西侧的国家是世界上最早进入新年、千禧年和新世纪的国家。

　　还有一个现象值得注意，当日界线成为夜半线时，地球上只有一个日期。例如，当日界线是 9 月 10 日 24 时即将结束的一刹那，全球都是 9 月 10 日，仅是时刻不同，即使在日界线的东侧，本为 9 月 9 日 24 时即将结束的一刹那，也可说是 9 月 10 日 0 时，无疑，其他地方都在 9 月 10 日 0 时与 9 月 10 日的 24 时之间。否则，地球上就有两个日期了。

　　我国以东 8 区的区时作为国家标准时，在东 8 区以东，至东 12 区，除少数几个国家之外就是太平洋。所以，世界上大部分国家和地区的时间（包括日期和时刻）比我国晚。

　　3. 国家标准时和法定时

　　尽管时区的划分是比较合理的，但有的国家毕竟要跨几个时区，有的国家偏在半个时区，有的国家习惯于以大山、大河作为界线。为了更方便和合理地使用时间，有的国家和地区规定把某一时区的区时或某一经线的地方时作为全国、全地区统一使用的标准时，有的国家在理论时区的基础按自然界线重新划定时区，在一国内使用几个区时。这样的时间，统称为国家标准时。中国的国家标准时称为"北京时间"，它是北京所在的东 8 区的区时，即其中央经线东经 120°的地方视时，而并不是北京（东经 116°19′）的地方时。俄罗斯土地辽阔，它基本上以理论时区为基础，但按自然界线来划定时区，全国使用好几个区时，每个区时都比相应的理论时区提早 1 小时，相当于终年使用夏令时间。印度全国统一使用东 5.5 时区的标准时。澳大利亚分东、中、西三个时区，其范围分别与东 10、东 9、东 8 理论时区相对应，但中部时区的时间不采用东 9 区的区时，而采用东 9.5 区的标准时，即当东部时区为 10 时，西部时区为 8 时的时候，中部时区为 9 时 30 分（本应 9 时），其目的是使中部荒漠区到东部经济发达地区时在时间上不致变化太大。欧洲一些本在 0 时区的国家，却把东 1 区的区时作为国家标准时，如比利时、法国、西班牙等国就是这样。尼泊尔地跨东 6 区和东 5 区，它所定的国家标准时比格林尼治时间早 5 时 45 分。

　　在第一次世界大战期间，有些国家为了节省能源，用法律规定实行夏令时，即在夏天到来时将钟表拨早 1 小时。这样的时间属于法定时，有些国家和地区一直沿用至今，如英国和美国的一些州。中国曾在 1986～1991 年夏季也实行过夏令时制。

　　4. 世界时与协调世界时

　　1675 年，英国建立格林尼治天文台。从 18 世纪后半叶开始，格林尼治时间（视时）已被一些国家在编制为航海服务的天文历书时作为通用的标准时。1884 年，在美国华盛顿召开的国际子午线（经线）会议把当时格林尼治天文台子午仪（中星仪）镜头上十字丝交点在地面上的垂点所在的经度定为 0°经线（本初子午线），作为经度和时间计量的标准参考线。这样，格林尼治时间就名正言顺地成为世界时了。世界时（universal time，简称 UT），是世界通用的时间，也是换算地方时和区时的标准，它是 0°经线的地方时。1934 年，世界时由视时改为平时（平太阳时）。1956 年，对世界时进行改革，之后，把经过极移订正后的世界时称为 UT1；把再经地球自转季节变化订正后的世界时称 UT2。之后通行的世界时是 UT2。1960 年曾以描述天体运动的方程式中采用的时间，或天体历表中应用的时间，代替世界时，称为历书时（ephemeris time，简称 ET），1967 年又采用以物质内部原子运动的特征为基础的原子时（atomictime，简称 AT）。由于进入间冰期，地球上的冰雪消融，海水增多，潮汐作用加强；同时地球随太阳系运动进入银河系的旋臂，日地距离缩短，太阳引力牵制了地球的自转，使得目前这段天文年代里地球自转的总趋势是逐渐变慢，所以原子时和 UT2 之间慢慢地会有差距。自 1967～1972 年，采取的协调办法是调整秒长，使原子时与 UT2 的差值限制在 0.1s 之内。这样一来，虽然采用了原子时，但秒的长度仍未固定，这是物理界和计量界所不能认同的。因此，自 1972 年开始便改变协调办法，即原子秒的长度不再改变，到一定时候置一闰秒，使原子时与 UT2 的差值控制在 0.9s 以内（即差值将要超过 0.9s 时就加一闰秒）。如前所述，闰秒一般设置在年末或年中，由国际时间局预先发出通知。这样经过协调的世界时，称为协调世界时（universal time coordinated，简称 UTC）。协调世界时自动跳秒（闰秒）以适应地球自转速度的变化（关于"地球自转速度变化"参见第 6 章）。1979 年，国际上决定用协调世界时取代原来的世界时。

现在，所用的格林尼治时间就是对协调世界时而言的，全世界的无线电通讯中的标准时间，几乎都是协调世界时。例如，UTC 在 2005 年实施一个正闰秒，即增加 1s，届时所有的时钟将拨慢 1s。对应到北京时间，就是要在 2006 年元旦上午 7 时 59 分 59 秒与 8 时 0 分 0 秒之间人为地加入 1s，以"拨慢"时间。这是自 1998 年以来，首次需要增加额外的 1s，以让世界时（UT）和国际原子时（international atomic time，简称 TAI）保持同步。2015 年，全球迎来第 26 次闰秒，多出的"1s"将加在 6 月 30 日午夜，由于北京处于东 8 时区，所以在 2015 年 7 月 1 日 7：59：59 后面增加 1s，所以会出现 7：59：60 的特殊现象。

"秒"是现代时间计量中的基本单位，由于世界时和原子时这两种时间尺度速率上的差异，一般来说 1～2 年会差 1s，届时相关机构会发出预告（如中国科学院国家授时中心）。

5. 原子时和原子钟

原子时指用原子钟的振动测量的时间。1967 年以来，秒已经用原子时定义为铯-133 原子光谱中对应一特定谱线的辐射完成 9192631770 次振动所经历的时间。国际原子时是用从 1958 年 1 月 1 日（就是从 1957 年 12 月 31 日到 1958 年 1 月 1 日那一夜格林尼治平时的天文子夜时刻）算起的秒数量度的。

原子钟指以原子的规则振动为基础的各种守时装置的统称。第一个原子钟是美国国家标准局在 1948 年研制的，它依据的是氨分子中前后摆动的氮原子每秒 23870 次的振动频率。它又叫做氨钟。今天的标准原子钟是利用铯原子。铯的光谱中有一个特征对应的辐射具有高度准确的频率——9192631770 周每秒。现在的一秒就定义为铯光谱中与这个特征对应的辐射振动这么多次所需要的时间。这类原子钟也叫做铯钟；其精度达到 10 万亿分之一，或 316000 年误差1s。利用氢原子的辐射研制了更精确的钟，叫做氢脉泽钟。其中之一放在华盛顿特区的美国海军研究实验室，它的精度估计是 170 万年误差不超过 1s。原则上，这种类型的钟有可能达到 3 亿年差 1s 的精度。

1.5 历 法

历法是为农业生产服务而提出的，但历法的制定是依据地象和天象进行的。古人从观测地面物象来判定季节的"地象授时"到观察天空天体运动状况来判断农事季节的"天象授时"，已积累了大量的"观象授时"的经验。历法的演变过程，体现了人类认识自然规律的深化过程。

1.5.1 编 历 原 则

所谓历法，是指推算日、月、年的时间长度和它们之间的关系，是制定时间顺序的法则。历法中的日是平太阳日，它是平太阳在天球上周日运行的时间长度。历法中的年和月，其长度有的是按日月运行周期定出的，有的是人为规定的。不论中外，最早制定的历法，多重视月相的圆缺变化，规定月初晦朔，月半圆满；后来，由于农业的需要，四季和节气受到重视，制定历法则规定寒暑有常，节所有序。这些规定，就使得历书上的月日次序和太阳、月亮在天球上的视位置完全一致。如果有不一致，将会造成寒暑颠倒，月相失常的混乱现象。于是就得修改历法，使历书上的月、日次序再恢复到所规定的月球、太阳在天球上的视位置。

回归年是四季更迭周期，朔望月是月相变化周期。因此，制定历法，必须重视这两个周期的长度。但是，回归年（365.2422 日）和朔望月（29.5306）都不是整数，都不能简单通约。如果按年、月的实际长度作为历法中的年和月，那么年和月开始时刻在一日中将是不固定的，这对人们的生产和生活都很不方便，因此，历法中的年和月则人为规定为整日数。这种整日数的年和月，称为历年和历月。

既然历年不等于回归年，历月不等于朔望月，它们之间就必然存在着一定的差值。如果对差值置之不理，时间一长，将会造成历法的混乱。对差值的适当处理，在历法中叫做**置闰**。其目的在于使历法的起算点总是接近所规定的日期。

综上所述，把历月和朔望月的差数配搭妥当，把历年和回归年的差数安顿好，使之既能使历书上的月日次序符合月、日在天球上的视位置，又能便利人们生产和生活上使用，这就是**制定历法的基本原则**。

世界上一些文明古国的历法无不经历复杂的演变过程；世界上不少民族也都曾制定过具有本民族特色的历法；随着国际交往的频繁，历法亦势必趋向统一。所以，历法是人类文明的重要组成部分。

1.5.2 历法的种类

根据选定的天体（太阳或月亮）运动的实况和人为定出的年、月的长度，以及选取的不同的历元——起算点，而制定出太阴历、太阳历和阴阳历三种大类型。

1. 太阴历——以回历为例

太阴历简称阴历。是把月看作制定历法的首要成分，力求把朔望月作为历月的长度，而历年的长度是人为规定，与回归年无关。朔望月的长度是 29.5306 日，所以阴历的历月规定单数月为 30 天，双数月为 29 天，平均 29.5 天，并以新月始见为月首。12 个月为一年，共 354 天。然而 12 个朔望月的长度是 354.3671 天，比历年长 0.3671 天，30 年共长 11.013 天。因此，阴历以 30 年为一个置闰周期，安排在第二、第五、第七、第十、第十三、第十六、第十八、第二十一、第二十四、第二十六、第二十九年 12 月底，有闰日的年称为闰年，计 355 天。经过闰日安插，在 30 年内仍有 0.013 天的尾数没有处理，不过这要经过 2400 余年方能积累一天，届时只要增加一个闰日就可以解决。从历法的发展史上看，凡历史文化悠久的国家（如古中国、古印度、古埃及和古希腊等），最初都是使用阴历的，现在伊斯兰教国家和地区仍采用这种历法，所以又称阴历为回历。阴历起始历元是回教教主穆罕默德从麦加迁到麦地那的那天，即将儒略历公元 622 年 7 月 16 日（星期五）作为纪元和岁首。

这种历法与月相变化吻合，但每个历年平年比回归年约少 11 天左右，3 年就要短 1 个月，约 17 年就会出现月序与季节倒置的现象，原来 1 月份在冬天，17 年后，1 月份就在夏天了。随着农业生产的发展，需要历法的月份和四季、农业与气候密切配合。然而，阴历却满足不了这个需要的。

为了解决阴历与农业生产上的矛盾，一是放弃，即取缔以朔望月为基本单位的阴历，采用以气候变化周期的回归年为基本单位制定新的历法（这就是稍后要介绍的阳历）；二是并用，即阴历和阳历两种并行使用，如伊斯兰教的民族，在宗教节日上用阴历，在农业生产上用阳历；三是协调，即仍以朔望月的长度作为一个月，而历年的平均长度为回归年，经过恰当的调整后，使之基本符合寒暑变化的常规，也就是说，根据月亮绕地球公转周期以定月，根据地球绕太阳公转周期以定年，编制新历法（这也是稍后要介绍的阴阳历）。此外，还有一种是阴阳历和阳历并行使用的历法种类，如我国的农历。

2. 太阳历——以公历为例

太阳历简称阳历，它纯粹以回归年为基本单位，与朔望月毫无关系。把年看作首要成分，力求使阳历历年的平均长度等于回归年，月的日数和年的月数都是人为规定的。现今全世界通用公历，即格里高利历就是阳历，它是由儒略历发展而成的。

（1）儒略历　公元前 46 年，罗马的最高统治者儒略·恺撒邀请天文学家索西琴尼进行历法改革，制订新历，称为儒略历，又称旧太阳历。儒略历把一个回归年定为 365.25 日，并规定每年设 12 月，单月 31 日，双月除 2 月 29 天（因二月份是当时罗马处决犯人的月份，二月份减少 1 天，表示执政者的仁慈）外，其余是 30 天，共计 365 天，每隔三年置一闰年，闰年时在二月内加一闰日，也是 30 天，全年共计 366 天。

儒略·恺撒在改历后一年（即公元前 45 年）逝世，为了纪念他，他的旧臣僚把他出生的 7 月（大月）改为儒略月。掌握权力的僧侣们把"每隔三年置一闰年"规则，误解成"每三年置一闰年"。这样，自公元前 42 年置闰开始到公元前 9 年短短 33 年中，竟置闰了 12 次，比恺撒规定多了三个闰年。当时的最高统治者，恺撒的侄子奥古斯都对儒略历作了修正。下令改历：一是规定从公元前 8 年到公元 3 年不再闰年，等把多闰的 3 年扣回后再按 4 年 1 闰的办法实行；二是他把自己出生的 8 月改为大月，称"奥古斯都月"，8 月以后大小月颠倒，结果多了一个大月，就再从 2 月份中扣除 1 日，那平年的 2 月份就剩 28 日。后人把此称为**奥古斯都历**（其实本质上还是儒略历）。这样没有规律的月的日数（1、3、5、7、8、10、12 是大月，2、4、6、9、11 是小月），仍然在现行的公历中沿用着。

（2）国际通用的公历（格里历）　儒略历在当时可以说是最好的历法。欧洲一些基督教国家于公元 325 年在尼斯会议决定共同采用，并根据当时的天文观测规定春分日必须在 3 月 21

日，然而，儒略年（365.25 日）比回归年（365.2422 日）长 0.0078 日，即 11 分 14 秒。这个小小的差值，从公元 325 年到 1582 年的 1257 年间积累了约 10 天的误差。在公元 1582 年测得太阳于 3 月 11 日便通过了春分点，春分日比规定的 3 月 21 日提早 10 天来临。历日与天象不符合，必须对历法进行修订。

罗马教皇格里高利十三世采纳了意大利医生利里奥的建议，并于公元 1582 年 3 月 1 日颁布了命令：一是把当年 10 月 4 日后的一天作为 10 月 15 日，即把 10 月 5 日至 14 日的 10 天勾销（**历史上空白了 10 天**）；二是把 4 年 1 闰改为 400 年 97 闰，具体置闰的办法是凡世纪年份（为 100 的倍数）能被 400 除尽者才是闰年，其余年份能被 4 除尽者为闰年。当然，这样闰法，比起儒略历经过 128 年就相差一日要精确得多。但每 400 年还是多闰 0.12 日，4000 年就多闰 1.2 日。因此，如果这一历法继续使用下去，公元 4000 年和 8000 年亦不应作闰年。因为，在几千年中，回归年的长度也会发生改变。

改革后的新历，被后人称为**格里历**，是目前全世界通用的公历。世界上大多数国家都使用这种历法，故称公历。我国是在 1912 年成立民国政府时宣布采用公历的。

3. 阴阳历——以中国夏历（或农历）为例

阴阳历是年、月并重，力求把朔望月作为历月的长度，又用设置闰月的办法，力求把回归年作为历年长度的历法。中国是最早使用阴阳历的国家之一，美索不达米亚的亚述人和印度人也较早制定过阴阳历。我国阴阳历曾经历过复杂的演变过程，从战国到清代，编出的有据可查的较完善的历法就有上百部，大致又可以分为四个时期，即：①古历时期：汉武帝太初元年以前所采用的历法；②中法时期：从汉太初元年以后，到清代初期改历为止。这期间制订历法者有七十余家，均有成文载于二十四史的《历志》或《律历志》中。诸家历法虽多有改革，但其原则却没有大的改变；③中西合法时期：从清代传教士汤若望上呈《新法历书》到辛亥革命为止；④公历时期：辛亥革命之后，于 1912 年孙中山先生宣布采用格里历（即公历，又称阳历），即进入了公历时期，中华人民共和国成立后，在采用公历的同时，考虑到人们生产、生活的实际需要，还颁发中国传统的农历。

这些历法的总趋向就是日臻完善和精确，主要在回归年和朔望月的长度、置闰、确定岁首和月首等方面进行求索，不断改进。

1）阴阳历的置闰

为了保持日序和月相变化相互对应的天文性质，同时还要使一年中的时令节气与农事活动相去不远。因此，阴阳历的产生就是把朔望月和回归年合理地协调起来。回归年的日数是朔望月的日数的 12.368 倍，也就是说，一个回归年不正好是朔望月的整倍数，它多于 12 个朔望月，而少于 13 个朔望月。为了使历年的平均值总是接近于回归年的日数，阴阳历平年是 12 个月，闰年是 13 个月，增加的 1 个月，叫做闰月。经过推算，19 年加 7 个闰月较为符合实际，因为

$$19 \text{ 个回归年} = 19 \times 365.2422 = 6939.6018 \text{ 日}$$

$$12 \times 19 + 7 \text{ 个朔望月} = 235 \times 29.5306 = 6939.6910 \text{ 日}$$

两者非常接近，相差甚少。这样阴阳历的月份和季节可以在较长时期内保持大体一致，不会出现冬夏倒置，寒暑失序的现象。19 年 7 个闰月的方法，早在公元前六世纪的春秋时代，我国就已经应用了，而古希腊在公元前 433 年才发现这个周期，比我国晚了 160 年，由于闰月的安插，阴阳历的一年长度相差很大，平年是 353～355 天，闰年 383～384 天。如何安插闰月，这跟二十

四气中的中气有关。在阴阳历中，每个月都有它固定的中气，如含有雨水的月份为正月，含有春分的月份为二月……大寒则是腊月（十二月）的中气。在 19 个回归年中，有 228 个节气和 228 个中气，而阴阳历十九年中有 235 个朔望月，显然有 7 个月会没有节气和 7 个月没有中气。在西汉天文学家邓平和落下闳制定《太初历》时，规定以没有"中气"的月份，作为这一年的闰月，它用上月的名称，并在前面加上一个"闰"字，这种置闰办法，被后来历法家一直采用着。

　　闰月是人为规定的，历史上并不是没有中气的月份都定为闰月，尚有个别是例外。假定前一个或两个月里包含了两个中气，下一个月虽然没有中气，还不能把它作为闰月。例如，清同治九年十一月里有两个中气（冬至和大寒），十二月只有一个节气（小寒），虽然没有中气，也不称作闰十一，仍然是十二月。又如，1985 年（乙丑年）正月没有中气，只有一个节气（惊蛰），但在上一年的十一月里却有冬至和大寒两个中气，应为正月的雨水出现在十二月里，那么这个没有中气的正月，还是不算作闰月十二月，仍是正月。有了这样规定后，才能在 19 年中正好安插 7 个闰月。

　　从春分到秋分的夏半年中有 186 日多，而从秋分到春分的冬半年中只有 179 日，这样就使两个中气（或两个节气）之间的日数不能相等。在夏半年中，两个中气的间隔超过它的平均天数（30.44 日）尤其是地球在远日点附近，它的运动最慢，使两个中气的间隔也就达到最大（31.45 日）。于是，在这段时间的历月里不包含中气的机会就较多些，这就是四、五、六月出现的闰月次数特别多的原因。相反地，在冬半年中，两个中气的间隔也就达到最小（29.43 日）。于是，在这段时间的历月里总要包含一个中气，有时还会包含两个中气。这就使得十一月、十二月和正月一般不会有闰月发生（表 1.3）。

表 1.3　夏历（1840～2060 年）闰月表

阳历年份	干支	闰月	阳历年份	干支	闰月	阳历年份	干支	闰月	阳历年份	干支	闰月
1841	辛丑	三	1843	癸卯	七	1846	丙午	五	1849	己酉	四
1851	辛亥	八	1854	甲寅	七	1857	丁巳	五	1860	庚申	三
1862	壬戌	八	1865	乙丑	五	1868	戊辰	四	1870	庚午	十
1873	癸酉	六	1876	丙子	五	1879	己卯	三	1881	辛巳	七
1884	甲申	五	1887	丁亥	四	1890	庚寅	二	1892	壬辰	六
1895	乙未	五	1898	戊戌	三	1900	寅子	八	1903	癸卯	五
1906	丙午	四	1909	己酉	二	1911	辛亥	六	1914	甲寅	五
1917	丁巳	二	1919	己未	七	1922	壬戌	五	1925	乙丑	四
1928	戊辰	二	1930	庚午	六	1933	癸酉	五	1936	丙子	三
1938	戊寅	七	1941	辛巳	六	1944	甲申	五	1947	丁亥	二
1949	己丑	七	1952	壬辰	五	1957	丁酉	八	1960	庚子	六
1963	癸卯	四	1966	丙午	三	1968	戊申	七	1971	辛亥	五
1974	甲寅	四	1976	丙辰	八	1979	己未	六	1982	壬戌	四
1984	甲子	十	1987	丁卯	六	1990	庚午	五	1993	癸酉	三
1995	乙亥	八	1998	戊寅	五	2001	辛巳	四	2004	癸未	二
2006	丙戌	七	2009	己丑	五	2012	壬辰	四	2014	甲午	九
2017	丁酉	六	2020	庚子	四	2023	癸卯	二	2025	乙巳	六
2028	戊申	五	2031	辛亥	三	2033	癸丑	十一*	2036	丙辰	六
2039	己未	五	2042	壬戌	二	2044	甲子	七	2047	丁卯	五
2050	庚午	三	2052	壬申	八	2055	乙亥	六	2058	戊寅	四

*紫金山天文台 1998 年出版的《大众百年历》中将原来 1984 年出版的《新编百万年历》2033 年癸丑年闰七月改为闰十一月。这是因为"夏正建寅"即夏历以冬至为岁首，定冬至一日所在月为"子月"——"十一月"，这年如闰七月，则冬至就成了十月三十日，只有闰十一月才能使冬至日在十一月。闰十一月是极为罕见的，过去被认为是不可能的。

2）阴阳历大小月的确定

根据朔望月的平均长度（朔望月的长度是变化的，最多可相差 13 小时）推算，从朔（初一）开始到另一个朔（初一），间隔 30 日就是大月，间隔 29 日就是小月。

3）阴阳历的其他名称

在历书中有把我国的传统阴阳历称为"夏历"；在民间称它为"农历"或"阴历"。

我国的阴阳历之所以称"夏历"并不是指夏代的历法，而是当时采用了夏代历法的"建正"。所谓建正，就是把正月放在什么时节的安排。表 1.4 列出了自夏至汉的建正的演变。夏制正月建在寅月，随后夏朝灭亡，商朝就把正月建在丑月；商被周代替，周朝又把正月提前到子月；后周没落，秦灭诸国，则把正月提前到亥月，即现在的十月（十月秋季是收获季节，老百姓在农忙时安排过年，是不合情理的）；直到汉武帝制定太初历时才恢复夏制，再把寅月作正月，直至今日。因此，人们就把我国的传统阴阳历称为夏历。

表 1.4 自夏至汉建正情况表

朝代	地支											
	子月	丑月	寅月	卯月	辰月	巳月	午月	未月	申月	酉月	戌月	亥月
夏	十一	十二	正	二	三	四	五	六	七	八	九	十
商	十二	正	二	三	四	五	六	七	八	九	十	十一
周	正	二	三	四	五	六	七	八	九	十	十一	十二
秦	二	三	四	五	六	七	八	九	十	十一	十二	正
汉	十一	十二	正	二	三	四	五	六	七	八	九	十

我国的阴阳历被称为农历，是近 30 年内出现的。因该历法有二十四节气成分，能指导农事活动，因而称阴阳历为农历。实际上，节气源自太阳的周年视运动，所以，二十四节气是属于阳历成分。

我国的阴阳历也有人称为阴历，实际上是不妥的。尽管阴阳历的历月与阴历的历月很接近，但它们是两种不同的历法。阴阳历与节气虽然不是完全符合，但绝不会像阴历那样有寒暑倒置的现象发生。事实上，就以历月来说，两者也是有区别的。阴阳历历月的月首，规定在"朔"的日子，所以它的历日有明显的月相意义，而阴历的月首安排在新月始见的日子，相当于阴阳历的初二或初三。还有，阴历的历月大月（30 日）小月（29 日）相间排列，很有次序，是人为规定的。而阴阳历的历月，虽然大小月的日数与阴历相同，但哪个月是大月，哪个月是小月，并不是人为规定的，而是通过计算出两朔日之间的实际长度（是 30 日还是 29 日）来确定历月的大小。因此，在阴阳历中，历月的日数并不是大小月相同，而是常会连续出现两个小月，或连续出现两个、三个大月，甚至还会有连续出现四个大月的。因此，我们现在绝不可把阴阳历和阴历混为一谈。

4）农历特点

纵观我国古代历法，所包含的内容尽管十分丰富，但大致说来包括推算朔望、二十四节气、安置闰月以及日月食和行星位置的计算等。当然，这些内容是随着天文学的发展逐步充实到历法中去的，而且经历了一个相当长的历史阶段。总结我国夏历与一般的阴阳历除有共同特点外，还有其独特的地方，表现在：①强调逐年逐月推算，以月相定日序（以合朔为初一，以两朔间隔日数定大、小月）；以中气定月序（据所含中气定月序，无中气为闰月）。②二十四节气与阴阳历并行使用，阴阳历用于日常记事；二十四节气安排农事进程。③干支纪法，60 年循环。

1.5.3　历法的评价

1. 通用历法的优缺点

（1）公历　　目前世界上仍在使用的几种主要的历法都有优点和不完美之处。就公历来说，优点是历年与回归年同步，故月序与季节匹配较好。缺陷是：①历月是人为安排的，历月的天数有 28、29、30 和 31 天 4 种，大、小月排列不规律；②四季的长度不一，有 90、91 和 92 天 3 种；上下半年的日数也不相等；③岁首没有天文意义；④每月的星期号数不固定，每年同日的星期号数，每月同日的星期号数，都各不相同；⑤与月相变化周期无关。

（2）阴阳历和阴历　　就我国的阴阳历来说，优点是把两个天赐的周期都应用了，平均历月是月球公转周期，平均历年是地球公转周期。长期使用，对日、地、月三者的关系就不会生疏，看到月份就可知道在这一年中月球已绕地球转了几圈，看到日期就可知道月相。缺点是平年与闰年有一个月的差值，日期与季节的对应关系有一个月的错动。当然，这样的错动问题不大，因设置了二十四节气，时令还是可以掌握的。所以，我国的阴阳历不愧是一种好历法。阴历的历年与回归年相差太大，会出现月序与季节颠倒的现象，所以缺陷明显，目前除了伊斯兰国家保留以外，别的国家或地区早已摈弃了。

2. 改历的方案

为了使历法更简明，使用更方便，许多人对现行公历提出了历法改革的呼吁。自 1910 年起国际上就开展关于改历问题的讨论，国际组织收到了 200 多个改历方案，其中引人注意的有"十二月世界历"和"十三月世界历"。

（1）十二月世界历　　把每年分为 4 季，每季 3 个月，其中 1 个大月，31 天；2 个小月，30 天。这样，每季为 91 日，1 年为 364 日，还有 1～2 日就作为国际新年假日（平年在 12 月末加 1 日，不算入月份内，闰年在 6 月末再加 1 日，也不计入月份内）。由于每星期为 7 日，每季 91 天正好是星期的倍数，所以，元旦和每季的季首都可以安排为星期日，星期和日期的对应关系也可以按季循环。

（2）十三月世界历　　把每年分 13 个月，每月 4 个星期，28 日，全年计 52 个星期，364 日，还有 1～2 日的新年假日。平年加 1 个假日，闰年加 2 个假日，都置于年末，不计入月份内，也不计入星期中。

这两个方案都是年年相同，永久不变，但存在着日期不计日序的缺陷，这样对记录社会活动和历史事件将带来很大麻烦。

现代国际交往频繁，任何国家都不可能再自成体系，闭关自守。所以，历法势必趋向统一。因此，改历已不是一个国家或几个国家的事情，而是全世界的事情，这样自然要国际组织来协调。尽管现行的历法有诸多的缺点，但它还是目前通用的世界历法。

思考与练习题

1. 何谓天体和天体系统？试举例说明。

2. 获悉天体信息的主要渠道有哪些？

3. 天球是如何定义的？天穹和天球有何区别？

4. 简要说明天球坐标的一般模式。常用的天球坐标有哪些？试对其进行列表比较。

5. 简述天文仪器、星图和星表等在研究天体中的作用。

6. 何谓时间？常用的计时系统有哪些？

7. 已知某地毕宿五（$\alpha=4^h35^m$）正在上中天，当日太阳的赤经 $\alpha_\odot$ 为 $21^h51^m44^s$，时差为 -14^m13^s，求当时该地的平时。

8. 在福州某地（$\lambda=119°05'E$）5 月 6 日用日晷测得视太阳时 10^h02^m，求相应的地方平时及北京时间（时差为 3^m24^s）。

9. 已知东八区的区时为 2019 年 10 月 29 日 8^h，求西九区的区时。

10. 何谓历法？常用的历法有哪些？各有哪些特点？

11. 我国的农历具有阴阳历特点外，还有哪些独特之处？

12. 现行阳历是如何演变的？

13. 某人在 2016 年年满 20 周岁，可他却说至今只过 5 次生日。试问他出生在公历几年几月？

14. 已知 2020 年 2 月 23 日，3 月 24 日，4 月 23 日，5 月 23 日，6 月 21 日，7 月 21 日，8 月 19 日均为朔日；又知春分在 3 月 20 日，谷雨在 4 月 19 日，小满在 5 月 20 日，夏至在 6 月 21 日，大暑在 7 月 22 日；问：公历 2020 年是闰年还是平年？公历 2020 年相当农历什么年？是闰年还是平年？农历大小月如何安排？

进一步讨论题

1. 为什么说地球既是一个普通的天体，又是一个特殊的天体？

2. 人类如何认识和把握时间？

3. 我国传统的阴阳历如何演变至今？

4. 为什么说"历法改革是世界性的问题"？

实验内容

1. 天球仪的原理和使用操作。

2. 活动星图的原理和使用——认星。

3. 光学望远镜原理、类型和使用操作。

4. SkyMap、Stellarium 等天文软件的操作与应用。

第 2 章　恒 星 世 界

本章导读：

　　恒星是宇宙中最有趣和最重要的基本天体，是天文观测的重要对象。人类对太阳及恒星的长期观测已获得了大量的资料，这些观测资料在研究恒星结构和演化中起着非常重要的作用。恒星的多样性和复杂性为人类探索宇宙开阔了视野，为人类寻找地外文明提供线索。

2.1　恒星的基本特性

　　恒星并非不动，只是因为它们距离地球实在太远，人类若不借助特殊工具和方法，很难发现它们在天空上的位置变化。实际上"恒星"不恒，恒星在宇宙中是不断地运动着。恒星由炽热的气体组成的仅是恒星的大气，而恒星的内部，特别是内核密度都很大，不一定都是由气体组成的，如致密星（包括白矮星、中子星或脉冲星、黑洞）就不是由气体组成的。恒星会发光发热，但恒星并非一生都发光，恒星发光只是恒星演化史上某个阶段的现象。认识恒星的特性可以从亮度、星等、距离、温度、颜色、光谱、大小、质量、密度、运动、化学组成等方面探讨。

2.1.1　恒星的亮度及星等

　　人们对天体辐射的可见光波段明暗程度的相对亮度并以对数标度测量的数值定义为"视星等"，简称为"星等"。星等是天文学史上传统表示天体亮度的一套特殊方法。古希腊天文学家根据恒星的明亮程度把它们分成六等。最亮的星为 1 等星，肉眼刚好能看到的星为 6 等星，恒星越亮，星等数越小。如果取零等星的亮度为单位，根据普森公式（$m=-2.5\lg E$），视星等 m 越小，亮度 E 就越大。如：全天最亮的恒星（除太阳外）天狼星为-1.45 等，金星最亮时为-4.22 等，月亮满月时的亮度为-12.73 等，太阳的亮度达-26.74 等。就是说，太阳的亮度是 1 等星亮度的 $2.512^{26.74}$ 倍。

　　不同的恒星，发光本领悬殊。但由于距离的缘故，在地球上观测不同发光的恒星，有可能看成同一亮度，为了比较不同恒星的真实发光能力，必须设想把它们移到相同的距离上，即标准距离（10 个秒差距，或 32.6 光年），才能比较它们的真正亮度（即光度）。在标准距离处的恒星的光度为绝对亮度，其星等称为绝对星等（记为 M）。例如：太阳的 M 为 4.75 等，天狼星的 M 为 1.4 等。我们把光度较小的星叫矮星，光度较大的星叫巨星。一般矮星 M 为 9 等左右，巨星 M 为-2 等左右，超巨星 M 为-4 等以上。

　　视星等指用常规星等标量度的从地球看的恒星亮度。由于恒星到我们地球的距离不同，同样亮度的恒星如果离我们较远，则显得较暗。所以仅由视星等不能得出恒星真正有多亮，所以有必要定义"绝对星等"。

　　恒星或其他天体假定距离观测者正好 10 秒差距（pc）时所应该有的视星等，是天文学家用来量度天体光度的标度。最初的星等标是以人眼看起来有多亮为依据的；希腊天文学家伊巴谷把恒星排列成从已知最亮恒星的"一等"到肉眼刚刚可见的最暗恒星的"六等"。但到 19 世纪中叶已经意识到，人眼的感光不是线性的，而是遵循对数规则。所以一等星的亮度远远不止六等星的六倍。为了建立一个与基于人眼视觉的传统标度相匹配的精密标度，1856 年英国天文学家诺曼·波格森（Norman Pogson）认为应该硬性规定 5 个星等的差异相当于 100 倍的亮度比。换言之，1 星等的差异对应亮度之比为 2.512（因为 $2.512^5=100$）。因此，一颗星比另一颗星亮 2 星等，相当于亮 2.512^2 倍，依此类推。这就是天文学家今天使用的标度，但亮度的测量已经不依靠人眼，而是用各种测光仪器。由于因袭了伊巴谷定义的原始星等标，所以恒星越黯淡，其波格森标度的星等值越大。又由于要包括比伊巴谷考虑过的更亮的星，所以还必须使用负数。星等可以在不同波长范围（不同颜色）或对整个电磁波谱（热星等）进行测量。另见视星等、绝对星等、光度。

2.1.2　恒星的距离

　　随着天体测量技术的进步，天体距离的测定方法也在不断改进且精度也不断提高。在宇宙中所使用的天文距离单位通常有：天文单位（AU，即 1 个天文单位，相当于日地平均距离）、光年（ly）和秒差距（pc）三种。

　　如果已知地球到恒星之间的距离，再获悉恒星的球面坐标，就能够确定出恒星的空间位置，就能计算出恒星的光度、空间运动的线速度，就能研究恒星的空间分布规律。所以，确定恒星的距离，对研究恒星世界有重大意义。除太阳外，距离地球比较近的亮恒星见表 2.1。

表 2.1　某些恒星的距离

序号	国际星名	中国星名	距离/光年
1	半人马α	南门二	4.35
2	大犬α	天狼	8.65
3	小犬α	南河三	11.4
4	天鹰α	河鼓二	16.0
5	南鱼α	北落师门	22.0
6	天琴α	织女	26.3

2.1.3　恒星的温度、颜色和光谱型

1. 恒星的温度

　　确定恒星的温度是天体物理学最重要的研究课题之一。但是人们现在只能实测到恒星大气层的温度，对恒星表面以及内部的温度只能通过理论分析来估算，关于"恒星的温度"定义常见的有以下几种。

　　（1）色温度 T_c　是指一定波段内的连续谱形状与恒星相同的绝对黑体的温度。

　　（2）辐射温度 T_r　是在一定波段和单位时间、单位面积内的辐射流量与恒星相同的绝对

黑体的温度。

（3）梯度温度或特征温度T_g 利用给定波长λ处的绝对梯度与恒星在同一波长处的绝对梯度相等的绝对黑体的温度。

（4）有效温度 T_e 利用与恒星具有同样总辐射流和同样半径的绝对黑体的温度。

估算色温度和梯度温度，要测定恒星的光谱。温度越高，光谱最明亮（辐射强度最大）部分越接近蓝色一端，因此，只要人们能在恒星谱线中，找出最明亮部分所对应的波长，就可推算出恒星的表面温度。

2. 恒星的颜色

在地球上观测，恒星的颜色是多样的，恒星的颜色与恒星表面温度是相关的。一般红色的星表面温度低，约为3000K，如天蝎座α星（心宿二）；黄色星温度约为6000K，如我们的太阳；白色星温度约为10000～20000K，如天琴座的织女星；带蓝星的星，表面温度最高，可达300000～100000K，如猎户座蓝色的δ星（参宿三）表面温度很高。

3. 恒星的光谱和光谱型

太阳的光谱是于1666年发现的，而恒星的光谱拍摄和研究直到1870年才开始，现在人们已经认识到恒星光谱与恒星颜色是相关的。一般地，颜色相同的恒星，光谱大致相同。

观测显示：多数恒星的光谱是在它的连续光谱的背景上有许多暗的吸收线，只有少数恒星的光谱中出现发射线，有的恒星光谱中只出现少数几条谱线，有的则有很多条谱线，也有一些恒星光谱呈现有分子带谱线。人们通过光谱可以研究恒星的很多特性。根据恒星的光谱，可把恒星分为若干种光谱型，最常见的是哈佛分类法。

哈佛分类法是美国哈佛天文台根据恒星光谱线的相对强度和形状所定出的分类法。在这种分类系统中，每种光谱型用字母表示，分为O、B、A、F、G、K、M七个光谱型，各个光谱型又分为若干个次型，如B_0、B_1、…、B_9（不一定每类恒星的光谱型都有10个）。

从O到M的光谱型系列，是恒星表面温度从高到低的系列，也是恒星颜色从蓝到红的系列（图2.1和表2.2）。

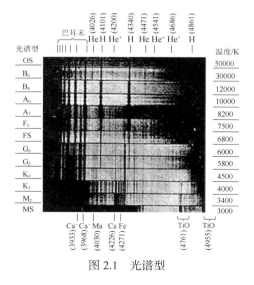

图 2.1 光谱型

表 2.2　恒星的光谱型、颜色、表面温度表

光谱型	光谱主要特征	颜色	有效温度/K	举例
O	一次电离氦线（发射或吸收），强紫外连续谱	蓝	40000~25000	参宿一，参宿三
B	中性氦的吸收线	蓝白	25000~12000	参宿五，参宿七，角宿一
A	A_0型的氢强度极强，其他次型依次递减	白	11500~7700	牵牛星，织女星
F	金属线开始显现	黄白	7600~6100	南河三，老人星
G	太阳型光谱，中性金属原子和离子	黄	6000~5000	太阳，五车二
K	金属线为主，弱的蓝色连续谱	橙	4900~3700	大角星
M	氧化钛的分子带明显	红	3600~2600	心宿二，参宿四

2.1.4　赫　罗　图

若以光度或绝对星等为纵坐标，以光谱型或表面温度的对数为横坐标，显示恒星的光谱型和光度之间的关系图，叫做"光谱—光度图"，由于这个关系最早由丹麦天文学家赫兹普龙和美国天文学家罗素所发现，所以也称为"赫罗图"（图 1.20）。从赫罗图上可以看出：大部分恒星分布在赫罗图中的左上方到右下方的对角线的狭窄带内，这区域称为"主星序"。主星序的右上角，有一个几乎呈水平走向的"巨星序"。图的上部，有一些分散的星，称为"超巨星序"。主星序下面的是"亚矮星"，图的左下方是"白矮星序"。巨星序和主星序不相接，中间的部分称为"赫氏空区"。赫罗图能显示恒星的演化过程，能估计星团的年龄和距离，是研究恒星演化重要的手段，是研究天体物理学和恒星天文学有力的工具。

位于主星序上的恒星叫主序星。其分布规律是从 O 型星、B 型星延续到图的另一角的M 型星。赫罗图上除主星序外，还可看到由较少恒星组成的一些序列，在右上方 G、K、M 型亮星区域，再上一些可以看到一组巨星，它们的绝对星等差不多一样，都在 0 等左右。巨星以上是超巨星，绝对星等为-2 等或更亮。巨星和主序星之间可称为亚巨星，这些星的光谱型多半在 G_2~K_2 的区域，绝对星等平均为+2.5 等。赫罗图的左下角是白矮星，它们的光谱多半属 A 型，光度很小，绝对星等从+10~+15 等。太阳附近的恒星在赫罗图上的位置，是各种类型恒星的混合体，这些星具有不同的质量，不同的化学组成和不同的年龄。由赫罗图可以容易看出恒星演化的过程。如果观测比太阳更遥远的恒星区域，恒星的种类更多，这些类型的恒星在赫罗图中所占的位置见图 2.2。所以，我们利用图 1.20 和图 2.2可以研究恒星的演化。

2.1.5　恒星的大小、质量和密度

1. 恒星的大小

恒星视角直径非常小，最大的不超过 0.05″，因此直接测定恒星的大小，是比较困难的。天文学家已采取了一些方法测定恒星的大小，并取得一些观测成果。

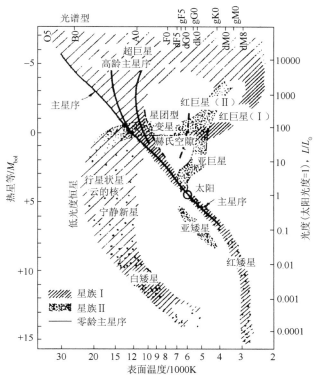

图 2.2　各类恒星在赫罗图上的分布

恒星的大小相差很多（图 2.3），有直径大到太阳直径的数百倍甚至一二千倍的恒星，如御夫座 ε 双星中较暗的一颗直径为太阳直径的 2000 倍；盾牌座 UY 直径相当于太阳直径的 1700 倍；仙王座 VV 星的直径约为太阳直径的 1600 倍；参宿四的直径是太阳直径的 900 倍。据资料显示（截至 2021 年），目前已知体积最大的恒星名为"史蒂文森 2-18"，它是位于地球 2 万光年外的一个疏散星团内，半径达到太阳的 2150 倍。也有小到直径为太阳的几分之一到几十分之一的恒星。例如：天狼星的伴星（是一个白矮星），直径只有太阳直径的 1/30。

2. 恒星的质量和密度

恒星的质量是重要的物理量，它是恒星演化和恒星结构的决定性因素。除太阳外，恒星中只有某些双星，从其轨道运动来决定其质量的数值，而其他恒星的质量，都是用间接方法求得的。

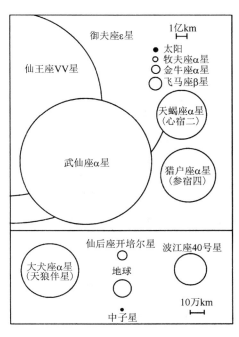

图 2.3　恒星的大小

恒星在质量方面的差别不像在光度和大小方面的差别那样大，据观测，大致范围从百分之几个太阳质量到 120 个太阳质量之间，大多数恒星质量在 0.1～10 个太阳质量之间。恒星的质量随着时间演化而变化，除了热核反应把质量不断转变为辐射能以外，许多恒星还因大气膨胀或抛射物质而不断损失质量。

恒星的密度，主要指其平均密度，而平均密度等于恒星总质量和总体积的比值。由于恒星的大小差别很大，所以恒星的平均密度差别也较大。如：太阳的平均密度是水的 1.409 倍，而主序星的平均密度可从太阳的 10 倍左右到 0.1 倍左右；红超巨星平均密度小，一般约是水的 1/100 万，更小的只有 1/1 亿；白矮星和中子星的平均密度则很大，如：天狼星伴星的平均密度是 17.5 万 g/cm^3。

2.1.6　恒星的运动

宇宙中的恒星是运动的。既有自转，又有恒星的空间运动。

1. 恒星的自转

人们通过对太阳黑子的较长期观测，发现太阳有较差自转运动；通过对恒星光谱的观测，发现恒星也有自转运动。因此，恒星的自转运动是有共性的，只是各个恒星表面的自转速度大小不等。例如，太阳赤道处的自转速度平均为 2km/s，而有的恒星赤道处的自转速度达 300km/s。对于主序星来说，早型星（B 型、A 型）自转速度较大，晚型星（G 型、K 型、M 型）自转速度较小。

2. 恒星相对于太阳的运动

恒星除了自转运动外，还有相对的空间运动。其运动的相对速度称为**空间速度**。如果某一恒星的运动速度、方向正好与太阳一样，那么它相对太阳来说就好像是静止不动的，但相对地球上的观测者来说，则不是静止的，因地球公转的同时还自转。如果恒星的运动速度、方向与太阳不一样，那么恒星对太阳就有相对运动，恒星空间运动的方向是多种多样的，如：有的向东，有的向西，有的接近太阳，有的远离太阳。为方便说明，我们把恒星空间运动速度分成两个分量，一个沿视线方向，叫**视向速度**；一个与视线垂直，叫做**切向速度**。

视向速度可以利用光谱线的多普勒位移测出，切向速度可由恒星相对于背景恒星的运动测出，背景恒星由于距离很远，因此难以觉察出它们的切向运动。若切向速度用单位时间移动的角度（每年若干角秒）表示，就叫做**恒星的自行**。如图 2.4 表示北斗七星 10 万年前、现在以及 10 万年以后的形状是不同的。

天文学家在 1870 年开始测定恒星的视向速度。目前已测定视向速度的恒星约有 3 万多颗，大多数介于±20km/s 之间，已测出恒星的最大视向速度为 534km/s。

从 18 世纪中叶至今，从已测定恒星的自行情况来看，

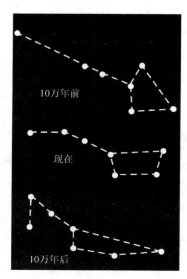

图 2.4　北斗七星的变化

角度最大的是蛇夫座的巴纳德星，也只有每年 10.31″。再从视星等大于 6 等的恒星中来看，它们自行的平均值为 0.1″，如此小的角度，肉眼是难以觉察的，所以，星座的形状在几千年的时间尺度是难以看出有明显的变化。

2.1.7　恒星的化学组成及其他

1. 恒星的化学组成

基于对恒星光谱的分析，可以确定恒星的化学组成。

据研究，大多数恒星的化学组成与太阳相似，以氢和氦为主；少数恒星的化学组成比较特殊。例如，在哈佛光谱型 K、M 中可分为 S、R 和 N 型，其中 N 型恒星的大气中碳特别多，在 S 型恒星大气里，锆、镨特别多。但绝大部分恒星大气的化学组成，都是氢最丰富，按质量计算，氢占 78%，氦占 20%，其余的 2% 中，O、C、N 这三种元素占一半多，剩下的不足 1%，较丰富的是 Ne、Fe、Se、Me、S 等，恒星内部的化学组成，直接观测不到，需要根据恒星的质量、半径、光度、表面温度等相关参数估算出其概况。

由于在银河系中，存在年龄、化学组成、空间分布和运动特性十分接近的恒星集合，在 1927 年，由布鲁根克特首次提出"星族"的概念。1944 年，巴德把银河系和其他旋涡星系的恒星分为"星族 I 和星族 II"两类。它们的特征归纳成表 2.3。

表 2.3　星族 I 和星族 II 比较

比较内容	星族 I	星族 II
最亮的恒星及星际物质分布情况	最亮的恒星是早型白色超巨星，有相当数量的以气体和尘埃形式存在的星际物质	最亮的恒星是 K 型红橙色超巨星，星际物质相当少
恒星分布	恒星银面聚度大，集中在星系外围旋臂区内，在星系核心部分几乎没有	主要集中于星系核心部分，外围几乎没有
恒星的空间速度	恒星绕银轴转动的速度大，空间速度小	恒星绕银轴转动的速度小，空间速度大
含金属元素情况	表现出比氢还重的多种元素的光谱线的恒星，称为富金属恒星	表现出比氢还重的相对较少种类的元素的光谱线的恒星，称为贫金属恒星

2. 恒星的磁场

1946 年天文学家巴布科克首次测出室女座 78 星的磁场强度约为 1500 多高斯（Gs），自此以后，天文工作者对恒星磁场进行了大量观测和研究，发现了 100 多颗磁场强度高达几千乃至几万高斯（Gs）的恒星。现在知道除脉冲星外，磁场最强的恒星大多数是 A 型特殊星，这种恒星的磁场做周期性的变化，极性也经常改变。

2.2　恒星的多样性

恒星在宇宙中是最主要的天体，存在形式多种多样。依据恒星之间的关系可分为：单星（孤星）、双星、三星、聚星、星团、星协等；依赫罗图上恒星的特点可分为：主序星、红巨星、白矮星、超巨星等；依恒星亮度稳定程度以及活动的情况可分为：稳定恒星（如目前太阳）和不稳定恒星（如变星、新星、超新星等）；依特殊性质可分为：普通星（如主序星）和致密星（如中子星、脉冲星、黑洞等）。

2.2.1　单星、双星、聚星、星团和星协

1. 单星

指孤独存在的恒星，近旁没有因引力作用而与之互相绕转的天体。像太阳就是一颗单星，因它与最近的比邻星——半人马座 α 星（中文名"南门二"）相距 4.2 光年，已缺乏引力联系，不互相绕转。

2. 双星

在恒星中，相互之间有物理联系的最简单的是双星系统。由于彼此间的引力作用而沿着一定的轨道互相绕转，这样的两颗星称为双星。在银河系中约有 1/3 的恒星是双星。

图 2.5　天狼星及其伴星

组成双星的两个恒星分别被称为双星的子星，较亮的子星称为主星，较暗的子星称为伴星。在较亮的恒星中，天狼星、五车二、南河三、角宿一、心宿二、北河三、北斗一、参宿三、参宿一、参宿七等都是双星。图 2.5 是天狼星及其伴星在光学波段的照片。

双星可以分为光学双星和物理双星两大类。光学双星仅是恒星投影在天球上很靠近，实际彼此无关，是互为独立的两颗单星，这类双星无研究意义。物理双星的两颗子星在空间彼此靠得很近，相互吸引，并绕公共质心旋转，人类感兴趣的则是**物理双星**。

通过望远镜，人眼可以直接分辨出子星的双星称为**目视双星**；根据视向速度，并由谱线位移的规律而判知的双星，称为**分光双星**；由子星相互掩食而造成亮度规则变化的双星称有**食双星**；由两颗椭球状子星组成，其合成亮度随位相按一定规律变化而被发现的双星，为**椭球双星**。

食双星和椭球双星可合称为**测光双星**；测光双星和分光双星可合称为**密近双星**。密近双星的特点是两子星相距很近，互相施加影响，经常交换物质，每个子星的演化都受到另一子星的严重影响。所以密近双星的观测和研究对研究恒星的起源演化有重要意义。

在一些天文学书籍中，还有按照观测波段或所包含的特殊对象而命名的双星，如射电双星、X 射线双星、爆发双星、脉冲双星等。

3. 聚星

3 颗以上的恒星（大多 3～10 多个成员星）聚合在一起，组成一个体系，这样的恒星集团就叫做聚星。如北斗七星中的开阳星，就是一个著名的聚星，用肉眼可以看到其近旁有一个较暗弱的辅星。用望远镜观测开阳星，容易看出它本身也是一个双星，两个子星相距离 14 角秒，开阳星和辅星相距 11 角秒，以 A 和 B 表示开阳星的两个子星，以 C 表示辅星，且通过光谱分析和光度测量发现，A 和 C 都是密近双星，而 B 是三合星，所以开阳星和辅星一共有七

颗星。

图 2.6 是聚星的几种组态,其中 A、B、C、D 分别表示聚星的成员星,左上方的 A 和 B 在一起,C 离 A、B 较远,这种组态比较稳定。因为这时 A 和 B 相互绕转,A、B 的质量中心又和 C 互相绕转,所以共有两个开普勒运动。右上方图 A、B、C 彼此间距离都差不多,则不稳定,容易瓦解,左下图的四颗星有三个开普勒运动,组合较稳定,右下图的四颗星则不稳定。

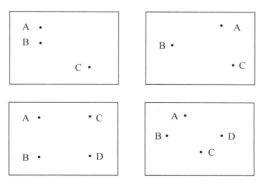

图 2.6 聚星的组态

4. 星团

由成团的恒星组成的、被各成员星的引力束缚在一起的恒星群称为星团。在第 1 章曾介绍过梅西耶和德雷耶尔的星云和星团表,实际上 M 天体或 NGC 天体很多本身就是星团,所以,像昴星团、毕星团、鬼星团等这些亮星团除有自己专门名称外,天文界就用这些星表的编号作为星团的名称。一般认为组成星团成员有相同起源,因此,星团是研究天体演化的重要对象。

根据形状和结构,星团可分为两类:一类叫**疏散星团**(又叫不规则星团或银河星团),如 M67(或 NGC2682);一类叫**球状星团**(也叫规则星团),如 M22(或 NGC6656),见图 2.7。星团的成员彼此间有相对运动,同时,星团的整体也存在着空间运动。

(1)疏散星团 它具有不规则的形状,星数一般有十几个到几百个,也有多到几千个的,结构比较疏散,成员星间的角距离较大,很容易分清各个单星。已经发现的银河星团并载入表中的约有 1000 颗星,它们都分布在银道面上,以含有较多重元素的星族 I 为特征。例如,**毕星团**是最早发现的银河星团,成员星约 300 个,距离约 130 光年,它的几颗亮星位于金牛座 α 星附近,恒星密集区的角直径约 7°,线直径约 5 秒差距,是一个移动星团。**鬼星团**(M44,或 NGC2632),又名"蜂巢星团","积尸气"。成员星 200 多颗,距离约 518 光年,位于巨蟹座 δ、γ、η 和 θ 四星组成的四边形中,在天气晴好时,肉眼可见。**昴星团**(M45),肉眼可以看见其中的七颗恒星,因此又叫"七姐妹星团"。成员星约 300 个。距离为 127 秒差距,恒星密集区的角直径 2°,线直径 4 秒差距。

(2)球状星团 它呈球形或扁球形,其成员星从几万个到几百万个,中心部分很密集(用现代望远镜也难以分辨出单星来),边缘较稀疏;越靠近中心越密集,其积累视星等在 5~13 等,角直径最大 1°,最小的约 1′,其累积光谱型平均可取为 F_7,只有个别的球状星团具有 K 型或 M 型的累积光谱型,它们是紧密的恒星集团。目前在银河系内已发现的球状星团有 130 多个,在球状星团中已发现了 2000 多颗变星,大多数为天琴 RR 变星,其次是室女 W 型星。著名的**武仙座球状星团**(M13,或 NGC6205),是北半球观测到的最亮球状星团,它在望远镜中犹如一朵盛开的菊花。

银河系的球状星团对银道面而言，空间分布大致是对称的，在北银半球和南银半球里有差不多数量的球状星团，球状星团向银道面聚集的程度很大。

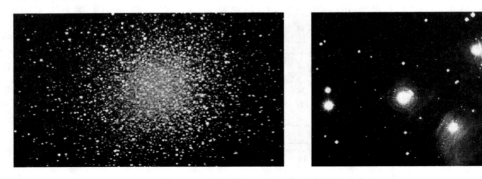

图 2.7　球状星团（左）和疏散星团（右）

5. 星协

一般由 O 型星和 B 型星等成员星组成而且具有物理联系的系统称为**星协**。星协与星团不同，星协主要由光谱型大致相同、物理性质相近的恒星组成，所以星协是一种比较特殊的恒星集团，已发现的有 O 星协、B 星协、OB 星协、金牛 T 星协等。据观测数据，有些天区（例如猎户座和英仙双星团周围）星协比较多，如猎户座天区既有 OB 星协又有金牛 T 星协。

因为 O、B 型恒星和金牛 T 型变星（后续介绍）都是十分年轻、不稳定的天体，所以星协也属于十分年轻的天体系统。有人认为星协是"恒星形成的发源地"，但天文界观点现在还不一致。不管怎样，星协的发现，说明银河系现在还有恒星诞生，而且可以单个或成群地产生，这对研究天体的起源很有意义。

2.2.2　变星、新星和超新星

大多数恒星在很长的时间内，亮度大致是固定的，属于稳定恒星。但也有一些恒星，亮度或电磁波不稳定、经常变化，并伴随着其他物理特征的变化，这些恒星称为**变星**。目前银河系内已发现约有 3 万多颗变星，其中约有一半以上的变星，其光度变化的原因是由于这些星进行着周期性的膨胀和收缩，在天文上称为"脉动"，脉动周期有短到 1 个小时的、也有长到 2～3 年的，这类变星叫**脉动变星**。另一类变星称**爆发变星**，它们的光度变化很剧烈，有的在几天之内，光度就猛增几万倍。

1. 不规则变星

变化的形式和原因都比较复杂，其亮度变化无规律，典型的是金牛座 T 型变星，这类变星有的在抛射物质和能量，有的在吸积物质和能量，有的可能处在由原始星演化成矮星的阶段，不规则变星多分布在年轻星团中。

2. 脉动变星

（1）短周期变星　亮度呈周期变化较短（如天琴座 RR 型变星），它们的光谱型除少数为

F 型外，一般为 A 型，光变周期大致从略 0.05 天到 1.5 天，光变幅一般不超过 1~2 个星等，这类变星的绝对星等几乎都是+0.5 等，光度是太阳光度的 98 倍，彼此间光度的差别很小，因此，它们常被用来推测它们所在恒星系统的距离，这类变星可以当作"量天尺"来使用。

（2）长周期变星 亮度呈周期变化较长，可分为两类。一类叫"经典造父变量"，有时简称"造父变星"。典型的是仙王座 δ 星，中文名为"造父一"，这类变星由此得名。光谱型从 F 型到 K 型都有，光变周期一般从 1 天到 50 天，可见光波段的光变幅为 0.1~2 个星等。这类变星存在周光关系，即周期越长，光度越大，例如周期为 1.5 天的，绝对星等为-2.1，周期为 30 天的，绝对星等为-2.9，可以利用它们的周光关系定出造父变星所在那个天体系统的距离，造父变星集中于银河系的银道面附近。另一类又叫做"刍藁型变星"，典型的是鲸鱼座 O 星，中文名为"刍藁增二"，光变周期为几百天到 1000 天以上的晚型脉动变星，光变幅为 5~8 个星等。

3. 爆发变星

指因星体爆发而使亮度突然增大的变星。这类变星大致分为三种：耀星、新星和超新星。

（1）耀星 是母星局部区域爆发，但爆发规模有限，爆发后亮度会突然增大，但不久就复原。

（2）新星 有时候在天球上某一个地方会出现一颗很亮的星，它的亮度在很短时间内（几小时到几天）迅速增加，以后就慢慢减弱，在几年或几十年之后才恢复原来的亮度，这就是新星，符号为"N"。它是已演化到老年阶段的恒星，在未发亮之前比较暗，不引起人们注意或者肉眼根本看不见，不要误解为"新"诞生的星。其爆炸规模比耀星大，爆发时母星的外壳抛出，占质量大部分的内核尚能留下，爆炸释放的能量使它的亮度突然增大好多倍，使以前未曾被人注意的暗星变成亮星。由于恒星爆发而产生的光度变化现象，有些新星被观测到不止一次地爆发，称为再发新星。再发新星爆发时的光变幅一般比新星小，而且两次爆发的间隔时间越短，光变幅也变小。

目前不仅在银河系内发现有新星，而且在较近的河外星系里也发现了许多新星，例如，仙女座大星云（M31），240 个以上；大麦哲伦星云，12 个以上；小麦哲伦星云，4 个以上；M81，25 个以上；M33，12 个以上等。根据理论计算，像银河系这样的星系，每年可爆发 50~100 个新星，但由于观测条件的限制，实际观测到的新星数目要少得多。

在一些新星周围，会有星云形成。例如 1918 年 6 月，天鹰座新星发亮，同年 10 月就观测到一角径为 0″.15 的由星云物质形成的圆面，每年增加 2″，到 1926 年增加到 16″，从光谱分析得知气壳物质的膨胀速度大到 1700km/s。同样在 1901 年发现的英仙座新星、1919 年发现的蛇夫座新星、1920 年发现的天鹅座新星、1925 年发现的绘架座新星、1934 年发现的武仙座新星等，都观测到它们周围有星云形成。

（3）超新星 超新星是激烈的天体爆发，但从观测角度来说它们是罕见的天文现象。超新星同新星很类似，但超新星的爆发规模更大，爆发时亮度可猛增 20 个星等或更多，光度增加 1000 万倍到超过 1 亿倍，达到太阳光度的 10 亿倍以上。超新星有 I 型和 II 型之分。I 型指质量较小的恒星演化后期，一般爆发的方式有两种：一种是缓慢的吸收物质（Ia），另一种是两颗白矮星发生膨胀（Ib）。II 型指质量较大的恒星演化后期的快速爆发。超新星，用符号"SN"表示。命名规则：用发现时年份随后用大写英文字母表明发现的次序（若超过 26 个，再用小写字母 a 代表 27，b 代表 28，……以此类推）。例如 SN1987A，指 1987 年发生在大麦哲伦云上的超新星。很多超新星爆发后完全瓦解为碎片、气团，不再是恒星了，只有少数的超新星留下残骸，成为质量比原来小得多的恒星和它周围向外膨胀着的星云。金牛座蟹状星云就是一个例子，在星云的中心有一颗不太亮的恒星，它就是超新星爆发后的残骸，星云目前以 1300km/s 的速度膨胀。据资料，目前超新星大多数是在河外星系观测到的，在我们银河系记录下来的超新星不多，其中最有名的是公元 1054 年 7 月观测到的金牛座里出现的超新星，就是形成蟹状星云的超新星。我国史书《宋会要》有关于这个超新星出现描述的世界公认的最早记载是："至和元年五月晨出东方，守天关，画见如太白，芒角四出，凡见二十三日。"此外还有 1572 年爆发的第谷超新星（SN1572），1604 年爆发的开普勒超新星（SN1604）等。

变星的形成有单星演化后期坍缩爆发所致；有双星系统演化成激变变星，物质吸积，当氢氦在表面达到一定极限，就会产生失控热核反应导致突然发光发热，主要产生紫外和 X 射线，形成 Ia 型超新星。

中国 FAST 望远镜，在 2017 年先后发现了 9 颗脉冲星，堪称战果辉煌。脉冲星，作为重要的致密天体物理研究对象，有着"天体物理实验室"的美称。脉冲星由恒星演化和超新星爆发产生，磁场超强、密度极高，可以用其周期来探测引力波、也可用于研究黑洞。

2.2.3　主序星、巨星、白矮星、中子星、黑洞

在第 1 章曾介绍过赫罗图，在赫罗图上分布有主序星、巨星、白矮星、中子星及黑洞。

1. 主序星

在赫罗图中，沿左上方到右下方的对角线区域上的主星序的恒星，称为主序星。它们亮度、大小和温度间存在稳定关系，一般温度高的星光度强，随温度减少光度也减弱，化学组成均匀和核心氢燃烧为氦。大质量星耗费能量比小质量星要快，而且，恒星质量越大，半径也越大、发光本领也越强，表面温度也越高。恒星在主星序上宁静地、稳定地发光，并度过它一生中大部分时间，随后它们离开主星序，就进入晚年阶段。在主序阶段，恒星的体积最小，例如：太阳在主序星阶段直径约 0.01AU。因此，主序星有人也称为"矮星"。

2. 巨星

赫罗图上体积大、温度低、光度大的一组星叫"巨星"；在赫罗图巨星上方是"超巨星"。恒星演化到巨星阶段，内部氢已所剩不多，且额外的热能使它膨胀时发展成为巨大恒星，因外层温度较低的、为红色的称"红巨星"。例如金牛座的毕宿五、猎户座的参宿四等就是红巨星。

3. 白矮星

白矮星内部不再有物质进行核聚变反应，不再有能量产生，是由简并电子构成的致密星，分布在赫罗图左下角。与矮星不同，它已不是正常的单星了。光度低，表面温度高，是小而白热化的高密度天体。大多数光谱为 A 型，当白矮星停止发光时就变成黑矮星，成为宇宙中的暗物质。天狼星的伴星是最早发现的白矮星之一。

早在 19 世纪 30 年代，根据天文观测，天狼星在天球上的视运动路径不是直线，而是呈波浪式的，所以，当时天文学家就断定，天狼星一定有一颗看不见的伴星。但是天狼伴星太暗，

而天狼星又太亮，给当时观测造成很大困难，大约过了 30 年，天文学家才在高倍望远镜里找到了天狼伴星。它的视星等为 8.4 等，光谱型为 A 型，绝对星等 11.3，质量是太阳质量的 0.96 倍（根据求双星质量的方法求出的），半径与地球相差不多（根据测算），但平均密度为 17.5 万 g/cm³（依质量和大小求算的），是太阳平均密度的 12.5 万倍。

白矮星的发现，特别是它的高密度，引起人们的极大兴趣，但是白矮星光度太低，很难观测，到目前为止已经发现的白矮星多达 1000 颗以上，但观测资料较完整的白矮星大约只有一半。

白矮星的特性可描述为：光度很低，多数光度为太阳光度的 1/10～1/100，绝对星等级 9～14 等，个头小，半径通常小于是 10 亿 cm，同一颗行星的大小差不多，已知的白矮星的质量为太阳质量的 0.3～1.2 倍，平均为 0.7 倍。大多数白矮星的光谱为 A 型，谱线主要是氢线，白矮星表面温度相差很大，为 5000～50000K。平均密度特别大，在 10 万～10 亿 g/cm³ 之间，表面重力加速度也特别大，达到 1 万～1 亿 cm/s²。据近年来的观测发现，有些白矮星有很强的磁场，这样的白矮星称为磁白矮星，磁白矮星的磁场强度一般为 10 万 Gz 左右。

由于白矮星的密度大，就使得它的组成物质处于一种特殊状态，这种状态称为退化态或简并态，其特点是：在这种高温、高压、高密的条件下，原子的电子壳层不再存在，电子成为自由电子，组成电子气体。在白矮星内部，由于气体热运动而产生的压力、辐射压力都成为次要的，而电子运动所产生的压力抗衡引力，使白矮星不致塌缩，白矮星已耗尽了核能，没有能量来源，是靠冷却释放的能量而发光。

4. 中子星和脉冲星

中子星主要由简并中子构成的致密星。它们密度大，体积小，被强引力束缚，物质被挤压在很小的球体内，半径只有十几公里。磁场强，高达 1 万 Gz 以上。自转快且自转能可转化为辐射能。

白矮星是在天文学家不知道它是什么样的星和它为什么辐射的情况下，凭经验发现的，而中子星的发现过程则完全不同，它与太阳系的海王星发现类似，也是在"笔尖"上先发现，是人类对恒星演化终态认识后提出的。

中子星往往具有强磁场，而且高速自转。高速运动的带电粒子产生的辐射束是锥形的，主要沿着磁力线方向。如果磁轴与自转轴不同向，辐射束就随自转扫过星际空间（灯塔效应）如果辐射束刚好扫过地球上的望远镜，就会观测到周期性的脉冲信号，尤其在射电波段。这类中子星称为脉冲星。

脉冲星是 20 世纪 60 年代发现的一类新异天体，现在普遍认为它是强磁场的快速自转着的中子星。自从 1967 年英国女天文学家贝尔在她的导师休伊什（Anthony Hewish）的指导下发现首例脉冲星至 20 世纪末，人们又探测发现的脉冲星分类研究，其中绝大多数是射电脉冲星，脉冲周期有的只有几十分之一秒，甚至更短；长的也只有三四秒，一般符号为"PSR（也有一些是特殊的）"，后面数字指它在天球上的赤道坐标"赤经和赤纬"。例如：PSR1919+21，指的是脉冲星位于赤经 19ʰ19ᵐ，赤纬+21。

脉冲星刚发现还没有证实时，人们还以为是外星人发来的讯号，"小绿人"的故事由此引发。天文学家通过继续观察并证实他们发现了新的天体，则是快速自转的中子星的特例——脉冲星（图 2.8）。脉冲星的发现与研究取决于射电天文技术。据统计，截至 21 世纪初，全球共发现2000多颗脉冲星，其中，60多颗脉冲星在双星系统。各具特色的脉冲星举例见表2.4。

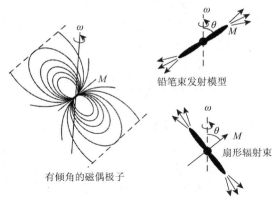

铅笔束发射模型

扇形辐射束

有倾角的磁偶极子

图2.8 脉冲旋转中子星模型

表2.4 脉冲星例子

名字	特性
PSR0531+21	在金牛座蟹状星云中发现，其自转周期为0.033s，它是目前能提供全波段资料的一颗重要天体，即除射电脉冲外，在光学、X射线和γ射线等波段都接收到了它发来的脉冲
PSR1937+214	1982年在狐狸座中发现，其自转周期为1.13ms，是现在已知周期最短的脉冲星为发出X射线脉冲的GX339-4，脉冲周期为1.56ms
PSR1913+16	1974年10月发现的第一例射电脉冲双星，对其轨道周期变率的测定与爱因斯坦广义相对论的预言符合得相当好。这是第一次用天体力学观测给引力波的存在提供证据
PSR1257+12	位于室女座距离我们1600光年的脉冲星，有三颗行星围绕它运转，有趣的是这三颗行星与主星的距离和我们太阳系的诸行星一样，也符合提丢斯—波得定则
PSR1820-11	1989年我国科学家发现的，主要是γ射线，脉冲周期为0.279824s
GRO1744-28	1995年12月，康普顿γ射线空间天文台在银心附近发现的，它不但发出有规则的X射线和γ射线脉冲，还发生每小时达到18次的奇怪的爆发。天文学家称此天体为爆发的脉冲星

5. 黑洞

黑洞是现代广义相对论中，存在于宇宙空间中的一种天体。目前是宇宙中最神秘的天体之一，也是物理学、天文学的重要研究对象，更是公众关心的热门话题。其特点：一是黑，它无光射到地球上来，因而看不见它；二是它像一个洞，一旦落到它里面，就像掉入无底深渊，再也跑不出来。黑洞具有一个封闭的视界，就是黑洞的边界，外来的物质和辐射可以进到视界以内，而视界内的任何物质都不能跑到外面。黑洞内部的辐射虽然发射不出来，但黑洞还有质量、电荷、角动量，它还能够对外界施加万有引力作用和电磁作用，物质被黑洞吸积而向黑洞下落时会发出X辐射等。天文学家将黑洞分为巨黑洞、恒星级黑洞和微型黑洞。

恒星级黑洞是恒星演化三种终局（白矮星、中子星、恒星级黑洞）之一，其中白矮星早在19世纪中期就被发现，中子星的存在已于1967年被证实，而黑洞则在21世纪初被认证。

2019 年人类捕获首张黑洞照片（图 2.9），2021 年研究又有新进展（图 2.10），通过事件视界望远镜（event horizon telescope，简称 EHT）获取偏振光下 M87 超大质量黑洞的图像，图中"线"条标记了偏振的方向，它与黑洞阴影周围的磁场有关。

图 2.9　2019 年 EHT 发布的首张黑洞照片

图 2.10　2021 年 EHT 发布偏振光下 M87 超大质量黑洞的图像

据研究认为：黑洞最初是一颗衰老的巨大恒星（质量要达到太阳的数十倍以上），当恒星内部能量不足核聚变，内核开始塌缩，最终，所有物质缩成一个体积接近无限小，而密度超大的点，这便是"奇点"，奇点质量极大体积极小，吸收周围物质，就连光也会被吸进去，这个"势力范围"就被称作黑洞的半径或"事件视界"。至此，黑洞已经诞生，开始将体积较小的恒星的气体撕扯到自己身边，这些气体在被黑洞吞噬前，会在事件视界外形成一个环状圆盘，称为"吸积盘"，它是科学家定位黑洞的重要依据。当吸积气体过多时，一部分气体会沿着磁场运动，高速喷射强能量物质，这就是"喷流"，它促进新恒星形成，也是调节行星演化，所以，黑洞连接着恒星的死亡与新生。

白矮星、中子星和黑洞统称致密星，是正常恒星走向死亡时"诞生"的，也就是当它们的大部分核燃料已耗尽时的归宿。致密星的一些特性见表 2.5。三种致密星与正常星的差别有明显的两点：

（1）致密星不再燃烧核燃料，它们不能靠产生热压力来支持自身的引力塌缩。

（2）它们尺度非常小，若与相同质量的正常星相比，其半径很小，但表面引力场很强。

表 2.5　致密星特性

	白矮星	中子星	黑洞
质量	≤1.44$M_\odot$	1.44～2 $M_\odot$	>2 $M_\odot$
半径	300～1200km	<10km	几个 km
平均密度	10^5～10^9g/cm^3	10^{14}～10^{15}g/cm^3	10^{16}g/cm^3
发出辐射	光谱 A	强 X 射线	强 X 射线

有人根据物质世界的对称性，由理论引申出"白洞"概念，认为白洞也有一个视界，与黑洞相反，所有物质和能量都不能进入视界，而只能从视界内部逃逸出来，白洞是宇宙中的喷射源。"大爆炸宇宙论"描述了我们现在所观测到的宇宙中的所有行星、恒星、星系、甚至原子核和夸克，都是源于 137 亿年前的一个物质的奇点（在广义相对论中，奇点是时空的

一个区域，是著名科学家霍金提出来的），这个奇点就很符合白洞所描述的概念，但该理论目前还不成熟。

2.3　恒星的结构、能源和演化

2.3.1　恒星的结构

恒星的内部结构的理论是指恒星内部温度、密度、压力由中心至表面的分布情况；恒星内部输出的能量，维持温度梯度的物理机制；恒星的能量来源；恒星内部的化学成分和元素分布；恒星的演化和元素的合成等等。

人类目前只能观测恒星的外部，恒星的内部不能直接观测到，但内部情况可通过辐射的信息被人们间接地求得。以太阳为例，在太阳中心部分，温度很高，所产生的辐射主要是波长很短的 X 辐射和 γ 辐射，这种辐射在从里向外转移的过程中经历了无数次的吸收和发射，到了表层，变成了波长较长的辐射，也就是我们在地球上所接受的太阳辐射。

通过天文观测，人们得到了恒星的光度、表面温度、质量、半径、磁场强度、自转情况等的资料后，运用物理规律和数学方法可以推算出恒星内部各种物理参量的情况。

恒星内部结构主要由它的质量、化学成分、演化阶段（年龄）决定，有关这几个量在恒星演化中的作用，后面将分别加以介绍。

2.3.2　恒星的能源

人类对恒星能源问题的研究经历了漫长的时期，直到 20 世纪 30 年代末期，才确定了太阳和恒星的主要能源是它们内部进行着的热核反应。

我们知道要使两个原子核发生反应，必须使它们靠近到一定距离范围内，才能发生核反应。原子核都是带正电的，要使它们接近，就必须克服静电斥力而做功，因此，为了使原子核反应能够发生，必须使原子核具有很高的速度，也就是说，必须要求恒星内部有很高的温度。

在高温条件下，两个原子核以足够克服彼此间静电斥力的能量而互相碰撞，并在原子核的尺度上足够接近，近得可以发生相互作用时就会发生核聚变。碰撞后粒子的总质量小于碰撞前的总质量，这种质量亏损表现为物质存在的另一种形式即能量的形式，包括碰撞后粒子的功能以及所发射的 γ 射线的能量。原子核的电荷数越高，粒子必须具有越高的能量才能发生反应。除上述情况外，恒星内部密度越高，热核反应率就会越大。下面以太阳为例来说明恒星内部热核反应的基本情况。

太阳内部的氢燃烧是以质子—质子反应链（称为 P—P 链）为主，碳氮氧循环（CNO）为辅，反应过程如下：

1）质子—质子反应

这种反应直接将氢转变为氦，其反应式为

$$2(^1_1H + ^1_1H) \rightarrow 2(^2_1H + e^+ + \nu) \tag{2.1}$$

$$2(^2_1H + ^1_1H) \rightarrow 2(^3_2He + \gamma) \tag{2.2}$$

$$^3_2He + ^3_2He \rightarrow ^4_2He + 2^1_1H + \gamma \tag{2.3}$$

在元素符号左上方的数字表示原子核中的质子与中子数之和，左下方为电荷数。式（2.1）式中表示两个氢核（质子）首先碰撞而形成一个氘核（^2H），一个正电子（e^+），一个中微子（ν）。氘核就是重氢，是氢的同位素，它是由质子和中子组成的。正电子是电子的反粒子，它在各方面都像电子一样，只是带正电而不带负电。中微子是不带电的粒子，其质量很小，它以光速运动，与其他物质发生作用的概率很小，中微子在太阳核心形成后，很少与太阳物质发生作用，几乎全部放射到太阳外面去了。

探索太阳中微子的主要目的是直接检验太阳（和主序星）的热核产能（作为能源）和恒星演化理论。1968 年戴维斯等公布了他们对太阳中微子流量的首次测定结果：实测流量仅有理论预言值的 1/3，这就是举世瞩目的"太阳中微子失踪事件"。然而，2004 年此谜已揭晓。

式（2.2）中，氘核与一质子结合形成 ^3He，并放出光子 γ。

式（2.3）中是两个 ^3He 粒子形成一个氦（^4He）和两个质子 ^1H，一个光子 γ。

式（2.3）中由于需要两个 ^3He 粒子物质反应，所以式（2.1）和式（2.2）反应进行的次数是式（2.3）的两倍，因此前两步的反应式左右两边都乘以 2。

质子—质子反应的净结果是 4 个氢核在温度约为 700 万度（K）的条件下聚为一个氦核，放出两个电子、两个中微子和三个光子。

2）碳氮循环

又叫做碳氮氧循环，它把氢间接转变成氦，在反应中以碳和氮作为催化剂，这种循环分下列步骤：

$$\,^{12}_{6}C + \,^{1}_{1}H \rightarrow \,^{13}_{7}N + \gamma \qquad (2.4)$$

$$\,^{13}_{7}N \rightarrow \,^{13}_{6}C + e^+ + \nu \qquad (2.5)$$

$$\,^{13}_{6}C + \,^{1}_{1}H \rightarrow \,^{14}_{7}N + \gamma \qquad (2.6)$$

$$\,^{14}_{7}N + \,^{1}_{1}H \rightarrow \,^{15}_{8}O + \gamma \qquad (2.7)$$

$$\,^{15}_{8}O \rightarrow \,^{15}_{7}N + e^+ + \nu \qquad (2.8)$$

$$\,^{15}_{7}N + \,^{1}_{1}H \rightarrow \,^{12}_{6}C + \,^{4}_{2}He + \gamma \qquad (2.9)$$

式（2.4）～式（2.9）反应纯效果与前面的反应相同，因为一个质子克服 ^{14}N 的势垒比克服一个质子的势垒需要多得多的能量，所以碳循环需要更高的温度才能进行。

在主星序中恒星的中心温度随质量而增加。质子—质子反应在质量较小的恒星中占优势，在质量约大于 1.5 倍太阳质量（$1.5M\odot$）的较热的恒星中，核心的能量主要来源于碳氮循环。

除了上述两种反应外，恒星内部还可能进行其他的核反应，例如，质子与锂、铍、硼等轻元素之间的核反应经常出现，但是这些反应并不是单纯的循环，在反应过程中锂、铍、硼等元素逐渐消耗掉。

2.3.3　恒星的演化

恒星演化是一个恒星在其生命期内（发光与发热的期间）的连续变化。生命期则依照星体大小而有所不同。单一恒星的演化过程缓慢，人类难以完整观察。在早期，天文学家多用赫罗图来揭示恒星演化的秘密，现代天文学家则通过观察许多处于不同生命阶段的恒星，并利用计算机模拟恒星的演化。太阳则是人类研究恒星的最便利的样本。

能量是热核反应产生的，核反应将星核中较轻的成分转化为较重的物质。在重力作用下恒星形成气体和尘埃状的星云。星云物质经过压缩后，温度会升高，当中心达到一定温度（≥1000万℃）的时候，热核反应释放出能量，这时恒星就形成了。热核反应释放出的能量能够平衡压缩恒星的引力，使恒星处于稳定的状态。一般恒星的质量范围在 0.1 太阳质量～60 太阳质量。要是质量太低（若小于 0.08 太阳质量的天体），靠自身引力不能压缩它的中心区达到热核反应并自身发可见光，如太阳系的木星有红外辐射源，就不能称恒星。要是恒星质量太大（大于 60 太阳质量的天体），由自身引力压缩，中心很快达到高温，辐射压大大超过物质压，很不稳定，目前还未发现这类恒星。

通过光谱分析，可以获悉恒星的主要化学组成。现已知道，大部分恒星以氢氦为主，其他为重元素，而重元素的多少比例可反映出恒星的演化阶段。若把富重元素的星称为星族Ⅰ，贫重元素的星称为星族Ⅱ，有人认为星族Ⅰ是晚期形成的，星族Ⅱ是早期形成的。

所以，决定恒星特性的两个主要因素是恒星的初始质量和化学组成。

同自然界一切事物一样，恒星也有生老病死，恒星也经历着从发生、发展到衰亡的过程。恒星演化问题的基本认识是 20 世纪后半叶天文学的最大成就之一。概括地说，恒星的一生大体上是这样度过的：**星云→分子云→球状体→原恒星→年轻恒星→中年恒星→老年恒星→衰老和死亡**。总的来说，恒星在引力作用下"诞生"，也在引力作用下"死亡"。

1. 恒星的引力收缩阶段

大多数天文学家认为恒星是由弥漫物质凝聚而形成的，弥漫物质的分布不均匀，形成一块块的星际云，星际云在一定的条件下，由于自身引力的作用开始收缩，质量小的恒星可能形成单个恒星，质量大的则形成各种恒星集团。要收缩过程中，引力能的一部分转化为热能，使温度升高，另一部分则转化为辐射能，散布到周围空间，引力收缩的过程大体可分为两个阶段。

1）快收缩阶段

快收阶段是从星际云向恒星过渡的阶段。开始收缩时，星际云的温度很低，密度也低，引力占压倒优势，收缩很快，物质几乎是向中心部分自由降落，在几万年到上百万年时间内，密度就增加十几个数量级，直到内部温度逐渐升高，使得大气微粒热运动所产生的气体压力、辐射压力、湍流压力，自转所产生的惯性离心力等与引力不可相比。在快收缩阶段，恒星的能源是收缩时释放的引力势能，不存在平衡结构。

2）慢收缩阶段

在快收缩过程中，星云内部的温度逐渐增高，压力不断增大，当压力增到近似与引力相等时，开始建立平衡结构，这时星云由快收缩过程转化为慢收缩过程。

在慢收缩阶段，主要能源仍然是收缩是释放的引力势能，在慢收缩的末期，当中心温度升到 80 万度以上时，内部开始出现热核反应，这种热核反应成为这一阶段除了引力收缩以外的另一种能源，最先出现的是下列反应

$$^3H + {}^1H \rightarrow {}^3He + \gamma \tag{2.10}$$

温度升高到 300 万度左右，又出现了下列核反应

$$^7Li + {}^1H \rightarrow 2{}^4He + \gamma \tag{2.11}$$

当温度再增至 350 万度时，就出现

$$^9Be + {}^1H \rightarrow {}^6Li + He + \gamma \tag{2.12}$$

除了式（2.10）～式（2.12）外，还有其他一些涉及 H、Li、Be、B 等轻元素的核反应。由于这些元素含量低，而且反应不是循环式的，因此，在反应过程中轻元素的核很快就消耗完了，所以这类核反应只能在短时期内供应能量。

不同质量的恒星，收缩的时间不同。质量等于太阳的恒星，慢收缩阶段长约 7500 万年，15M⊙的恒星，约 6 万年，0.2M⊙的恒星，则长达 17 亿年。

引力收缩阶段为主序前阶段。星际云收缩成为**原恒星**，如图 2.11 所示。

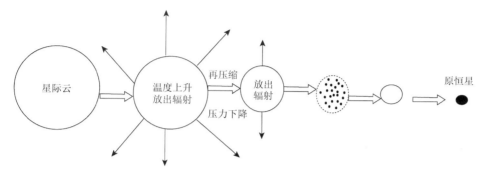

图 2.11　星际云收缩为恒星的示意图

2. 恒星的主星序阶段

当恒星中心温度继续增高到 700 万度（K）时，氢聚变为氦的核反应开始，并放出大量的能量，使压力增高到与引力完全平衡，这时恒星停止收缩，处于严格的流体力学平衡状态。恒星演化进入以内部氢核聚变为氦核作为主要能源的那个阶段称为主星序阶段，或叫作主序阶段，主序星和主序后星的结构是不同的（图 2.12）。

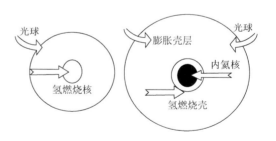

图 2.12　主序星和主序后星的结构

恒星演化到主序阶段，不同质量的恒星，进入主星序的不同位置，质量越大，位置越高，即光越大，表面温度越高。通常把刚好到达主星序的恒星年龄定为零。所以年龄为零的恒星组成的序列称为**零龄主序**。

对于主序星，就是属于主星序的恒星，主要的核反应是质子—质子反应和碳氮循环。一般质量约小于 1.5M⊙的恒星，内部核反应以质子—质子的反应为主；而质量约大于 1.5M⊙的恒星，内部核反应以碳氮循环为主。对太阳而言，目前质子—质子反应约占内部热核反应的 96%，碳氮循环约占 4%。由于恒星里氢极为丰富，而且氢聚变为氦的核反应相对进行得比较平缓，恒星在主星序上可以停留很长时间。事实上，主星序阶段是恒星一生中最长的一个阶段，但质量不同的恒星在主星序停留的时间不同，质量越大，停留的时间越短。太阳在主星序可以停留 100 亿年（从现在算起至少 50 亿年内太阳还是稳定的）；15M⊙只能停留 1000 万年，0.2M⊙则停留 1 万亿年。恒星在主星序阶段是比较稳定的，虽然也有不稳定现象，如太阳的耀斑爆发等，但一般说来，是局部性质的，对整体影响不大。

根据恒星起源演化的理论，主序星有一质量的极限，即约为 0.08M⊙，如果恒星的质量小于这个数字，其中心温度和密度不可能高到足以产生氢聚变为氦的核反应，它们只能靠引力收缩发光。因此，这些小质量的星不经过主星序，直接由红矮星转化为黑矮星，耀星就是处于慢收缩阶段、质量小于 0.08M⊙ 的恒星，是目前还在引力收缩的红矮星。

3. 恒星的红巨星阶段

恒星内部越靠近中心，温度越高，所以主序星内部的氢核聚变反应是在中心部分进行的，越靠近中心，氢会过早地被消耗殆尽，被合成氦，这样，在中心部分便出现了一个由氦组成的核心。由于温度还不够高，氦核反应不能进行，氦核不产能，因此是等温的。等温氦核的周围是氢燃烧的壳层，随着时间的推移，等温氦核越来越大，因氦核不产能，所以维持平衡越来越困难，当氦的质量达到某一极限时（对于质量大于 1.5M⊙ 的恒星，氦核的质量达到总质量的10%时），恒星的结构将发生很大变化，此时氦核开始收缩，收缩释放的引力能中一部分使氦核温度升高，另一部分则转移到外部，使外部膨胀，体积急剧增大，表面温度降低，恒星便脱离主星序，开始向红巨星演化，质量特别大的恒星，则向超巨星演化。

恒星从主星序向红巨星演化过程中，等温氦核的氢燃烧壳层是主要的能源，核心的收缩，使温度升高，密度变大，当温度达到 1 亿度时，密度达到 10 万 g/cm³，氦开始"点火"，氦核开始聚变为铍核，铍核又很快和另一氦核反应，结合成碳核，这两种反应都产生光子。

$$^4\text{He} + {}^4\text{He} \rightarrow {}^8\text{Be} + \gamma \tag{2.13}$$

$$^8\text{Be} + {}^4\text{He} \rightarrow {}^{12}\text{C} + \gamma \tag{2.14}$$

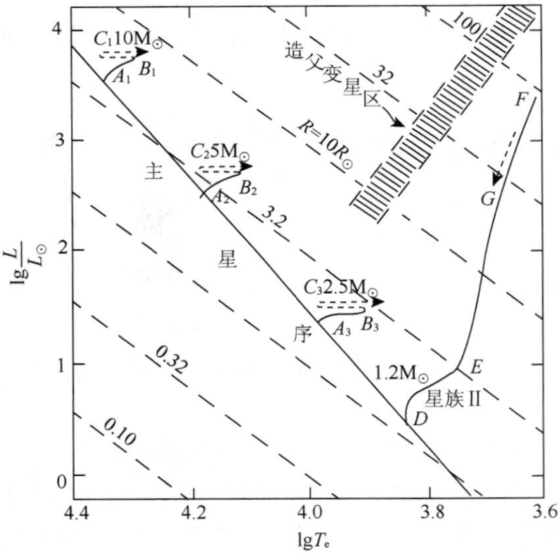

在氦核聚变阶段里，恒星内部的物理状况会发生变化，导致外层收缩，使恒星表面积减小，表面温度升高。

总的来说，恒星脱离主星序以后，向红巨星演化，但演化途径非常复杂，有的恒星甚至不止一次地成为红巨星。低质量星由主序上升到巨星支，核闪和降到水平支，再升到渐近巨星支（简称 AGB 星），最后演变为行星状星云和白矮星（或中子星或黑洞）。不同质量的恒星演化途径是不同的（图2.13）。

在图 2.13 中除标出恒星的光度和温度外，还有等半径线即虚斜线，一颗星在这图上自左向右演化，表示它的表面温度在降低，半径在增大。质量大的恒星（如图中 5M⊙、10M⊙）演化进程从右方（即红巨星）向左移，

图 2.13　不同恒星在赫罗图上的演化过程

在离主星序不同距离处，又沿不同演化程回到右方，这样可以来回几次，但并不是重复上次。它们来回移动时跨过的赫罗图上有一狭窄带称为不稳定区（如造父变星的区域）。质量小于 1.5M⊙ 的恒星，如图 2.13 中的 1.2M⊙ 演化程 DEFG 所描绘那样。值得一提，大质量的原恒星演化的速度非常快，这一阶段只需要数千年；而最小质量的原恒星完成这一演化阶段则需要数亿年之久。

4. 恒星的脉动阶段

恒星的脉动，是恒星离开红巨星阶段后，可能演化的过程之一。在赫罗图上部有一个脉动不稳定区，恒星在演化中离开红巨星区域后，就来到这个不稳定区（图 2.13），因为在这个区域内，还发现有不脉动的恒星，所以只能说来到该区的恒星有一部分脉动起来，周期性地膨胀和收缩。

在红巨星阶段，氦的燃烧是十分猛烈的，这样，恒星的温度很快升高，致使核心膨胀，外层则收缩，恒星在赫罗图上从红巨星向左方演化，温度和密度增高到一定的程度，碳、氦进一步聚变为氧，以后再变为氖、铁，以及其他更重的元素。中心部分温度高，氦首先耗完，这样，恒星内部结构可能是：最中心部分可能是一个等温的碳和氧的核心，其外部为氦燃烧壳层，再外是氦未燃烧的壳层，再外层是氢燃烧的壳层，最外面是不产能的包层。再往后演化，合成重元素的种类越来越多，恒星的结构越来越复杂。

在未燃烧的氦壳层中，氦处于电离状态，此区域的温度分布使一次电离氦原子处于部分的二次电离状态，在此区域的外边界处，温度不够高，氦原子不能二次电离，靠此区域下面，由于温度较高，氦原子有一小部分处于二次电离，越靠下面，温度越高被二次电的氦原子越多，至此，区内边界，全部氦原子都被二次电离，这个区起着维持脉动的作用。恒星收缩时，热能增加到比抗吸引所需要的能量多，多余的部分就转分为电离能而储存起来，二次电离的氦原子增多。由于电离吸收的能量多，使温度不能升高。当恒星膨胀时，热能减小，储存的能量便自动起来补充，二次电离氦原子（即氦核）和自由电子复合，回到一次电离的氦原子，复合时放出所需要的能量，使温度不降低，脉动得以继续下去。氦二次电离的区域太深，维持脉动区的不是它，而是它上面的氢电离区。脉动变星须受到小的扰动才能脉动起来，在脉动不稳定区里的那些不脉动的星可能就是未受到扰动的星。

以上阐述的恒星的脉动机制，只是近来的一些研究成果，还有许多具体问题未解决，还需进一步研究。

5. 恒星的晚期阶段

1）恒星的爆发

恒星经过脉动阶段后，还要经历一个大量抛射物质的爆发阶段，恒星抛失质量在演化中起着不可忽视的作用。

爆发的方式多种多样，例如行星状星云就是恒星爆发方式之一的产物，云物质是恒星抛射出来的。恒星在几万年内，大致连续地抛射大量的物质。到 20 世纪 60 年代，天文学家才肯定，行星状星云的核心是演化到晚期的恒星，其核心是由碳核组成，中层有氦，外层有氢。关于爆发原因，目前尚无定论。有一种可能，是中外层的氦和氢落入核心部分，迅速聚变，释放大量能量，引起大量物质的抛射。另一种可能，是恒星内氦聚变区域已延伸到外层，当接近恒星表面时，光度迅速增大，辐射压力也随着增大，导致大量物质的流出和星云的形成。

还有的爆发方式是超新星、新星、再发新星和矮新星的爆发。它们都比行星状星云核心星的爆发猛烈，它们彼此间的差别也主要是爆发的猛烈程度不同。对爆发不猛烈的再发新星和矮新星，人们已经观测到多次爆发。它们隔一段时间爆发一次，但时间间隔很长，超新星爆发最猛烈，有的爆发后就全部瓦解成许多碎块和大量的弥漫物质，有的则留下一部分物质，成为一个质量比原来小得多的高密恒星。

　　恒星爆发大量抛射物质的阶段，流体力学平稳已不再成立。理论计算很困难，所以到现在还没有得出令人满意的定量结果。

　　2）恒星的晚期演化

　　依据现代恒星的起源和演化研究表明，白矮星、中子星、黑洞，是恒星演化的最后阶段，具体演化成这三种形态的哪一类，要取决于恒星的质量（图 2.14）。

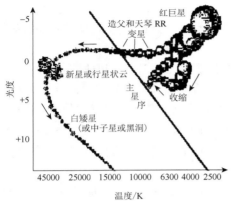

图 2.14　恒星一生的演化途径示意图

　　目前，关于恒星演化终态与质量的关系，在天文界观点不是很一致。

　　（1）根据钱德拉塞卡极限和奥本海默极限，恒星在核能耗尽后，如果它的质量小于 1.44M⊙（钱德拉塞卡极限），就将成为白矮星；如果它的质量在 1.44～2M⊙之间，就会成为中子星；如果质量超过 2M⊙（奥本海默极限），就会演化成黑洞。

　　（2）根据主流观点，认为恒星演化终态的质量低于 1/10 的星体会形成白矮星；恒星演化终态是太阳质量 10～25 倍的星体会形成中子星，超过太阳质量 25 倍的星体会变成黑洞。

　　（3）根据对恒星演化终态情况划分，恒星演化终态与质量的关系总结成表 2.6。

表 2.6　恒星演化终态和质量的关系

质量范围	恒星的结局
≤M⊙	长寿命的黑矮星
1≤M/M⊙≤3～6	白矮星+行星状星云，质量损失
3～6≤M/M⊙≤5～8	①$^{12}C+^{12}C$ 简并碳点火，爆燃或爆轰
	②脉动促进质量损失演化为白矮星
5～8≤M/M⊙≤60～100	核心坍缩+超新星 → 中子星某些成为黑洞

　　中子星、白矮星都是靠冷却而发光，不再燃烧。中子星的温度比白矮星高，能量消耗较快，寿命只有几亿年，而白矮星的寿命可达十几亿年，当热能消耗完后，白矮星、中子星都将演化成不发光的黑矮星，黑矮星已不再是正常的恒星，而只是恒星的残骸。恒星的一生到了黑矮星就结束了，但黑矮星仍是一个天体，这种天体将进一步演化，有的转化为弥漫物质，以后弥漫物又集为恒星；有的相互结合成较大的天体，重新活动起来；还有可能，黑矮星吸积周围的星际弥漫物质，发出 X 辐射和引力辐射，当吸积的物质足够多时，出现使内部发生重核裂变的条件，使熄灭了的天体重新唤醒，重新发光。以上的可能性究竟如何，还有待于进一步研究。

　　恒星的诞生和消亡是一个循环的过程，在这个过程中，上一代恒星残留的气体和尘埃转化成新一代恒星。由于问题复杂、资料不够完备以及模型过于简单化，人类对恒星的了解还不全面，尤其对恒星的极早期和最终期了解得还不充分。这门学科的前沿在不断向前推进，相信在

21 世纪人类对恒星的研究一定会有新的突破。

据报道：2011 年 8 月天文学家发现一颗拥有超强磁场的中子星，这颗磁星位于距地球 1.6 万光年的天坛星座里的 Westerlund 1 星团。该星团是 1961 年瑞典天文学家发现的，它是银河系里拥有质量超级庞大恒星最多的星团之一，达数百颗，有些恒星的亮度几乎是太阳的 100 万倍，有些直径是太阳的 2000 多倍。对于宇宙的年龄而言，这个星团非常年轻，大概只有 350 万～500 万年。

Westerlund 1 星团里有一些银河系里为数不多的磁星，这些磁星是由超新星爆炸后形成的特殊的中子星，其磁场比地球的磁场强百万甚至是 10 亿倍（称为磁星）。它们的质量必须至少达到太阳的 40 倍。如果这种说法成立，那就产生新的问题了。这颗巨型磁星的出现，让人们对恒星演化与黑洞形成的传统理论产生了新的质疑。也对恒星演化和黑洞理论（对恒星演化的终局主流观点）形成挑战。

本章思考与练习题

1. 恒星基本特点有哪些？
2. 为什么说恒星的形态是多样性？举例说明。
3. 对人类而言，为什么说太阳是个特殊的恒星？
4. 何谓赫罗图？试用赫罗图解释恒星的演化。

进一步讨论题

太阳是个恒星，利用赫罗图说明太阳的演化对人类的影响。

实验内容

1. 利用天文软件熟悉恒星的特点。
2. 利用天球仪、转动星图、电子星图观测星空，认识星座及主要亮星。

第3章 星系与宇宙

本章导读：

    由众多恒星构成的天体系统，称为星系。星系是构成可观测宇宙的基本成员。银河系是宇宙无数星系中的一个，为了更好地了解人类在宇宙中的位置，本章先从认识银河开始，再从银河里的恒星、星座认识银河系的结构特征和演化，以及太阳系在银河系的位置及运动特点。最后通过银河系的研究进一步来了解河外星系，乃至整个宇宙。

3.1 银 河 系

3.1.1 银河系的结构特征

    晴朗的夜晚，当你抬头仰望星空时，可以看到天穹上有一条相当宽的白茫茫的光带，这就是人们常说的**银河**。实际上，银河就是银河系在天球上的投影，这条光带就是我们置身其内而侧视银河系时在可见光波段所看到的、布满星星的圆面——银盘的投影。我国古人称它为"天河"、"银河"或"星河"等，欧洲人则称它为"乳白色的道路"（milk way）。

    银河经过的星座有仙后座、英仙座、御夫座、麒麟座、南船座、南十字座、人马座、天鹰座、天鹅座、天琴座等，银河宽窄不一，有地方宽度只有 4°～5°，有地方可达 30°，从天鹅座到人马座的这一段，约为银河全长的 1/3。银河分为两叉。银河系在不同波段可显示出不同的特征，如图 3.1 所示。

射电波段(0.4GHz)

氢原子波段

射电波段(2.7GHz)

分子波段

红外波段

近红外波段

可见光波段

X射线波段

伽马射线波段

图 3.1 不同波段获取的银河系信息

    人们只要用一架小望远镜来观测银河，就可以看出它是由许许多多的恒星所组成的，只是由于距离太远而无法用肉眼辨认出来。由于星光与星际尘埃混合在一起，因此银河看起来就像一条烟雾笼罩着的光带。银河最亮的部分位于人马座，恒星高度集中在银河带内，把望远镜朝着垂直于银河的方向看去，星数便少得多，在天空上与人马座相对的银河位于御夫座、英仙座和猎户座，这部分银河并不壮观。银河是银河系在天球上的投影，银河系是以银河命名的星系，是一个恒星系统。在可见光波段，人们对银河系结构常描述为一个中央凸起（称核球）的偏平薄盘（称银盘），呈类透镜星系或旋涡星系，现代人提出呈棒旋星系。如图 3.2 所示。

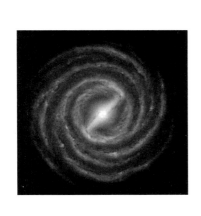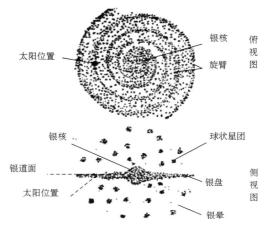

图 3.2　银河系及其结构示意图

1. 银盘

银河系的物质，主要是恒星，在可见光波段获悉，密集部分组成一个圆盘，称为银盘。银盘的中心平面投影到天球上叫银道面，银盘中心隆起的部分叫银河系核球。银道面与天赤道相交成约 63.5°。

随着观测手段的不断进步，银盘的范围也不断刷新。据 2019 年资料，银盘直径约 1.9 万秒差距（曾经值：10 万光年或 8.5 万光年），银盘中间厚，外边薄，太阳在银盘中位于距银心大约 8300 秒差距的地方。

2. 银晕

银盘外面是一个范围广大、近似球状分布的系统，称为银晕。据现代研究，银晕有大量暗物质。近年来，根据观测可见物质的运动推断，在恒星分布区之处，还存在一个巨大的大致呈球形的射电辐射区，称为"银冕"。

3. 银核

银河系核球的中心部分是一个不大的致密区，称为银核。银核为扁球形，赤道半径约30 光年，极半径 20 光年。银核中心处又有一更小的核中之核，称为内核心或银心，半径只有1 光年左右。银核能发出强射电辐射、红外辐射、X 射线和 γ 射线。

4. 旋臂

银盘中有旋臂，这是盘内气体尘埃和年轻恒星集中的地方。观测发现，大量的恒星和星际弥漫物质都高度集中在旋臂上。据研究，太阳附近有一条旋臂**称猎户臂**，离银心为 1.04 万 pc

（1pc=3.0857×10^{16}m），太阳离它的内边缘只有几千 pc。在猎户臂之外，还有一条**英仙臂**，包括著名的英仙座双星团，离银心约 1.23 万 pc。在银心方向有一条**人马臂**，离银心约 8700pc。离银心 3000pc 处还有一条旋臂，大约以 45km/s 的速度向外膨胀，旋臂之间的气体密度小得多，如图 3.3 所示。据研究，银河系的这些旋臂的"旋开"与"旋闭"还有一定的周期。

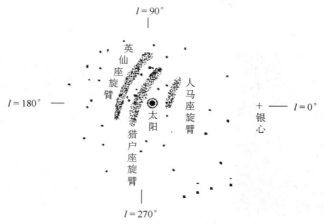

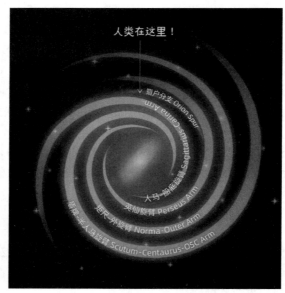

图 3.3   银河系旋臂示意图

3.1.2   银河系的其他特征

银河系中的天体运动比较复杂。观测研究表明，距银心较太阳近的恒星绕银心运转的速度比太阳快，距银心较太阳远的恒星运转速度比太阳慢。银河系中心部分的恒星密度较大，也是最活跃的区域，整个系统的质量绝大部分集中于中心，外围部分的恒星绕银心的运动，近似开普勒转动。据资料，太阳所在的地方转动速度近年研究是 220km/s（早期是 250km/s），太阳在大致正圆的轨道上绕银心转一周需要 2.5 亿年，也称宇宙年。位于银盘内的其他恒星以不同的周期、近圆形轨道绕银心转动。

　　银河系内的物质分布是不均匀的。既有年轻的恒星，又有年老的恒星；有可视物质，也有大量的暗物质，整个银河系质量的估算与暗物质的发现有关。目前只根据银河系转动的资料，求得银河系内物质的密度和银河系的总质量。据估算，太阳轨道以内的银河系的质量为 1000 亿个太阳质量，如果一颗恒星的平均质量是太阳质量，那么，银河系近似有 1000 亿颗恒星，这与恒星计数的值相一致。太阳轨道以外的银河系还有大量天体，加上隐藏的暗物质，银河系的总质量一定超过 1000 亿个太阳质量。

　　把银河系视面上各部分的光加起来，得到的累积亮度或累积星等的量，可以表达银河系的光度。实际上，银河系的累积亮度很难测定，目前得到的估算值是太阳光度的 240 亿倍，累积绝对星等为-20.5 等。

3.1.3　银河系对地球宇宙环境的影响

1. 太阳系相对邻近恒星的运动

　　银河系中有众多的类似太阳系的系统。虽然人类已找到行星系统，但人类目前还没找到类似地球有生命的天体。地球在太阳系中，太阳系在银河系中，太阳带着太阳系家族的成员绕着银心运动的同时，与邻近恒星也有相对运动，即向武仙座方向运行，如图 3.4 所示。

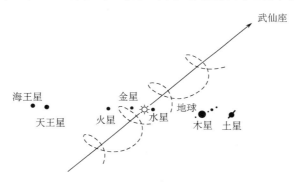

图 3.4　太阳系相对邻近恒星的运动

　　银心在人马座方向，但在那个方向上存在大量的气体和尘埃，所以我们一直很难窥探到银心，使得太阳与银心的精确距离难以测量。但随着观测技术的进步，天文学家利用红外和无线电波手段可以观测到银心，并发现那里有一个超大质量黑洞——人马座 A*。

2. 地球大灾难与大冰期成因探讨

　　另据盖亚卫星的测量，太阳相对于银心的公转速度为 220km/s。如果假设太阳绕着银心做匀速圆周运动，那么，太阳绕银心转一圈所需的时间约为 2.3 亿年。由于太阳诞生至今大约 46 亿年，所以现在是第 20 个银河年。根据天文学家的观测，太阳的公转轨道其实不是平滑的圆形。由于银道上下方的密度并不均匀，在其他天体引力的作用下，太阳会持续在银道上下方穿行。目前，太阳运行到银道的北面，距离银道大约 100 光年。有一种观点认为，太阳在银道上下方的周期性运动可能给地球上的生命带来灾难。在靠近恒星较为密集的银道时，太阳系边缘的彗星和小行星更容易受到引力干扰而飞向地球，导致地球发生大灾难。还有人用太阳系在银河系中运行造成的地球轨道扩张来解释冰期的成因。可以想象，当太阳运行到轨道上的近银心点附近时，将沉入银河系的深部，那里的天体比较密集，由于互相挤压，整个太阳系就会收缩，日地距离就会减少，地球上所得太阳辐射热能就会增加，地球上就会升温，出现温暖期；当太阳运行到轨道上的远银心点附近时，太阳系又浮到银河系的浅层，那里天体比较稀疏，整个太阳系就会因周围挤压力减少而扩张，日地距离就会加大，地球上所得太阳辐射热能就会减少，地球上就会降温，形成寒冷期，这也就是大冰期。有人认为，地球上至少曾出现过的三次大冰期与银河系天体运动有关。若试图把冰期归因于地球轨道的扩张所造成，可以解释：地球轨道的扩张是太阳系在运行到离银心较远的部位，太阳绕银心公转的周期是 2.5 亿～3 亿年，在一个周期中，太阳系远离银心一次，可形成一次大冰期，而地球上已经发生的三次大冰期——震旦纪大冰期、晚古生代大冰期和第四纪大冰期的间隔也正好是 2.5 亿～3 亿年，两者吻合。

尽管研究人员对大冰期的成因曾提出过百余种假说，但每种假说都不能完美地解释冰期的各种现象。就以地球轨道参数来解释冰期-间冰期转换过程中的时滞现象和快速变化事件，其变化造成了辐射变化分量也不足以造成冰期与间冰期气温的变化。

事实上，每次大冰期中都有若干次亚冰期和间冰期的间隔。若考虑天文因素，太阳无论运行在哪个部位，都会碰到旋臂，旋臂是天体密集区，太阳走进旋臂时，由于密集天体的互相挤压，太阳系又会收缩，日地距离又会缩短，这就形成大冰期中的间冰期；当太阳走出旋臂时，进入天体稀疏区，周围的挤压力减少，整个太阳系就会扩张，日地距离增大，从而形成大冰期中的亚冰期。现在天文界推测银河系有四条大旋臂，每条大旋臂中又有不少分支，所以，在一次大冰期里有若干次走出走进天体密集区，从而形成若干次亚冰期和间冰期，这也是可以理解的。

可以推测，地球上发生第四纪大冰期时，太阳系正处在远离银心的路程上，即从整体来看地球轨道正处在扩张的时期。或是说，太阳离银心约 3 万光年的距离差不多是离银心最远的距离。再过几千万年，太阳至银心的距离就不会这么远。我们现在又处在第四纪大冰期的间冰期，这次间冰期大概是 1 万年前开始的，这 1 万年称为冰后期，人类文明就是在这冰后期诞生的，由此推测，我们的太阳系正处在远离银心的天体密集区，事实正是如此，太阳系正处在猎户臂的边缘。由此推测，这次间冰期还要经历十几万至几十万年的时间，等太阳系走出猎户臂时，新的亚冰期又降临了。

太阳绕银心运行一周需 2.5 亿～3 亿年，在远离银心的那段路程上大致要走几百万年至上千万年，这与一次大冰期所经历的时间也是吻合的。

关于大冰期的成因，有各种不同的假设和理论。归纳起来大致有外部因素和内部因素两类。外部因素主要是天文方面的因素，内部因素是地球本身的变化。以下一些学者提出的可能性因素：

（1）大冰期与银地磁耦合 地磁极性的倒转存在着 3 亿年的长周期。一个银河年的长度从 20 亿年前的 4 亿年逐渐缩短，到最近一个银河年其时间长度仅约 2 亿年。现在太阳系正经过银河系的一个旋臂，其磁极方向为正。将银河系两个旋臂（它们的磁极性刚好相反）经过地球的时间与地磁场倒转的时间上看，当银河旋臂与地磁极性方向相同，且相互作用时间维持在 4000 万年以上者，近 40 亿年来共出现过 8 次，其中最近 7 次刚好对应着 7 次大冰期。

（2）冰期与地磁强度变化 地球的磁场有强弱的变化，根据近几十万年的统计数据表明，地磁弱时易出现冰期，地磁强时易出现间冰期。

（3）小冰期与太阳磁场变化 15 世纪、17 世纪、19 世纪亚欧大陆发生了 3 次明显的冰进，冰川学界称之为小冰期（Little Ice Age），它的时间尺度是 100a，比冰期又短了 3 个量级。这 3 次冰进刚好与 3 次太阳黑子极小期基本对应，其中出现在 17 世纪的孟德尔极小期（Maunder Minimum）是 2000 多年来太阳黑子最少的一个时段。黑子少意味着太阳磁场弱，它与地磁场的耦合作用亦将变弱，致使冰期前进。小冰期是地球史上有名的灾害群发期，即所谓的"明清灾频期"；另一个"两汉灾频期"也是出现在太阳黑子的极小期中。从冰芯记录中可知，在高山冰川区"小冰期"是一个气温略低、降水略多的时段，这与同期山外平原区是一个低温、干旱时段有所不同。这种差异似乎是大气中地形性热力环流调整的结果。

地球与宇宙之间除了有引力的相互作用外，还有热和磁的相互作用。"热"首先是作用于地球表层，这已为人们所认识。"磁"则首先应作用于地球外核，因外核是磁流体。当太阳系（或银河系）磁场与地球磁场同向时，若磁场增强，则会激发地核流体中的对流活动增强；反之，则会使地核中的对流活动减弱。地核环流通过核幔边界影响地幔对流的方式应有多样，其中太平洋之下的地核对流与全地幔对流之间的相互耦合应是其中一种，有迹象表明，太平洋的地幔对流可能是全球最强的。

3.2　河外星系

银河系以外的星系，统称**河外星系**，简称**星系**。在众多的星系中，只有极少很亮的才有专门的名称，如大、小麦哲伦星系，仙女座大星系等，绝大多数河外星系则用某个星云星团表里的号数来命名，如 M31、M104、M82、NGC6822 等。如图 3.5 所示。尽管有些河外星云之类的称呼应改为星系，但由于历史原因，人们至今还沿用着。

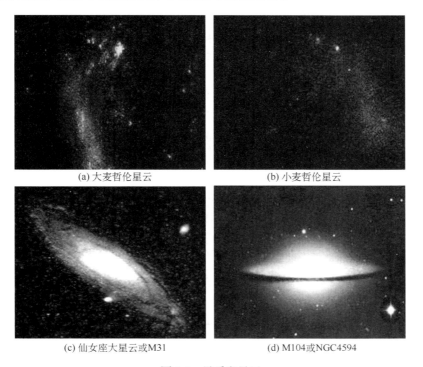

(a) 大麦哲伦星云　　　　　　　　　　　　　(b) 小麦哲伦星云

(c) 仙女座大星云或M31　　　　　　　　　(d) M104或NGC4594

图 3.5　星系和星云

3.2.1　河外星系的分类

1. 星系的形态分类法

1926 年，美国天文学家哈勃在对星系进行大量观测的基础上首先提出，依照形态特征划分星系，此后，又经过不断完善，在 20 世纪 50 年代完成了著名的哈勃分类法或称哈勃序列。按照形态把星系分为三大类，即椭圆星系、旋涡星系（包括棒旋星系）、不规则星系。而后又细分为椭圆星系、旋涡星系、棒旋星系、透镜状星系和不规则星系五大类。这是目前天文学界广泛应用的一种分类法，现将五种类型简介如下：

（1）**椭圆星系**　符号为 E，它的形状是圆形或各种扁度的椭圆形。E 后面常附有表示扁度的数字，E_0 星系是正圆形的，E_5 星系表示半长径等于半短径的两倍。目前已发现最扁的椭圆星系是 E_7 星系。在 E 后所标注的旋涡结构的数字表示的是视扁度而不是真扁度。从观测资料看，椭圆星系是具有轴对称和面对称的特点，但短轴在空间的取向是多种多样的，它和视线的交角可以取 0°～180° 之间的各种数值。因此，一般说来，视扁度不等于真扁度，真扁度总是大于或等于视扁度，只有当短轴与视线的交角为 90° 时，视扁度才等于真扁度。如果短轴与视线重合，那么无论怎样扁的星系看起来都是圆的，都是 E_0 星系。

（2）**旋涡星系**　符号为 S，它具有旋涡结构的中心，为球状或相当球状的核球，核球外面是一个薄薄的圆盘，从核球外缘附近有两条或更多条旋臂向外延伸出去，极少发现有一条臂的。核球部分有的比较圆，有的比较扁。可用 E_0～E_7 表示核球的形状。依据旋臂的展开程度和核球的相对大小，S 还可以分为 Sa、Sb、Sc 等次型，Sa 型的核球相对最大，旋臂缠得最紧，Sc 型的核球相对最小，旋臂最开展，Sb 介于二者之间。

（3）**棒旋星系**　符号为 SB，实际上它是一种特殊的旋涡星系，呈一个棒状物，棒的中心部分仍有核球，其核球有一根轴串着，再从轴的两端伸出旋臂，亦按旋臂的松紧程度，分 SBa、SBb、SBc 三次型。SBa 型的旋臂最不开展，核球最大，像希腊字母 θ；SBb、SBc 型的旋臂展开较大，核球小，像一个大写的英文字母 S。

（4）**透镜状星系**　符号为 SO 或 SBO，这类星系的核球及其外面部分很像 S 或 SB 星系，一般没有旋臂结构，也没有吸收物质的气体或尘埃等。通常认为，透镜状星系是椭圆星系和旋涡星系（包括棒星系）之间的过渡型。近年来由于观测技术的改进，发现有的透镜状星系仍可看出有旋涡结构，实际上应该是 Sa 或 Sba 型，但也有一部分 SO 或 SBO 星系，至今看不出任何旋涡结构。

（5）**不规则星系**　符号为 Ir 或 Irr，这类星系具有不规则的形状，没有可辨认的核，也没有旋涡结构，它又可分为 IrI 和 IrII 两个次型。IrI 型不规则星系的中心没有核，看不出有旋转对称性，它的组成类似 Sc，偶尔隐约可以看见旋涡结构，IrII 型则为完全不规则。

星系的一些重要物理性质，往往与其形态有关，所以认识星系形状很有必要。把上述分类归结，如图 3.6 所示，有人称之为"音叉图"分类。即椭圆星系是音叉的柄，旋涡和棒旋星系是音叉的两个分叉。

很长一段时间以来，人们一直认为银河系是个旋涡星系，据最近研究报道，特别是通过宇宙多波段观测表明：银河系不是车轮状的旋涡星系，而是一个有棒状结构核心的棒旋星系。

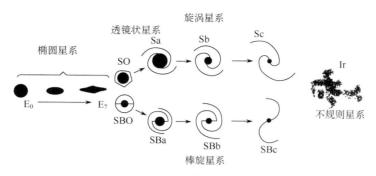

图 3.6　星系的哈勃分类

2. 哈勃形态分类法的改进

以观测为依据的星系哈勃系统是一种形态分类法，比较简单，因此被广泛采用。哈勃分类第一判据可能同星系前身的角动量分布有关，或同最早期恒星的形成时间有关；第二、第三判据则可能同星系目前的恒星生成率有关。一些特殊星系（如 M82、NGC 3077、NGC 520、NGC 2685、NGC 3718），不能纳入哈勃分类系统，但这些星系的数量只占很小比例。

对经典的哈勃分类也有不少补充，下面介绍两种分类。

（1）沃库勒（De Vaucouleurs）系统分类　对哈勃系统提出修订方案。类型划分四大类、两族、两种和五级。①四大类：椭圆星系（E）、透镜型星系（L）、旋涡星系（S）、不规则星系（Irr）。其中，透镜型星系等同于哈勃系统中的 SO 类。②两族：L 类和 S 类又各分为 A、B 两族。A 族表示正常形态，B 族表示棒状，AB 表示过渡（混合）形态。③两种：r 和 s。r 种代表旋臂绕成弧状、环成圆形 SA（r）或椭圆形 SB（r）；s 种表示旋臂从星系核心或棒端出发，形成“s”状。三者的过渡形态记为 rs 或 sr。④五级：a、b、c、d、m（麦哲伦云类型）。过渡形态记为 ab、bc、cd、dm。

他采用非常类似的符号 SA 和 SB 来表示哈勃类 S 和 SB。扩展了哈勃分类框架中的标志 a、b 和 c，加进子类型 d 和 m 来表示从明显旋臂到非常无序结构之间的过渡星系类型；还附加了标志 r 和 s，表示环和旋涡特征突出的星系。例如，车轮星系就属于特殊分类；Sd 和 SBd 型星系核很小，旋臂断断续续，Sd 位于 Sc 之后，SBd 位于 SBc 之后；麦哲伦云型的星系属于 Sm 型。

（2）摩根（W.W.Morgan）系统分类　摩根对哈勃形态分类增加了包含星系的恒星化学组成的内容。他指出，旋涡星系中央核球光的复合光谱型，可能晚于盘星和旋臂上恒星的光谱型，因而，用聚集度来标志星系的中央核球的光度比整个星系盘的光度强弱的不同程度等。系统要点：用 E、S、B（SB）、I 表示形态；另加 L、N 和 D 三个字母，其中 L 表示表面亮度小，N 表示在微弱背景上有小而亮的核，D 表示没有尘埃。再用前标 af、f、fg、g、gk 和 k 表示聚集度，用后标表示倾角指数（如 1 为圆，……，7 为纺锤形），另以 p 表示特殊。例如：

NGC 5273——哈勃系统 SO/Sa，摩根系统 gkD2。

NGC 488——哈勃系统 Sb，摩根系统 kS2。

NGC 628——哈勃系统 Sc，摩根系统 fgS1。

NGC 5204——哈勃系统 Sc/Ir，沃库勒系统 Sam，摩根系统 fI-fS4。

NGC 4449——哈勃系统 Ir，沃库勒系统 IBm，摩根系统 aI。

3. 星系按类型的分布

星系是自然天体，类型划分往往带有人为的因素，虽然不同的研究者用同样方法可得出不同类型的星系数，但研究结果趋势基本相似。表 3.1 列出了范登堡的统计结果，由表 3.1 中可以看出，旋涡星系（包括棒旋星系）比例最大，可能要占 60%以上，不规则星系最少。

表 3.1　星系按类型的分布

类　型	E+SO	Sa+SBa	Sb+SBb	Sc+SBc	Irr	其他*
占比	22.9%	7.7%	27.5%	27.3%	2.1%	12.5%

*表中的其他栏是指非哈勃类型的星系。

3.2.2　河外星系的光度和光谱

星系发出的光来自它的所有恒星光。通过光学波段观测，我们可以了解星系的一些特征。根据星系类型和它的颜色之间的关系可以推断，一般椭圆星系比旋涡星系更红，旋涡星系比不规则星系更红，不规则星系偏蓝。旋涡星系的最外部分与核球区的颜色不同，当核球变大和旋臂缩紧，它的颜色变红。

星系的距离主要由"造父变星"这把"量天尺"确定。星系的大小要由"等光强线"定出半径，目前天文学家先用 CCD 确定"等光强线"，再用计算机来模拟计算，以便确定星系半径。

估算星系的光度，关键是星系边缘的确定必须用一个"等光强线"限定星系半径，然后再通过尘埃消光、星系内在消光等修正便可得到星系的绝对星等。

星系的光谱测定，原先主要使用光谱仪，现代则是用 CCD 进行星系的光谱观测，而且更注重星系核区。根据星系的光谱，人类能获得星系的总体运动以及核球的光谱型的信息。星系的光谱是由千亿颗恒星的累积光而形成的。星系的光谱分类与恒星的光谱分类非常类似，一般椭圆星系的光谱型为 K 型，旋涡星系中形态 Sa 型的光谱也是 K 型，形态 Sb 型的谱型为 F～K型，形态 Sc 型的谱型为 A～F。

星系辐射的能源除可见光波段外，还有射电、红外线、紫外线、X 射线、γ 射线等。例如，银河系内恒星上发生的各种变化过程对应着不同的能量形式，每种过程都只发射出一些特定波段内的电磁辐射。天文学家正是通过对不同波段的电磁辐射的研究，来探讨星系的结构和演化，以及在星系内发生的各种现象。

3.2.3　河外星系的结构

所有星系中，对其结构研究最清楚的，就数银河系了。对于银河系以外的其他星系结构的研究水平较低、难度较大，有待于进一步加强。

E 星系一般由核和晕组成，核又分为核球和核心，有些矮 E 星系则没有核。S 星系（包括SB 星系）是最复杂的，有核心、核球、盘和晕，盘内又有旋臂。SO 星系和 E 星系的主要差别是 SO 系有盘；SO 星系和 S 星系的主要差别是 SO 星系一般没有旋臂。星系的代表结构如图 3.7 所示。

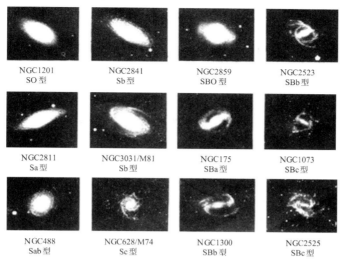

NGC1201
SO 型

NGC2841
Sb 型

NGC2859
SBO 型

NGC2523
SBb 型

NGC2811
Sa 型

NGC3031/M81
Sb 型

NGC175
SBa 型

NGC1073
SBc 型

NGC488
Sab 型

NGC628/M74
Sc 型

NGC1300
SBb 型

NGC2525
SBc 型

图 3.7　星系的结构

一般把椭圆星系、旋涡星系、棒旋星系、透镜状星系称为**正常星系**。还有一些形状类似椭圆、尺度超巨大的、有些弥漫并有延伸的色层，称为超巨弥漫星系或 cD 星系（c 表示超巨，D 表示弥漫）；尺度比较小的称为矮星系或 dD 星系。其与正常星系的差别在于缺少亮核区。

3.2.4　河外星系的运动

1. 河外星系的自转

银河系有自转运动，其他星系也应该有自转运动。确定河外星系自转方法之一是测定星系视面上不同点的视向速度。如果星系正在自转，那么它的一边应当离开我们，另一边靠近我们。因此，人们通过拍摄星系的光谱，测量谱线的位移，再扣除掉整个星系共有的位移，就可以确定出来。此外，还可以通过射电天文方法来确定星系的自转。

目前已经定出自转速度的河外星系在星系世界里，只占极少数（约 100 多个星系定出了自转速度）。例如，属于本星系群的一些星系，它们的外部自转速度为：仙女座大星云 M31 为 280km/s，在人马座的不规则星系 NGC6822 为 110km/s，在鲸鱼座的不规则星系 IC1613 为 60km/s，大麦哲伦星云为 95km/s，三角星系 M33 为 104km/s；本星系群以外的星系的自转速度有的小到 60km/s，也有的大到 300km/s。

2. 河外星系的空间运动

从本星系群中的较亮星系对太阳的视向速度的分析中，可以得出：星系除了自转运动以外，星系彼此之间也有相对运动。例如，大麦哲伦星云为+270km/s，小麦哲伦星云为+168km/s，三角星系 M33 为-190km/s。

星系的空间运动是因星系之间彼此引力作用而产生的？还是在形成过程中获得的？或者是既与引力作用有关，又与其形成过程有关。目前对此还没有确定的答案，人类需进一步进行研究与探讨。

3.3　活 动 星 系

星系与其他天体一样也在不断地演化，在其一生中，既有比较平静的正常期，又有剧烈的活动期。通常，把具有明显的剧烈活动，而且存在期大大短于正常星系的称为"**活动星系**"或"**激扰星系**"。活动星系一般都有极亮的星系核，很多变化都来自这神秘的核区。常见的活动星系有射电星系、爆发星系、塞佛特星系、致密星系、马卡良星系、N 型星系、光变星系、蝎虎座 BL 星系、互扰星系等。

3.3.1　射电源及射电星系

1. 射电源

利用射电方法观测，发现天空有些很小的区域会发出很强的射电辐射，我们把这些区域称为**射电源**。射电源中有极少数已被证明为银河系内的天体，如蟹状星云。多数射电源位于银河系以外，称为河外射电源。河外射电源有的被认为是射电星系，有的是类星体射电源，还有一些河外射电源至今没有找到对应的光学天体。

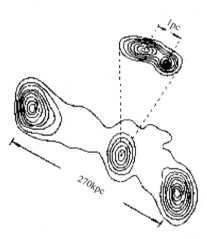

图 3.8　射电星系 3C111 的双核源结构

（1）河外射电源的强度　射电源的强度常用单位时间辐射能量的大小（即射电辐射功率）来度量。河外射电源射电功率一般都在 10^{10}erg/s 以上，很多达到 $10^{33}\sim10^{45}$erg/s，有的甚至更高，比银河系射电辐射功率高几个数量级。

（2）河外射电源的射电结构　多数河外射电源是双源结构，如图 3.8 所示。通常两个射电源对称地位于光学星系的两侧，两子源间的线距离一般很大，有的可以达几百万秒差距；还有一些射电双源中一个子源与光学星系重合，另一个子源远离光学星系；还有单源结构、多源结构、喷流结构等。

2. 射电星系

有强射电辐射的星系，称为**射电星系**，其射电辐射功率一般在 $10^{40}\sim10^{45}$erg/s，射电星系大多数为椭圆星系、巨椭圆星系，或介于两者之间。

人类发现的第一个射电源是天鹅座 A，是目前人类探测到的全天最强的河外射电源，但辐射功率并不算高，约为 10^{43}erg/s。射电源结构为双源型。1954 年天文学家已把它认证为星系（3C111），两个射电子源对称地位于星系的两侧，如图 3.9 所示。

半人马座 A 是南天最强的射电源，光学证认为星系 NGC5128，这个星系几乎是正圆形，中间有一条暗带，这个星系是离我们最近的射电星系，约 1.3 亿光年，射电辐射功率为 10^{41}erg/s。如图 3.10 所示。

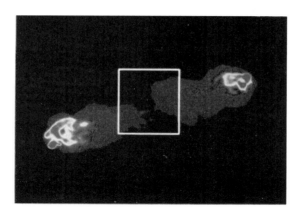

图 3.9　天鹅座 A 射电图（*NRAO*）

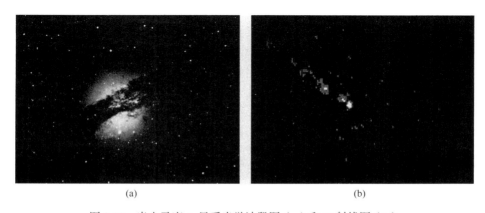

(a)　　　　　　　　　　　　　　　(b)

图 3.10　半人马座 A 星系光学波段图（a）和 X 射线图（b）

3. 射电源的空间分布

随着射电天文学的发展，发现了越来越多的射电源，射电源的计数则成为研究总星系物质分布的重要手段。所谓**射电源的计数**，就是计算总星系中河外射电源的数目。这种计数虽是很繁重的工作，但也是很有意义的工作。其意义就在于计数结构能反映宇宙中物质分布的状况。在 1977 年，美国俄亥俄大学编制的射电源总表所列射电源总数已达 3 万多个。

对于计数结构，目前有两种解释，一种解释认为射电源分布不均匀，远处多、近处少；另一种解释认为射电源分布是均匀的。现代多数天文学家赞同后一种解释。

3.3.2　其他活动星系

1. 爆发星系

通过望远镜观测可以获悉：有些星系正在爆发，或爆发后不久仍在喷射物质和能量。例如，大熊座中的 M82，真核中抛射的物质以 1000km/s 的速度向外飞驰。室女座中的 M87，其核旁喷出的蓝色物质形成了一条将近 5 光年的物质流。美国天文学家塞佛特发现某些星系有一个小而亮的核，其外围的电离气体以每秒几千公里的速度向外运动，天文界称之为**塞佛特星系**，也称为**爆发星系**。有的星系既是爆发星系，又是射电星系。例如，摩根分类中的 **N** 型星系中有很多就属于射电星系，其特征是中心具有一个亮的恒星核，周围被低亮度的延伸的星云包围，中心亮核的颜色和类星体相似，而延伸云的颜色和亮度类似一个巨椭圆星系。

2. 强红外辐射星系

1983 年，美国、荷兰和英国三国联合研制发射了红外天文卫星（infrared astronomical satellite，简称 IRAS），能够接收红外辐射的信息，结果发现了数以千计的星系具有强烈的红外辐射，即这些星系正在发射比一般星系强出几十倍以上的红外光。天文学家据此推测，这些星系中正在孕育一批新恒星（因原始恒星的温度较低，只能发出红外光），这类星系又称为**星爆星系**，意为爆发式形成新恒星的星系。在红外波段亮，而光学波段暗的星系，称为 **IRAS 星系**。

3. 强紫外辐射星系

这类星系具有反常紫外连续谱，一般都有一个蓝色的核，这就是紫外辐射源。苏联天文学家马卡良在物端棱镜光谱底片上发现了这类星系（也称"马卡良星系"），他前后共观测到 800 多个，并将其编制成星表。如：马卡良 348 既是旋涡星系，又是强紫外辐射星系。

4. 光变星系

有的星系光变明显，有几十分钟至数天的不规则光变现象，这类活动星系称为光变星系，如**蝎虎天体**（BL lacertae object）等就属于这一类星系。

5. 互扰星系

如果两个星系靠得很近，由于引力作用，会产生物质交流，形成物质流或物质桥，甚至两个星系会发生碰撞，直至于兼并，这也是星系活动的表现形式。图 3.11 是源自帕拉玛天文台（Palomar Observatory）拍摄的天线星系，它们的形成很可能是由于两个星系经过碰撞后产生的。埃勒和托姆尔用计算机模拟了该过程，如图 3.12（a）～（e）。

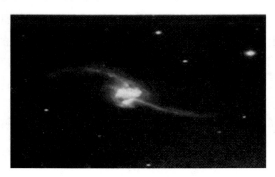

图 3.11　天线星系（Palomar Observatory）

3.3.3　活动星系核

多数星系都有密集的中心部分，称为**星系核**。其质量约为 1 亿个太阳质量。星系核中包含恒星以及电离气体、磁场和高能粒子。正常星系的核，通常是"宁静"的。对宁静核的观测表明，核中包含有各种光谱型的恒星，常产生射电辐射。星系核 90% 的光度是在很窄的红外区域产生的。

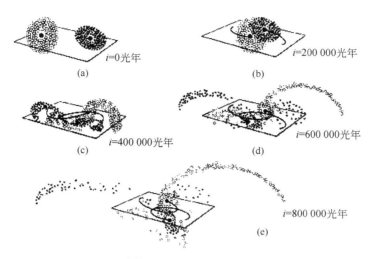

图 3.12　计算机模拟星系碰撞过程的示意图

有明显活动性物理过程是星系，其核心区域称为**活动星系核**（active galactic nucleus，简称 AGN），是近年来非常活跃的天文研究领域。大量观测事实表明，类星体是活动性很强的活动星系核。根据理论研究，核心很可能是一个黑洞，而黑洞的周围被一层一层气体所包围。我们所能观测到的来自类星体的各种辐射可能是从这些气体发出的。

星系核活动的方式很多，如抛射形式就有抛出很大一块或几块物质的，或沿短轴方向抛射物质的等等。此外，还有巨大的非热辐射，在红外区达到极大，还有很强的光度变化的特征。第一个注意到星系核活动现象的是美国天文学家塞佛特。

20 世纪 60 年代，天文学的"四大发现"之一的类星体，现在天文学家已证实它就是典型的活动星系核。这种天体在一般光学观测中只是一个光点，类似恒星，如图 3.13 所示。但在分光观测中它的谱线具有很大的红移，又不像恒星。因此，称它为**类星体**（quasi-stellar object，简称 QSO）。到 2019 年底，已确认 8000 多个类星体。

图 3.13　类星体

类星体有以下特点：

（1）距离地球都非常遥远，多在数百亿光年以上。

（2）具有高速向外膨胀运动，有很大的红移。

（3）辐射光度较高，并有强的非热辐射。

（4）一般都是强射电源。部分类星体还是强 X 射线源。

（5）都有光变现象，光变周期从几小时至几年不等。

（6）部分类星体有恒星状外貌，有的还有喷流。

（7）体积不大，温度极高。

活动星系核性质的连续性表现在：

（1）形态特征　塞佛特星系是具有亮核的旋涡星系。N 型星系有一个小的亮核和一个暗的背景，基底星系可能主要是椭圆星系。远的塞佛特星系由于看到盘状结构，也有可能被归为 N

型星系。类星体具有恒星状外貌,只有红移较小的类星体才有时能发现暗的背景。这样,就核源与基底系的亮度之比而言,塞佛特星系、N型星系和类星体构成了一个逐渐增强的序列。

(2)颜色　　在紫外—蓝、蓝—黄双色图上,塞佛特星系、N型星系和类星体也是连续分布的,以类星体紫外超最大,非热辐射最强。有人用一个标准类星体叠加上仙女座大星云那样的基底系做实验,得出塞佛特星系的核心类似于一个典型的类星体,而外盘的颜色则与通常的旋涡星系一致。

(3)光谱　　塞佛特星系和类星体都有高激发的发射线。塞佛特星系有一次电离氧和二次电离Ne的谱线,类星体中的原子可以达到五次电离。两者的连续谱都有非热辐射成分,塞佛特星系的非热同步辐射产生出射电和部分红外辐射,类星体的非热辐射有时可延伸到可见光和红外。

(4)射电辐射　　很多射电星系都是N型星系,类星体射电源的射电性质与射电星系相似,塞佛特星系也有较强的射电辐射。

(5)X射线辐射　　在500~4000eV范围内,塞佛特星系的X射线辐射10^{34}~10^{37}J/s,N型星系为10^{35}~10^{38}J/s,蝎虎座BL型天体为10^{36}~10^{39}J/s,类星体为10^{37}~10^{40}J/s,有逐渐增强的趋势。

(6)光变　　塞佛特星系在光学和红外波段有时标为1年到1个月的变化,类星体在光学和厘米波段有时标为几年到几天的变化,两者X射线波段都有几天到几小时的变化。

各种观测性质的这种连续的过渡,支持了类星体是最活动星系核的论断。1982年欧洲南天天文台首次观测证实类星体就是活动星系核。

3.4　星　　云

这里所指的**星云**,是指真正的云雾状天体,位于银河系内太阳系以外一切非恒星状的气体尘埃云。一些较近的星系,其外观像星云,几个世纪以来也称为星云。但在1924年底解决了"宇宙岛"之争以后,才把二者分别称为银河星云和河外星系。银河星云,简称"星云",星云很暗,人们可用肉眼观察到的星云仅猎户座大星云一个,其余都要用望远镜才能观测到。但无论用多大望远镜观测,也无法把它们分解成恒星,它们的组成主要是气体和尘埃,也称"星际介质"。现代宇宙学认为,总星系是在150亿~200亿年前的一次大爆炸中诞生的,经过约150亿年的演化,第一代星云绝大部分都应演化成星体了,所以现存的星云主要是星球、星系爆炸和抛射形成的第二代星云,有的甚至已是第三代星云了,当然也有少数残留的第一代星云和由星际物质吸积而成的星云。

3.4.1　星云密度、质量和成分

这里所说的星云,是指真正的云雾状天体,位于银河系内太阳系外、一切非恒星状的气体尘埃云。

1.星云的密度

星云的密度很小,介于星际物质与原始恒星之间,一般是10~1000/cm^3质点(原子或离子)。这样的密度,比星际物质要大,具有一定的形体,可以反射星光或激发生光,从而被人

们观察到。

2. 星云的质量

星云的质量有大有小，小的不过是行星级或恒星级，大的可达星系级。像金牛座蟹状星云，它本是一颗恒星爆炸的产物，中间还残留一颗中子星，显然，蟹状星云的质量比原恒星要小。由星系爆炸形成的星云无疑比恒星的质量要大。

3. 星云的成分

星云的成分与恒星差不多，以氢和氦为主，其次是碳、氧、氟、镁、钾、钠、钙、铁等。现在还发现有的星云中有 OH、CO 和 CH_4 等有机分子。

3.4.2　星云的种类

1. 按其形状分

根据形状，可分为弥漫星云和行星状星云，如图 3.14 所示。

(a) 蟹状星云(M1)　　　(b) 猎户座内的马头星云(NGC2024)　　　(c) 天琴座环状星云(M57)

图 3.14　部分星云

（1）弥漫星云　弥漫星云是形状不规则的星云，猎户座内的马头星云（NGC2024）和蟹状星云（M1）等都是弥漫星云。

（2）行星状星云　行星状星云是核心有一颗亮星，整体呈球形或扁球形的星云。之所以称之为行星状星云，是因为核心的亮星像行星的固体部分，星云则如行星的大气圈。在望远镜里，这种星云往往呈环状，因星云的中间部分较稀薄，一般看不到，而外缘部分较浓密，可以看得到还有一个原因是，中间部分被那颗亮星照得较亮而变得透明，但外缘不甚亮，故不透明。天琴座环状星云（M57）是典型的行星状星云。其实，这类星云称环状星云更合适，既然是星云，就不能包括其核心的那颗亮星——它是恒星，而不是星云；再者，行星的大气是底层浓密，高层稀薄，环状星云情况与此相反，所以没有必要称行星状星云。环状星云无疑是中间那颗亮星喷射出来的物质形成的，也许还在扩张；一旦扩张停止，又会收缩，最后可能又会被那颗恒星吸聚。

2. 按发光的性质分

根据发光与否，可把星云分为发射星云、反射星云和暗星云。

（1）发射星云　被中心或附近的恒星激发后能够自行发光的星云。

（2）反射星云　因中心或附近的恒星温度较低，被激发的强度不够，因而只能反射和散射星光的星云。

（3）暗星云　无光或光度不足以人眼（包括使用望远镜）可见的星云，一般是因为其中心和近旁均无亮星的缘故。不过，只要其背景是恒星，该星云就可显现出来，如猎户座马头星云就是典型的暗星云。

在地面上人们所拍摄的深空天体大多是星云和遥远的星系。

3.5　星系团和总星系

宇宙中孤立星系只占少数，多数星系成群。由两个星系组成的称为**双重星系**；由 3 个到 10 个称为**多重星系**，10 个至几十个星系组成的成为**星系群**，比星系群更大的系统叫**星系团**，它由几百个或几千星系组成，平均直径为几兆秒差距。超星系团是现在已知的最大的星系集团，**总星系**是指观测所及的星系以及星系际物质的总体。

3.5.1　双重星系和多重星系

1. 双重星系

观测到的双重星系可分为三类，第一类称为**远距双重星系**，这类双重星系分得较开，除了因引力作用互相绕转之外，没有明显的相互作用；第二类称为**相互作用星系**，这类双重星系中，两个星系靠得很近，除了互相绕转外还有明显的相互作用，两个星系间的平均距离为 7500pc；第三类称为**碰撞星系**，这类双重星系几乎靠在一起，相互作用非常强烈。

2. 多重星系

多重星系有相互作用的特别多，相互作用主要在某两个星系间发生，形式多种多样。有的是两个星系间由亮的物质桥连接起来；有的是一个星系是质量很大的旋涡星系，而另一个星系则很小，正好位于大星系旋臂的最外端；还有的是一个星系可看到一块突出物，好像是另一个星系的残骸，这种突出物一般比亮桥更亮。

银河系和大麦哲伦云、小麦哲伦云构成一个三重星系，大、小麦哲伦云位于南天，是 16 世纪葡萄牙探险家麦哲伦乘船到南美洲时发现的，探险船队回到欧洲作了报道，所以叫做麦哲伦云，大、小麦哲伦云都是不规则星系，大麦哲伦云的距离是 16.9 万光年，小麦哲伦云的距离是 19.5 万光年，1955 年以后观测发现，这两个星系间有气体把它们连接起来，大麦哲伦云与银河系之间还可能有弥漫物质联系。1975 年又发现了比大小麦哲伦云更近的比邻星系。因此，银河系、大、小麦哲伦云和比邻星系实际上是一个四重星系。

3.5.2　星系群和星系团

1. 星系群和本星系群

若干星系构成了星系群。银河系及其周围的 30 多个星系组成的星系群，称为**本星系群**。本星系群中各种类型的星系都有，其中主要的两个星系是仙女座大星云（M31）和银河系。20

世纪 50 年代,除上述两个星系外,确定为本星系群成员的还有 M33,大、小麦哲伦云,NGC6822,IC1631 以及其他几个较小的椭圆星系。1968 年,在仙后座发现两个星系,分别命名为梅菲 I 星系和梅菲 II 星系,这两个星系也被确定为本星系群成员。1975 年发现的比邻星系,1978 年又发现两个星系,它们也都被确定为本星系群的成员。由此看出,随着探测工具的改进,观测到的本星系群的成员将逐渐增多。

　　2. 星系团和著名的星系团

　　比多重星系更大的星系集团,称为**星系团**。星系团中星系的数目一般在 100 到几千。观测表明,大多数星系是星系团的成员。星系团的分类方案也有多种。常见的有:①依形态可分为规则和不规则星系团;②按星系团的成员则可分为 CD 型星系团、富旋涡星系型星系团和贫旋涡星系型星系团。

　　(1)CD 型星系团　CD 型星系团是指一些星系团中心发现的超大星系,属椭圆星系。这种星系可能是星系团中心,其恒星包层可以延伸达 100kpc。只有在致密型星系团中,才能发现 CD 型星系。而且部分 CD 型星系还表现出具有多重星系核。在 CD 型星系团中,各种类型星系的比例大约是 E∶SO∶S=3∶4∶2。也就是说,旋涡星系占的比例只有 20%左右,星系的分布呈规则型地向中心密集。

　　(2)富旋涡星系型星系团　这种星系团中,星系成员的比例为 E∶SO∶S=1∶2∶3。旋涡星系成员达到了 50%。星系的分布不规则,中心致密度很低。

　　(3)贫旋涡星系型星系团　除上述外,其余的星系团可以统称为贫旋涡星系型星系团。其成员比例为 E∶SO∶S=1∶2∶1。成员星系在星系团中的分布介于以上二者之间。

　　对于 CD 型或规则星系团,星系的空间密度明显地向中心增加,而对于富旋涡星系型或不规则型星系团,向中心密集度很小,分布几乎是均匀的。贫旋涡星系型则介于两者之间。

　　星系成员分布也有明显的不同,对于 CD 型和贫旋涡星系型,旋涡星系大多分布在外围,中心部分主要是椭圆星系和 SO 星系,而对于富旋涡星系型,各种类型星系的分布基本上是一致的。

　　如果用星系的视星等作为星系质量的量度,则发现对于 CD 型和贫旋涡星系型,亮星系则大质量的星系向中心聚集,小质量的星系则均匀分布。这种现象称为质量分离,对于富旋涡星系型,则没有这种现象。

　　上述形态分类和星系的分布对于研究星系团的动力学过程和演化是非常重要的。著名的星系团有室女星系团和后发星系团。

　　(1)室女星系团　这是离地球最近的不规则星系团,因位于室女座中而得名,其角直径约 12°,距离约 16Mpc,包含约 2500 个星系,其中约有 200 个亮星系,68%为旋涡星系(S 型),19%为椭圆星系(E 型),其余为不规则星系。但最亮的四个星系却是椭圆星系,著名的 M87(NGC4486)便是其中之一。M87 绝对星等约-22 等,质量约 4 万亿个太阳质量,这个星系是个强射电源和 X 射线源,可能经历过猛烈的爆发,留下了好几个喷射物。

　　(2)后发星系团　它是离地球第二近的星系团,属于富旋涡星系团类型,其角直径约 4°,分布呈球对称性,距离 138Mpc,包含数千个星系。由于它位于后发座中,离北银极只有 2°,故十分容易观测。该星系团大部分成员为椭圆星系(E)或透镜状星系(SO)。其中心附近有两个超巨星系也是 E 星系 NGC4889 和 SO 星系 NGC4874。

3.5.3　总　星　系

20 世纪 30 年代出现了"总星系"这个名词，现在一般认为，总星系就是人们观测所及的星系和星系际物质的总体，即"通常所说的宇宙"，如图 3.15 所示（图中 Ga 为时间单位，1个 Ga 为 10 亿年）。从人类的认识史来看，在某一特定的阶段，人们对宇宙的认识无论在深度上，还是在广度上都是有限的，但随着科学技术水平的提高，人类对宇宙时空的认识也将越来越深入。因此，我们的宇宙有其具体的物质、运动、时间和空间等，而不是抽象的。

根据有关总星系的观测结果，宇宙可简单概括为以下几方面：

（1）星系团的空间分布是均匀的，各向同性的。

（2）射电源的分布是均匀的。

（3）河外星系都有红移。

（4）宇宙微波背景辐射 2.7K。

（5）因大量暗物质存在，现阶段对宇宙物质总质量、总密度的估计不准。

（6）总星系中最丰富的元素是氢和氦。

（7）最老天体的年龄 10 亿～100 亿年。

（8）目前人类观测所及的宇宙范围大致是 150 亿～200 亿光年。但所认知的宇宙还很有限。对于暗物质和暗能量的研究，人类还在继续探索。

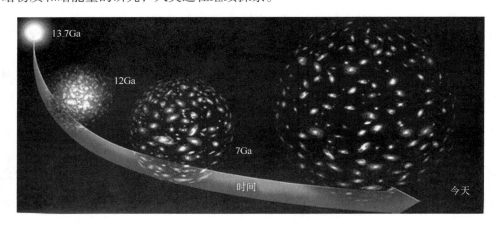

图 3.15　我们的宇宙

3.6　星系的起源与演化

3.6.1　银河系的起源与演化

根据迄今为止的有关银河系的观测资料，从弥漫说出发，可以粗略地描绘出银河系可能的起源演化史：

在 100 多亿年前，有一个很大的星系际云，在自引力作用下收缩，在收缩中分成几个云，其中一个大云形成银河系；三个小云分别形成大、小麦哲伦云和比邻星系。大云收缩中成为球状，开始时内部密度比较均匀。由于湍流和其他原因，逐渐出现了一些密度较高的区域，这些区域就形成球状星团。收缩中，云的中心密度增加最快，逐渐形成一个中心密集区，受到这中心密集区的吸引，球状星团向它降落，围绕着中心密集部分，也就是围绕着银心，在偏心率很大而且对银道面倾角也很大的椭圆轨道上转动起来。随着大云的收缩，内部运动渐趋一致，有一个转动方向占了上风，而且由于角动量守恒，转动加快，尚未形成恒星的小云互相碰撞，损失能量，扁化为银盘，盘内逐渐形成了大量的恒星，它们都在大致圆形的轨道上绕着银心转动。在此之前，球状星团中那些较大质量的成员星已经演化到了晚期，它们通过爆发曾把自己内部的重元素抛到星际空间，这样，新形成的恒星是由加进了不少重元素的星际物质形成的，所以它们都含有较多的重元素。有一部分球状星团会瓦解。它们的成员星就成为单独存在的一类恒星，我们今天观测到的球状星团的成员星也都是这类恒星，支持了这种看法。这类恒星的质量都比较小，和太阳质量相差不多，这是因为，那些质量较大的恒星由于演化较快，抛射出大量物质后已经变成了中子星或黑洞，剩下的就只有质量小的恒星了。随着银河系中心部分物质密集程度的增强，对这类恒星的吸引增强，使之轨道变小，今天观测到的这类恒星的运动轨道比原来的轨道小了不少，在银河系的核心部分，恒星高度密集，恒星之间常常会彼此碰撞，甚至会有两个恒星合成一个的，这就加快了演化的速度。所以，在银河系的核心，常常会出现超新星爆发，形成大大小小的黑洞，而且若干小的黑洞还会合成大的黑洞。随着演化的进行，银河系的核心部分还形成了一个大小约 20 光年×30 光年的银核，它发出很强的射电辐射。在这个区域内部，恒星更加密集，而且其中心有一个大小约 2 光年的核心，这可能是一团磁场很强、转动很快、密度比较大的等离子体。银核发出很强的辐射，银核已发生过不只一次活动，在银核周围观测到许多射电源，就是银核活动时抛出的电离气体云，它们不断发出热辐射。今天观测到的高银纬星云，则可能是在 1300 万年前一次较为剧烈的活动中抛射出来的；形成旋臂的物质，也很可能至少有一部分是从银核抛射出来的。

最近，一些研究者又提出了一种"碰撞星暴"的恒星形成假说，即：认为两个星系之间碰撞时，气体云朝着较大星系的中心集聚凝结，同时，低密度的气体云凝聚块以非常高的速度凝结，并发生爆炸，形成恒星。这种理论还有待于新的观测研究来证实。

总之，银河系从形成以来，在运动中演化，正在不断地成长和发展。

3.6.2　河外星系的起源与演化

星系的起源演化是个较复杂的问题，目前虽然流派较多，但都只是一种假说。下面只是对一些较流行的理论作简单的介绍。

1. 星系的起源

较流行的看法是：在宇宙热大爆炸后的膨胀过程中，分布不均匀的星系前物质收缩形成原星系，再演化成星系。关于星系前物质，有人认为是弥漫物质，也有人主张是超密物质。关于原星系的诞生，有两种假说比较流行，其一是引力不稳定假说，其二是宇宙湍流假说；它们在星系形成时期上的观点比较一致，都认为大约在 100 亿年前形成的。现将两种观点介绍如下：

（1）引力不稳定假说　宇宙早期由原子核、电子、光子和中微子等组成，在温度降到 4000K 以前，处于辐射占优势的辐射时期，此时在各种相互作用中，引力不居主要地位，当温度降到 4000K 左右，复合时期开始，宇宙等离子中性化，宇宙从辐射占优势时期开始转入实体占优势时期。在复合时期前后的 30 亿年期间，星系团规模的引力不均匀性开始出现并逐渐增长，这时宇宙物质就因引力不稳定而聚成原星系。计算表明，如果天体形成于复合前或复合初期，则先形成星系团或超星系团，再碎裂而成星系或恒星，如果天体形成于复合晚期，则先形成 10 万个太阳质量的结构，一部分保留至今成为球状星团，大部分则聚合成星系、星系团。

（2）宇宙湍流假说　在宇宙等离子物质复合以前，强辐射压可能引起湍动涡流。物质中性化以后，辐射不再影响物质运动，涡流的碰撞、混合，相互作用产生巨大的冲击波，并形成团块群。再演变为星系。这一学说较自然地说明了星系和星系团的自转起因。计算表明，实体占优势时期形成的结构物质为 10 万个太阳质量；复合时期形成的结构物质为 10 万亿个太阳质量。

除以上两种外，还有其他一些假说，例如正反物质湮没说、超密说、延迟核假说、连续创造说等，在这里就不介绍了。

2. 星系的演化

对星系的演化有几种不同的见解，早在 20 世纪 30 年代，人们曾把哈勃序列看成演化序列。但是星系演化途径究竟是从椭圆星系到旋涡星系再到不规则星系，还是相反，即从不规则星系到旋涡星系再到椭圆星系，或是其他变化方式，归纳起来有以下几种看法。

（1）认为星系形成之初是形态最简单的球状气团，由于自转逐渐变扁，同时发生收缩，密度增大，气体凝聚为恒星，扁平部分形成旋涡，旋涡逐渐松卷以至消失。也就是强调星系是从椭圆星系，经过旋涡星系，最后演化成不规则星系的。有人根据这个把椭圆星系称为"早型"星系，把旋涡和不规则星系合称为"晚型"星系。

（2）认为形态序列就是演化序列，但方向相反：从不规则星系，经过旋涡星系到椭圆星系。即从不规则星系开始，因自转而获得轴对称，最后演化成球状星系。

（3）认为演化取决于星系的质量和角动量。

（4）认为星系的形态结构的不同，取决于形成时的初始条件（密集、速度弥散度、角动量分布、温度、湍流、磁场等）及其差别。

（5）近期有人提出暗物质与星系形成有关。认为宇宙起初含有均匀分布的暗物质和正常物质，大爆炸后数千年暗物质开始成团，暗物质确定宇宙中物质的总体分布和大尺度结构。正常物质在引力作用下向高密度区域聚集，形成星系和星系团。

尽管上述观点不一，而且我们现在知道，椭圆星系和旋涡星系中都有老年星，而且年龄相差不多。此外，质量、扁度等这些量上的差别也表明，星系的形态序列不是演化序列，各种类型星系彼此不能相互转化，星系形成并非观点（1）和（2）那样简单，至于其他演化方式，有些还有待进一步证实。

目前对星系形成演化过程比较流行的看法认为：原始星系云在收缩过程中，出现第一代恒星，在原星系的中心区，收缩快，密度高，恒星形成率也高，形成旋涡星系的星系核或形成椭圆星系整体。星的自转离心力阻止赤道面上的进一步收缩，并造成不同扁率，气体的随机运动和恒星辐射加热等因素，使得部分气体未聚合成星胚，并因碰撞作用而沉向赤道面，形成旋涡星系和不规则星系，结果使星系从形成之初就已经定形并保持下来，不再显著变化。在几亿年期间，由原星系形成的为年轻星系，在此之后的百亿年中，一般而言，星系的演变十分缓慢，除因邻近的伴星系的潮汐作用等因素造成物质"桥"、"尾"或"剥却"星系外围物质外，星系的一般结构无大变化。

对椭圆星系来说，可能由于初始密度、初始速度、弥散度都较大，恒星形成率一开始就非常高，气体几乎全部用来形成恒星，星系中恒星是无碰撞的，所以椭圆星系形成后形态基本不变。旋涡星系的第一代恒星诞生率低，所以有部分气体保存下来。计算表明，不同的初始密度和初始速度弥散度，可以形成核球和星系盘之间大小比例不同的星系，这就可以用来大致解释旋涡星系的 Sa、Sb、Sc 三种次型。不规则星系的恒星诞生率更低，至今尚有较多气体遗留下来。在规则星系团中，物质密度和速度弥散度都大，成员中椭圆星系最多；在不规则星系团中，物质密度较小，椭圆星系较少。在富星系团中，旋涡星系少，而在富星系团的中心区域，则完全观测不到旋涡星系。旋涡星系主要是场星系或疏散星系群的成员，正好反映出那里的密度和速度弥散度都低。

旋涡星系和棒旋星系的旋臂以及棒旋星系里的棒是如何形成的？如何演化的？这是星系起源演化研究至今还未解决的问题之一。有人认为，旋臂是星系核抛射物质的产物，而较差自转是旋涡结构的成因，旋臂的演化趋向是旋开还是旋闭至今尚无定论。

除了由动力学原因造成星系形态的变化外，星系中恒星的形成和演化过程是决定星系化学成分、星气比例、光度、颜色等物理量随时间演化的主要因素。一般来说，大质量恒星比小质量恒星演化快得多。大质量恒星在演化过程中合成碳、氧、铁这类重元素，通过爆炸形式把它们送回星际介质。小质量恒星则合成较轻的氦等轻元素，以较平稳的形式返回少量物质，因此，不同质量恒星的比例是控制星系化学演化的最重要因素之一。另外，处在不同距离的星系也将反映出宇宙中星系的演化史。目前，哈勃空间望远镜为人类了解遥远的星系提供了手段。1997年哈勃空间望远镜拍摄到了距离地球 6300 万光年的河外星系图像，显示出南天乌鸦座中有一对碰撞星系，NGC4038 和 NGC4039。这对星系核心呈橙黄色，其间有很宽的暗黑尘埃带相连接，蓝色的旋涡状光带中有大量由新诞生恒星组成的年轻星团，约有 1000 多个亮星团，星团内聚集的都是些年轻的、质量很大的恒星。这表明，星系的碰撞很可能触发了大量恒星的迅速形成。用地面望远镜拍摄的照片也可以看到这个星系有两支像昆虫的触须一样明亮气流从星系留出，所以称这两个星系为"触须星系"。

3.7　宇宙的起源

对于宇宙的起源，目前最流行的学说是大爆炸宇宙模型。

3.7.1　大爆炸宇宙模型

1927 年以后，比利时天文学家勒梅特提出了一个大胆而明确的概念，认为"空间要随时间而膨胀"，继承了爱因斯坦宇宙方程的动态意义以及弗里德曼的奇点论。他认为有一种密度无限大的状态的可能性，并因膨胀而转化为各种密度较低的状态。由于空间是按照宇宙间物质的量而弯曲的，这会导致两种不同的结果。其一，如果物质的量少于某个临界数值，则膨胀将会永远继续下去，星系团就会彼此越离越远，这时宇宙是"开放的"；其二，如果物质的量大于这个临界数值，那么引力就十分强大，足以使空间弯曲到这样的地步：先是使膨胀停止下来，继而又使之转变为坍缩，于是宇宙又重新回复到超密状态，这样的宇宙称为"闭合的"。

宇宙膨胀理论的提出，大大改变了传统的大宇宙静态观，星系退行可看作大尺度天区上具有的特征。因此，谱线红移的发现在认识大宇宙中起了一个促进作用，也可以说它促进了新宇宙学的诞生。在宇宙膨胀论的基础上，结合一些其他观测资料，科学工作者提出了各种各样的现代宇宙学，其中最有影响的就是大爆炸宇宙学，与其他宇宙模型相比，它能说明较多的观测事实。大爆炸宇宙学的主要观点认为，宇宙有一段从热到冷的演化史，这一温度从热到冷、密度从密到稀的演化过程，如同一次规模巨大的爆炸。

勒梅特宇宙膨胀学说认为，宇宙全部物质最初聚集于一个原始原子里。原始原子的密度很大，于 100 亿年前发生大爆发，物质向四面八方爆裂飞奔。因此，由这些物质形成的恒星、星系到今天还在向外运动，因而宇宙在膨胀着。20 世纪 40 年代，伽莫夫提出，宇宙起始于高温高密状态的"原始火球"，在原始火球里的物质以基本粒子状态出现，在基本粒子的相互作用下，原始火球发生了爆炸，并向四面八方均匀地膨胀。原始火球理论阐述了宇宙膨胀运动，探讨了化学元素的形成和含量问题，并且预言宇宙中存在某种剩余的背景辐射。

1965 年，发现了宇宙背景辐射，许多人认为，这种 2.7K 的宇宙背景辐射，就是"原始火球"理论所预言的背景辐射。从那以后，这个大爆炸宇宙理论得到越来越多人的支持，具体内容上也得到进一步的充实和发展，由于宇宙的初始状态是热的，上述理论也称为**热大爆炸宇宙论**。

按照大爆炸宇宙论，宇宙的演化大致如下：

宇宙开始于一次爆炸。在初期，温度极高，密度极高，整个范围达到热平衡，物质成分即由平衡条件而定，由于不断膨胀，辐射温度及密度都按比例地降低，物质成分也随之变化。温度降到 10 亿 K 左右时，中子失去自由存在的条件，与质子结合成重氢、氦等元素。当温度低于 100 万 K 之后，形成元素的过程也结束了，这时的物质状态是质子、电子以及一些轻原子核构成的等离子体，并与辐射之间有较强的耦合，从而达到平衡。以后继续冷却，到 4000K 左右，等离子体复合而变成通常的气体，与辐射的耦合大大减弱。从此，热辐射便很少受到物质的吸收或散射，自由地在空间传播。进一步地膨胀使辐射温度再度下降，气态物质开始形成星系或星系团，最后形成恒星，演化成为人们今天所看到的宇宙，如图 3.16 所示。

图 3.16   大爆炸宇宙模型

3.7.2　宇　宙　简　史

宇宙大爆炸（Big Bang）是一种学说，是根据天文观测研究后得到的一种设想。大约在150亿年前，宇宙所有的物质都高度密集在一点，有着极高的温度，因而发生了巨大的爆炸。大爆炸以后，物质开始向外大膨胀，就形成了今天我们看到的宇宙。天文学家利用背景辐射温度、宇宙年龄和红移规律建立"温度—时间—红移"关系式，并以时间来追随宇宙简史。然而，宇宙演化史是非常复杂的，不同的研究者对时期的划分也是不一样的。下面介绍其中一种关于宇宙演化时期的描述。

（1）10^{-45}s：现在还未真正理解在此时间之前的物理，也许引力是量子化的。即大爆炸前3s。

（2）10^{-43}s：发生在宇宙大爆炸后四种强度（强相互作用、弱相互作用、万有引力、电磁相互作用）相当的一段短暂的时间间隔，称**普朗克时间**。如何超越普朗克长度和普朗克时间目前还是个谜，因为现行物理定律在这个范围内就失效了。因此，宇宙论学者在研究宇宙起源时，在大爆炸之后，最多就能计算到10^{-43}s。要研究普朗克时间之前发行的事，还缺乏新定律。

（3）10^{-35}s：该时间标志着大统一理论（即宇宙间的现象可以用四种力，即万有引力、电磁力、强相互作用力、弱相互作用力来解释，这种能统一说明四种相互作用力的理论称为大统一理论（grand unified theories，简称 GUT），虽然"大统一理论"没能解释宇宙中发生的所有事件，但人类在认识上则前进了一大步）的终结，强核力和弱电力分离，因此是最初的暴胀，是夸克（反夸克）主导时期。

（4）10^{-32}s：暴胀结束，宇宙从 10^{-25}s 迅速膨胀为 0.1s，以后逐渐膨胀为现在我们所看到的宇宙 10^{-26}。宇宙的主要成分是光子、夸克和反夸克，以及有色胶子。应指出，质子是不稳定的。因此这一阶段还无元素，甚至没有氢。

（5）10^{-12}s：弱核力和电磁力分离，宇宙在此时期很少有活动，常称为"荒芜"时期。

（6）$10^2 \sim 10^3$s：这是宇宙原初元素合成时期，即大爆炸核合成（BBN）。

（7）10^{11}s：在此时间光子核重子退耦。在此之前是辐射能密度高于物质能密度，在此之后宇宙以物质为主，因为退耦伴有自由电子与核结合形成原子——这是我们最熟悉的物质形式。

（8）10^{16}s：星系、恒星和行星开始形成。

（9）10^{18}s：现在。生命形成，生物进化。从这个阶段起随着时间流逝，星系继续退离，哈勃常量也在减少，宇宙温度将继续下降。

图 3.17 标明主要阶段的宇宙简史并分别标出红移、年龄、密度、能量和温度。

3.7.3　宇宙演化的几个阶段

有人把宇宙的时间演化大体分为三个阶段：

第一阶段：宇宙大爆炸后 10^{-43}s 时期的宇宙，也称普朗克时代；

第二阶段：大爆炸后 30 万年，暴胀到膨胀的宇宙（这个时期发出宇宙微波背景辐射）；

第三阶段：宇宙不断膨胀，恒星、星系、星系团逐渐形成阶段。

图 3.18 是这三个阶段宇宙的时间演化所示。

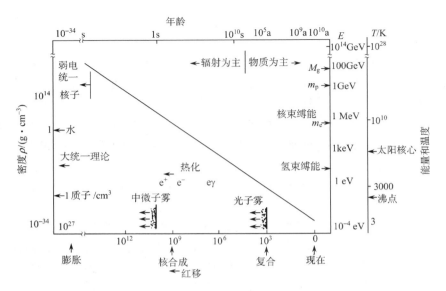

图 3.17　标明主要阶段的宇宙简史

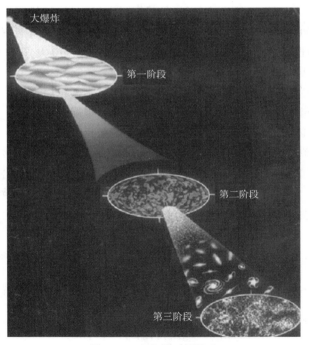

图 3.18　宇宙的时间演化

本章思考与练习题

1. 银河和银河系有何区别？

2. 太阳在银河系中的位置是如何确定的？

3. 银河系的结构如何？它是怎样旋转的？

4. 银河系的核心是如何活动的？旋臂又是怎样运动的？

5. 河外星系如何分类？

6. 河外星系是如何运动的？

7. 何谓总星系？它与哲学宇宙有何区别和联系？

8. 银河系是怎样起源和演化的？

9. 河外星系是怎样起源和演化的？

10. 什么叫引力不稳定假说？什么叫宇宙湍流假说？

11. 试用宇宙大爆炸模型解释宇宙的形成。

进一步讨论题

1. 从光学的宇宙到全波段观测的宇宙所获得的信息，阐述人类对星系的认识过程。

2. 你对星系的形成和演化有哪些认识？

3. 你对宇宙的形成理论有哪些看法？

实验内容

1. 天文软件模拟实验（1）——银河系。

2. 银河目视观测。

3. 梅西叶天体（M 天体）观测及摄影实践（选做）。

4. 深空天体摄影实践（选做）。

第4章 太阳系及近地宇宙环境

本章导读：

太阳系是银河系的一部分，太阳系由太阳、行星及其卫星与环系、小行星、彗星、流星体和行星际物质所构成的天体系统及其所占有的空间区域。太阳系就是人类现在所在的恒星系统。本章将主要介绍太阳系及其主要成员的特性，分析太阳系的绿洲——地球所处的宇宙环境，并探讨近地小天体对地球的影响。

4.1 太阳系主要天体的特征

人类对宇宙中的行星地球的认识经历了漫长的过程。长期以来，人们生活在地球上，靠直观感觉，总以为地球不动，而是天上的日月星辰围绕着地球运转，这个认识的典型代表观点就是"托勒密地心说"。随着天文观测手段的进步，新观点、新假说不断地出现并被证实。其中，哥白尼日心体系的确立，是近代天文学兴起的主要标志，是人类认识宇宙地球的一次飞跃。20世纪以来，随着天文学家对宇宙演化理论的研究，人类对地球在宇宙中的位置的认识又进一步提高，"宇宙无心论""宇宙膨胀论"则是现代宇宙观的体现。

1. 托勒密地心学体系的要点及其评价

托勒密地心学体系（图 4.1）的要点：①地球位于宇宙中心静止不动；②每个行星都在一个叫"本轮"的小圆形轨道上匀速转动，本轮中心在称为"均轮"的大圆形轨道上绕地球匀速转动，但地球不是均轮中心，而是与圆心有一定的距离，用这两种运动的复合来解释行星视运动中的顺行、逆行、合、留等现象；③水星和金星的本轮中心位于地球与太阳的连线上，本轮中心在均轮上一年转一周，火星、木星和土星到它们各自的本轮中心的连线始终与地球到太阳的连线平行，这三颗星每年绕其本轮中心转一周；④恒星都位于被称为"恒星天"的固体壳层上，日、月、行星除上述运动外，还与恒星一起每天绕地球转一周，以此解释各种天体每天的东升西落现象。

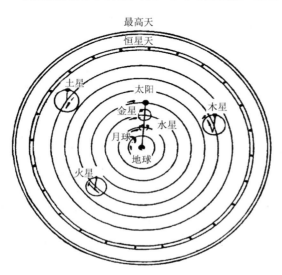

图 4.1 托勒密地心学体系示意图

在现代看来，地心体系很明显是错误的，是唯心的。但是，在当时的科技条件下，凭着眼见为实的常识来推算行星位置，并与实际观测结果较接近的情况下，认为太阳围绕地球转是可以理解的。随着科学的不断发展、观测手段的更新，观测精度在逐步提高，若按照地心体系推算出的行星位置则与观测的偏差越来越大，托勒密的后继者不得不进行修正，在本轮上再添加小本轮，用以求得同观测结果的相符，但由于地心体系没有揭示行星运动的本质，到 15～16 世纪时，本轮已增加到多个，计算也变得非常烦琐，而且仍与观测结果存在误差。人类在认知宇宙的过程中出现这种错误，应该说是难免的。虽然结果是错误的，过程却是充满智慧的，这种智慧也将改正自己的错误。

地心体系从其正式产生开始，一直维持了 1000 多年，这与当时欧洲漫长而黑暗的神权统治有关。中世纪的欧洲政教合一，宗教神学思想占统治地位，托勒密的宇宙地心体系为教会所利用，成为上帝创造世界的理论支柱。教会的封建神学中说是上帝创造了人类，并把人类安放在地球上，因而地球必定要居于宇宙中心，应该占有特殊的地位，这样，在教会的封建神学统治下，科学长期未能挣脱宇宙地心体系的桎梏。

15～16 世纪，欧洲的封建统治没落，资产阶级开始兴起。后来哥伦布发现美洲新大陆，麦哲伦环球航行获得成功。由于时代的发展，对天文观测的理论计算和实际观测精度提出了更高的要求，但这时的宇宙地心体系已不能符合观测事实，理论计算也有问题。哥白尼的日心说正是在这样的一种时代背景下产生的。

2. 哥白尼日心学体系要点及其评价

哥白尼日心学体系（图 4.2）的要点：①地球不是宇宙的中心，太阳才是宇宙的中心，太阳运行的一年周期是地球每年绕太阳公转一周的反映；②水星、金星、火星、木星、土星五颗行星同地球一样，都在圆形轨道上匀速地绕太阳公转；③月球是地球的卫星，它在以地球为中心的圆轨道上，每月绕地球转一周，同时月球又跟地球一起绕太阳公转；④地球每天自转一周，天穹实际不转动，因地球自转，才出现日月星辰每天东升西没的运动，这是地球自转运动的反映；⑤恒星离地球很遥远，位于固体壳层上。

自哥白尼建立了"日心学"，人类便开始进入理性时代，近代科学从此诞生。但从现代人观点来看，哥白尼的日心体系也有缺陷，这主要是由于当时科学水平及时代的局限，表现在三个方面：①把太阳作为宇宙的中心，且认为恒星天是坚硬的恒星天壳；②保留了地心说中的行星运动的完美的圆形轨道；③认为地球匀速运动。但不管怎样，哥白尼是第一个以科学向神权挑战的人，他的历史功绩在于确认了地球不是宇宙的中心，从而给天文学带来了一场根本性革命。近代哥白尼的日心体系是人类对天体和宇宙认识过程中的一次飞跃。

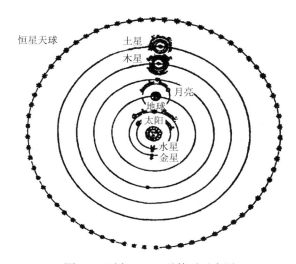

图 4.2　哥白尼日心学体系示意图

4.1.1　太阳系的结构及其运动特征

太阳系是以太阳为中心、所有受到太阳的重力约束的天体集合体。除太阳外，其主要成员包括 8 颗大行星、160 多颗已知的卫星、5 颗已经辨认出来的矮行星和数以亿计的太阳系小天体（包括小行星、柯伊伯带的天体、彗星和星际尘埃等）。目前，人类对太阳系结构及其运动特征的总体认识概括如下。

1. 太阳系组成及范围

太阳系由太阳、八大行星、矮行星、卫星、小行星、彗星、流星体等构成。距太阳由近到远，大行星依次为水星、金星、地球、火星、木星、土星、天王星和海王星。根据万有引力定律和天体力学知识，人们可以估算太阳系的边界范围，目前有几种界定：①以冥王星轨道为界，约 40AU；②按彗星起源假说中的柯伊伯带为界，50～1000AU。依奥尔特云为界，10AU～0.5光年；③依太阳风作用的范围，100～160AU；④据理论计算所得太阳系引力范围，约 15 万～23 万 AU。但是，我们已知的太阳系包括大行星、小行星、彗星等在内，除了部分彗星有可能运行到离太阳好几百个天文单位的地方，八大行星都"缩"在太阳附近的空间。自 20 世纪以来，随着人们先后发现天王星、海王星、冥王星，海外天体等，太阳系的疆域就一直在扩大，人们对太阳系边界的认识也在不断刷新。

2. 大行星和卫星运动特征

大行星公转运动的轨道、速度、周期有一定的规律（图 4.3）。开普勒、牛顿对行星的研究表明：

（1）轨道定律：所有行星公转运动的轨道都是椭圆，太阳位于椭圆的一个焦点上。八大行星公转运动的轨道近圆（近圆性）、大致在黄道面附近运动（共面性）、方向均为自西向东（同向性），如图 4.3（a）所示。

（2）面积速度定律：行星的向径在单位时间内扫过的面积相等。因此，行星在近日点附近比在远日点附近转动得快。如图 4.3（b）所示。

（3）周期定律：行星绕太阳运动的周期的平方与它们轨道半长径的立方成正比，如图 4.3（c）所示。用公式表示就是

$$\frac{T^2}{a^3} = 常数 \tag{4.1}$$

或

$$\frac{T_1^2}{T_2^2} = \frac{a_1^3}{a_2^3} \tag{4.2}$$

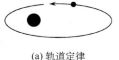

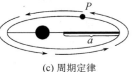

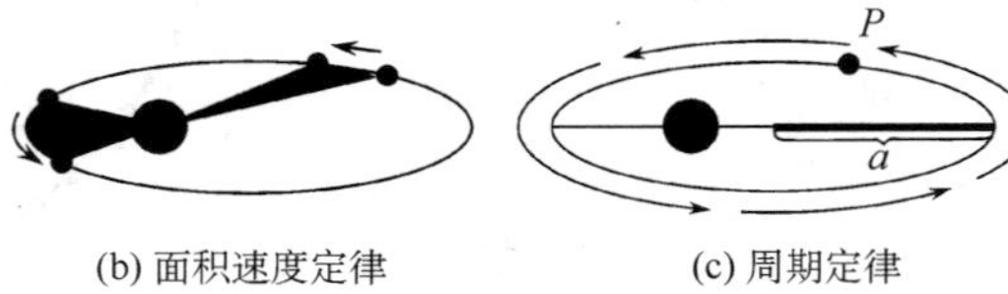

(a) 轨道定律　　　　　　　(b) 面积速度定律　　　　　　(c) 周期定律

图 4.3　牛顿三定律图示

八大行星在公转的同时又有自转，公转方向均为自西向东，自转方向除金星（逆行）和天王星（躺着转）特殊外，其余均为自西向东。卫星绕行星运动的情况比较复杂，至今发现的太阳系卫星，除在大小、质量、组成等方面有差异外，运动特征也很不一致。一般把轨道具有共面性、同向性和近圆性的卫星叫做**规则卫星**，反之称为**不规则卫星**。有些卫星的轨道面同行星的轨道面倾角大于 90°，它们绕行星运动的方向和行星绕太阳运动的方向相反，称**逆行卫星**。总之，太阳系的卫星既有规则卫星、又有不规则卫星，既有顺行卫星、又有逆行卫星。

3. 太阳系天体运动角动量异常

由于行星绕太阳的公转是一种曲线运动，所以都具有角动量。如果轨道是正圆，则角动量（j）等于行星的质量（m）、线速度（v）和轨道半长轴（a）的乘积，即

$$j = mva \tag{4.3}$$

不难证明，行星天体在椭圆轨道上公转时，式（4.3）也适用。同理，行星自转运动也有自转角动量。据太阳系天体的角动量分布数据（表 4.1），可以看出太阳系的角动量分布具有异常现象。

表 4.1　太阳系天体的角动量分布

太阳系天体	占太阳系质量	占太阳系总角动量
太阳	99.865%	<0.6%
行星、小行星、卫星等	0.135%	>99.4%

卫星系统的角动量分布情况同行星系统不一样，只有月球轨道的角动量比地球的自转角动量大 4 倍，对于其余卫星系统，都是作为天体的行星的自转角动量比卫星绕行星的轨道角动量大 10 倍到 100 多倍。所以，太阳系起源假说很重要的一点是必须说明太阳系角动量分布异常的机理。

4.1.2　太阳系行星的视运动

人们在天球上所观测到的行星位置的移动现象叫做**行星的视运动**。古人很早就对"金、木、水、火、土"五行星进行观测，并有大量的记载。通过观测，可以发现行星的视位置不仅对于太阳有相对运动，对于恒星背景也有明显的东西移动。行星的视运动现象，可以通过开普勒行星运动的三定律来解释。

1. 行星相对于太阳的视运动

地球轨道以内的行星称为"地内行星"（包括水星和金星），以外的称为"地外行星"（包括火星、木星、土星、天王星和海王星）。行星同太阳的相对位置的变化表现为在一个会合周期内黄经差不断变化着，这种变化又因地内行星和地外行星而不同，如图 4.4 所示。下面就这两类不同情况作进一步解释。

（1）地内行星相对于太阳的视运动　地内行星相对太阳的黄经相等时，称为"合"，即行星合日。"合"分为上合（距地球最远）和下合（据地球最近）。在合日时，行星被太阳光辉

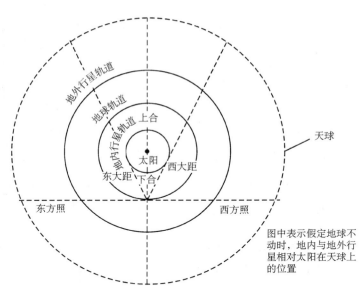

图 4.4　行星相对太阳的位置图解

所淹没。经过上合以后，地内行星逐渐偏离太阳向东，东行几个月后，行星与太阳的距离达到最大，称为"东大距"，这段时间，太阳落山后，它出现在西方天空，也叫做"昏星"，这时的金星在我国叫"长庚星"。东大距后，它又一天天地靠近太阳，当它的黄经再次等于太阳黄经时，叫下合，这时它重新消失在太阳的光辉里，人们看不见它。以后它又偏离太阳，往太阳西侧运行，这时的行星由昏星变为"晨星"，清晨在东方天空出现，这时的金星在我国叫"启明星"。此后它偏离太阳的距角一天天增加，一直到"西大距"时为止，西大距后，地内行星与太阳距角逐渐减小，直到再一次上合，此后再重复上述的运动。地内行星总是在太阳两侧来回摆，角距离被限定在 90°之内。东、西大距是观测地内行星的最好时机，由于行星轨道不是正圆，大距角不是常数，金星大距在 45°～48°，水星在 18°～28°，所以要观测水星是不容易的，而金星则常常可以见到。在下合时，如果地内行星离黄道面非常近，从地球上看来，地内行星便在日面前经过，这就是水星或金星的凌日现象。水星凌日平均每 100 年只发生 13 次，最近一次发生在 2019 年 11 月 11 日，上次发生在 2016 年 5 月 9 日，接下来发生的时间将在 2032 年 11 月 3 日、2039 年 11 月 7 日。因水星视圆面非常小，必须借助望远镜才能观测到，如图 4.5（a）。金星凌日不需要望远镜，靠肉眼用减光设备就可以看到它在视日面上缓缓通过，但比较罕见。金星凌日每两次为一组，两次之间相隔 8 年，但两组之间却相隔 100 多年，最近的一组出现是 2004 年 6 月 8 日和 2012 年 6 月 6 日。图 4.5（b）是 2004 年 6 月 8 日发生金星凌日现象的照片。

　　由于地内行星和月球一样，自身不发可见光，靠反射太阳光才为人们所见，因此，它们也发生类似月球的位相变化，但与月相又不同。因为在下合附近（朔）时，地内行星离地球最近，视直径最大；而在上合（望）附近时，离地球最远，视直径最小。例如：金星在下合时的视直径是上合时的 6.4 倍，水星视直径变化最大为 2.6 倍，因此，地内行星最亮时不在望，而是在朔的前后。金星的最大亮度会达到-4^m.5，比天狼星亮 16 倍，如图 4.6 所示。

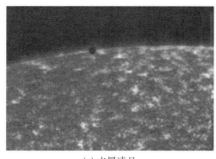

(a) 水星凌日

(b) 金星凌日

图 4.5　凌日现象

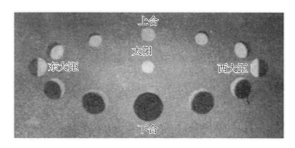

图 4.6　金星的视大小和位相

（2）地外行星相对于太阳的视运动　当地外行星和太阳的黄经相等时，称为"合"，这时它与太阳同升同落，我们看不到它。过一段时间，当地外行星同太阳黄经相差 90°时，称为"西方照"，此时半夜左右它从东方升起。太阳升起时，它已转到南方最高位置。当行星和太阳黄经相差 180°时叫做"冲"，即行星冲日，这时行星在日落时升起，日出时下落，整夜都可以观测到，因此，冲是观测地外行星的大好时机。当行星和太阳黄经相差 270°时，叫做"东方照"，此时，太阳落山后，它出现在南方天空，于半夜时下落，之后再到合的位置。同理，因外行星轨道也不是正圆，每次冲，行星与地球距离不同，距离最近的冲，叫"大冲"。火星冲每两年多发生一次，但大冲每隔 15 年或 17 年发生一次，而且总在 7 月和 9 月之间。火星在 21 世纪前 35 年的"冲/大冲"分别发生在 2001 年 6 月 14 日、2003 年 8 月 29 日（大冲）、2005 年 11 月 7 日、2007 年 12 月 25 日、2010 年 1 月 30 日、2012 年 3 月 4 日、2014 年 4 月 9 日、2016 年 5 月 22 日、2018 年 7 月 27 日（大冲）、2020 年 10 月 14 日、2022 年 12 月 8 日、2025 年 1 月 16 日、2027 年 2 月 9 日、2029 年 3 月 25 日、2031 年 5 月 4 日、2033 年 6 月 28 日、2035 年 9 月 16 日（大冲）。通常火星冲日的时候是火星一年中最亮的时候，如图 4.7 是火星大冲示意图。木星冲日平均 399 或 400 天出现 1 次，在 21 世纪前 30 年木星冲日发生时间：2002 年 1 月 1 日、2003 年 2 月 2 日、2004 年 3 月 4 日、2005 年 4 月 3 日、2006 年 5 月 4 日、2007 年 6 月 5 日、2008 年 7 月 9 日、2009 年 8 月 14 日、2010 年 9 月 21 日、2011 年 10 月 29 日、2012 年 12 月 3 日、2014 年 1 月 5 日、2015 年 2 月 6 日、2016 年 3 月 8 日、2017 年 4 月 7 日、2018 年 5 月 9 日、2019 年 6 月 10 日、2020 年 7 月 14 日、2021 年 8 月 20 日、2022 年 9 月 26 日、2023 年 11 月 3 日、2024 年 12 月 7 日、2026 年 1 月 10 日、2027 年 2 月 11 日、2028 年 3 月 12 日、2029 年 4 月 12 日、2030 年 5 月 13 日。土星冲日平均 378 天出现一次，在 21 世纪前 30 年土星冲日发生的时间：2001 年 12 月 03 日、2002 年 12 月 17 日、2003 年 2 月 31 日、

2004 年 1 月 1 日、2005 年 01 月 13 日、2006 年 01 月 27 日、2007 年 02 月 10 日、2008 年 02 月 24 日、2009 年 03 月 08 日、2010 年 03 月 22 日、2011 年 04 月 03 日、2012 年 04 月 15 日、2013 年 04 月 28 日、2014 年 05 月 10 日、2015 年 05 月 23 日、2016 年 06 月 03 日、2017 年 06 月 15 日、2018 年 06 月 27 日、2019 年 07 月 09 日、2020 年 07 月 20 日、2021 年 8 月 2 日、2022 年 8 月 14 日、2023 年 8 月 27 日、2024 年 9 月 8 日、2025 年 9 月 25 日、2026 年 10 月 4 日、2027 年 10 月 18 日、2028 年 10 月 30 日、2029 年 11 月 13 日、2030 年 11 月 27 日。

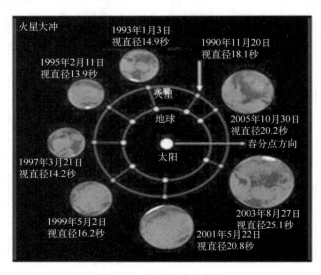

图 4.7　火星大冲示意图

2. 行星相对于恒星的视运动

若把行星在一年中的不同时刻的视位置标绘在星图上，可得到了行星的视运动路线。图 4.8 显示 2009 年 9 月至 2010 年 7 月火星的视运动路径。

由图 4.8 可以看到，火星视运动路线在黄道附近，是带有圈或折线的复杂曲线，其他行星也有类似情况，行星相对恒星的视运动特点概括如下。

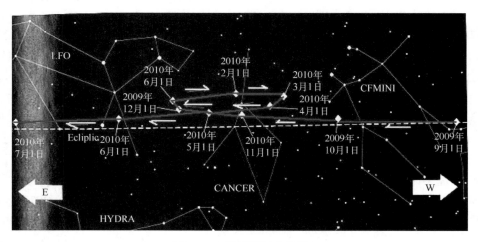

图 4.8　火星的视运动路线

（1）行星有时向着赤经增加方向运动，与太阳周年视运动方向一致，叫做"顺行"，而有时又向着赤经减少的方向运动，称为"逆行"。

（2）顺行的时间长，而逆行的时间短。

（3）由顺行转为逆行或由逆行转为顺行，要经过"留"，行星在视运动路线上的速度是不均匀的，在留的前后移动较慢，似乎是相对静止不动的。

（4）行星视运动的不同特点的出现都具有周期性，各行星的周期长短不等。

行星的视运动是地球和其他行星绕太阳公转速度的差异而出现的表面现象。哥白尼的日心体系揭示了行星视运动的实质。

地外行星比地球离太阳更远，它们的轨道在地球轨道的外面。地外行星的公转周期比地球长，当地球在轨道上公转一周时，地外行星只在轨道上走一段弧。由于地球比地外行星公转周期短，地球轨道速度比地外行星轨道速度大，所以从地球上看去地外行星逆行发生在冲日前后，顺行与逆行之间的转变阶段称为"留"，这样地外行星的视运动就出现了顺行、留、逆行、留、又顺行的有规律的现象。如图 4.9 所示：1-2-3 为顺行，3 为留，3-4-5 为逆行，5 为留，5-6-7为顺行。

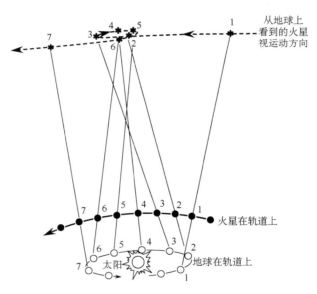

图 4.9　行星的视运动示意图

同理，地内行星离太阳比地球离太阳近，它们的轨道比地球的轨道小。按照开普勒定律，行星运动的平均角速度 $\omega=360°/T$（其中 T 为行星公转周期），所以地内行星公转的角速度比地球的公转角速度大，在地内行星绕太阳公转一周时，地球只走过一段弧。从地球上看，由于地内行星和地球都在绕太阳公转，并且轨道面有一定的夹角，地内行星在天球上恒星中间就走了一个打圈的路线，出现了顺行、留、逆行、留、又顺行的视运动现象，而且，地内行星逆行发生在下合前后。

3. 行星的会合运动

在地球上所看到的行星视运动是行星的公转和地球公转的复合运动，称为"**会合运动**"。

行星的连续两次合（或冲）所经历的时间称为**会合周期**。特殊天象：1982 年 5 月的九星会

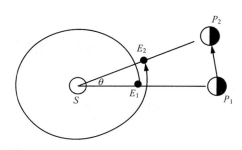

聚，1999 年 8 月的"十字"联星天象，2000 年 5 月的五星会聚等现象虽属罕见，但也是行星会合运动在天球上的情况，不仅历史上曾有过，而且将来还会出现。

图 4.10　行星会合周期的推算示意

　　如果知道行星的公转周期（一般指恒星周期），我们就可以算出行星运动的会合周期。地球和一个地外行星的轨道及会合示意见图 4.10。为简化起见，假定两个轨道都是正圆。设某次冲日时地球在 E_1，地外行星在 P_1，经过一个会合期后，又发生冲，这时地球公转一周后再转过 θ 角

到达位置 E_2，而地外行星只转过 θ 角到达 P_2。以 E 和 T 分别表示地球和地外行星的恒星周期，S 表示行星的会合周期，则地球与地外行星的平均公转角速度 360°/E 和 360°/T，那么在 S 时间内地球和地外行星转过的角度为

$$\frac{360° + \theta}{S} = \frac{360°}{E} \tag{4.4}$$

$$\frac{\theta}{S} = \frac{360°}{T} \tag{4.5}$$

由上两式消去 θ，便得到地外行星会合运动公式

$$\frac{1}{S} = \frac{1}{E} - \frac{1}{T} \tag{4.6}$$

对于地内行星会合运动可以得到类似公式

$$\frac{1}{S} = \frac{1}{P} - \frac{1}{E} \tag{4.7}$$

式中，P 为地内行星的恒星周期。

　　式（4.6）和式（4.7）叫做行星会合运动方程式。在实际应用中，常常是由观测定出会合周期（S），利用 E=365.2564 日（恒星年）或 E=365.2596 日（近点年），按上述这两个公式计算出行星的恒星周期。在简单应用中由这两个公式可以得到较好的近似结果，在精确的计算中，需考虑行星和地球在椭圆轨道上的公转角速度的不均匀变化问题。

4.2　太　　　阳

　　太阳是太阳系的中心天体，是银河系中的一颗普通恒星。关于恒星的一般特点参见第 2 章及附录 C。太阳虽然是一颗普通的恒星，但它又很特别，甚至具有唯一性。由于它离地球最近，所以它是一颗可以进行高光谱分辨率观测的恒星。同时，由于它的光度足够强，所以它的偏振信号也就是磁场信号可以测量。太阳是唯一一个可以对太阳风、地球空间甚至对行星际空间、外行星进行原位探测的恒星。由于太阳是离我们最近的一颗恒星，我们有可能对它进行较详细的研究，以此作为一个恒星的典型样本，帮助人类了解恒星结构以及探讨恒星的演化规律。太阳与我们人类的关系极为密切，太阳是地球上光和热的主要来源，是地球上生命的源泉。地球上的许多现象与太阳的作用过程是紧密联系的。它的特殊温度、密度、磁场和极大的物理尺

度提供了地球上实验室无法相比的实验条件。通过对太阳的研究，既可以验证新的物理理论，又促进了具有重大实用和理论价值的学科发展，如原子物理学、磁流体力学和等离子物理学等。太阳研究对整个物理学和天体物理学有重要的贡献。

4.2.1　太阳的基本概况

从恒星演化过程来看，目前，太阳是一颗中年的恒星，其内部具有极高的温度和极大的压力，外部大气中氢和氦占绝大部分。若按质量计算，氢约占有 71%，氦约占 27%，而其他元素只占 2%，主要为碳、氮、氧和各种金属元素。

通过对太阳黑子的观测及光谱研究可以发现太阳本身也在不停地转动，太阳自转方向与地球自转方向相同，自转轴与黄道面的垂线成 7°15′的倾角。但它并不像固体那样转动，而是日面不同纬度处以不同速度转动，称为**较差自转**。在赤道区，大约 26 日转一周，在两极区，大约 37 日转一周，这是恒星周期。那么，相对于地球的自转周期叫太阳自转的会合周期。太阳赤道地区会合周期约为 27 日，而极区会合周期约为 41 日。

太阳辐射是电磁波辐射，包括红外线、可见光、紫外线、X 射线、质子、电子和粒子等，其中高能粒子流也称动态日冕或"太阳风"。

日地平均距离约为 1.4960 亿 km，天文学上用这个距离定义为一个天文单位（AU），光行一个天文单位的时间为 499.00479s，即 8min19.00479s。也就是说太阳光从太阳射出到达地球至少要 8min。太阳线半径是地球半径的 109 倍，表面积是地球表面积的 12 000 倍，体积是地球体积的 130 万倍，质量是地球质量的 33 万倍。日地常用的参数，见附录 C。

自 20 世纪 90 年代以来，人类发射了许多太阳探测器在地球大气之外，对太阳空间观测已取得较大的成果。通过了解 X 射线太阳、紫外太阳和红外太阳等，可以获悉太阳不同波段的信息（图 4.11），加深对日地关系的研究。

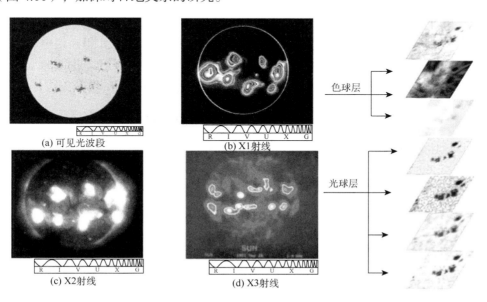

(a) 可见光波段　　(b) X1射线　　(c) X2射线　　(d) X3射线

色球层　　光球层

图 4.11　不同波段的太阳图像

4.2.2　太阳结构、能源与演化

太阳的质量较大，在其自身的重力作用下，太阳物质向核心集中，内部密度比外围大，在

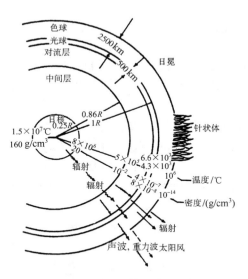

图 4.12　太阳球体的分层结构

中心可达 160g/cm³。中心压力可达 3.4 万 Pa，中心温度高达 1500 万 K，这样的条件使其中心区可以发生热核反应，即由 4 个氢核聚变为 1 个氦核，这是目前太阳的能量来源。其所产生的能量以辐射的形式向空间发射。由于能量的产生和发射基本上达到平衡，目前，就整体而言，太阳处于稳定平衡状态。各种间接和直接资料表明，太阳的基本结构从中心到边缘可以分为日核反应区、中间层辐射区、对流区和太阳大气几个组成部分，如图 4.12 所示。

太阳大气由里向外还可分为光球、色球、日冕三个层次，各层的物理性质有显著区别。

（1）光球层　太阳大气最下层称为光球层，就是人们平常用肉眼看到的太阳圆盘，它实际上是一个非常薄的发光球层，其厚度约为 500km，地球上所接收到的太阳辐射几乎全部是由这一薄层发射的。光球中布满米粒组织，这些"米粒"实际上就是太阳内部对流区里上升的热气团冲击太阳表面形成的。在光球的活动区中，有太阳黑子、光斑等。

（2）色球层　位于光球层之上，厚度 2000～10000km。从 2000km 往上实际上是由一种细长的炽热物质（称为针状体）构成的，因此色球层很像燃烧的草原。色球的亮度只有光球的万分之一，当日全食时，人们才能观测到太阳视圆面周围的这一层玫瑰色的光辉，平时观测要用专门的仪器（色球望远镜）。人们习惯于天体外层温度低于其内层温度，但在太阳这里却不同，在厚约 2000km 的色球层内，温度从光球顶部的 4600 多摄氏度增加到色球顶部的几万摄氏度。由于太阳磁场的不稳定性，色球层经常产生激烈的耀斑爆发，以及与耀斑共生的日珥等，色球层随高度增加，密度急剧下降。

（3）日冕　太阳大气的最外层称为日冕。日冕是极端稀薄的气体层，日冕的亮度比色球更暗，平时也看不见，必须用特殊仪器（日冕仪）进行观测或者在日全食时才能看见。日全食时看到的可见光波段的日冕呈银白色，如图 4.13 所示。日冕影响范围与太阳活动强弱有关，它主要是由高度电离的离子和高速的自由电子组成，日冕物质（基本上是质子、α 粒子和电子组成的气体流）能够以很高的速度向外膨胀，形成所谓的"太阳风"。换句话说，太阳风就是动态日冕。在

图 4.13　日冕

地球附近，太阳风速度约为 450km/s，平均密度约为 5 个粒子/cm³，温度为 5 万～50 万 K，磁场

为 $6×10^{-9}$Gs（1Gs=10^{-4}T）。太阳风经过地球区域以后，继续向外传播，一直到太阳系边界。

据专家计算，太阳所产生的能源可维持约 100 亿年，也就是说大约 50 亿年后，太阳的氢要消耗完。到那时，太阳内部将形成一个氦核，从而太阳的面貌也将发生巨大变化。作为恒星的太阳，它的演化过程主要取决于它的能量变化。依据赫罗图，太阳的一生大体上可以分为 5 个阶段——主序星前阶段、主序星阶段、红巨星阶段、氦燃烧阶段和白矮星阶段。目前太阳处在比较稳定的主序星阶段。

4.3　行星、卫星和太阳系小天体

除太阳以外，组成太阳系的主要天体，一是大行星，二是卫星，三是太阳系小天体。

大行星，按其距太阳的远近次序依次是：水星、金星、地球、火星、木星、土星、天王星、海王星，在火星和木星之间有小行星带（图 4.14）。八大行星的大小和质量相差很大，但都比太阳小得多。如图 4.15 所示。它们的总质量是太阳的 1/718，总体积只有太阳的 1/600。行星一般不发射可见光，而以其表面反射太阳光显得明亮，木星和土星除反射太阳光外，还有射电辐射。行星在以恒星组成各个星座的天空背景上，有明显的相对移动（顺行和逆行）。人们借助于天文望远镜，可以看到行星有一定的视圆面，所以在大气抖动下，行星不像点状恒星那样有星光闪耀的现象。若用高倍望远镜观测对比，可以发现各行星有其颜色特征，在不同的时候，亮度也有变化。

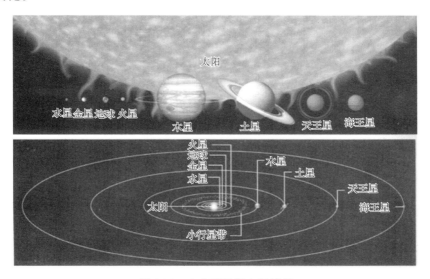

图 4.14　八大行星和小行星带

以地球轨道为界，大行星可以分为地内行星和地外行星；若以小行星带为界，以内的大行星称为内行星，以外的则称为外行星；若根据行星的物理性质，还可将其分成"类地行星"和"类木行星"，前者包括水星、金星、地球和火星，后者包括木星、土星、天王星和海王星，也有人把土星和木星称为"巨行星"。

冥王星曾被定义为第九大行星，由于它的一些特性与认定的八大行星差异大，所以在 2006 年 8 月国际天文学联合会通过决议降级冥王星为一颗"矮行星"，并且被视为海王星外天体（简称"海外天体", trans-neptunian object, 简称 TNO)。

图 4.15 大行星和矮行星大小比较(1mi=1.60934km)

4.3.1 太阳系八大行星

遨游太阳系,首先从八大行星开始,太阳系家族中的八大行星依其物理化学特性,可分为两大群体,一群是"类地行星",包括水星、金星、地球和火星。另一群是"类木行星",包括木星、土星、天王星和海王星。关于类地行星和类木行星的特点比较见表 4.2。

表 4.2 类地行星与类木行星比较

项目	类地行星	类木行星
距日	距日较近,位于小行星带之内	距日较远,位于小行星带之外
密度	密度比较大	密度比较小
组成	主要由固体构成 主要由石、铁等物质组成	由液化或固化气体构成。 主要由氢、氦、冰、氨、甲烷等物质组成
体积和质量	较小	大或较大
卫星	卫星无或少;无环系	多卫星,还有由碎石、冰块或气尘组成的环系
自转速度	自转慢	自转相当快

1. 水星

水星,又叫辰星,如图 4.16 所示。它是太阳系中离太阳最近的大行星,与太阳的距离为 0.387AU,即约 5791 万 km,它与太阳的最大角距不超过 28°(古代称 30° 为一辰,所以我们的祖先把它称为辰星)。它经常被黎明或黄昏的太阳光辉所淹没,很难被人们看到,最亮时的视

星等 -1.9^{m}。水星没有自然卫星。水星以较扁
的椭圆轨道绕太阳运转，轨道偏心率 $e =$
0.206，其轨道面与黄道面的夹角约为 7°。公
转周期为 87.97（地球日）；自转周期是 58.65
（地球日），这就是说水星的一年的时间等于
它的一天半的时间。水星的半径为 2440km，
约为地球半径的 1/3，它的质量是 $3.3×10^{23}$g，
水星的大小在八大行星中是最小的。水星的
平均密度为 5.44g/cm³，比地球的平均密度
5.52g/cm³ 略小些，其化学组成和内部结构与
地球相似，用大望远镜可以看到水星的位相
变化和一些暗区。

图 4.16　水星表面

　20 世纪 70 年代人类开始对水星探测。如美国发射的行星探测器"水手 10 号"曾拍摄到
详细的水星表面照片并进行解译。水星表面貌似月球。水星上有上千个直径在 100km 以上的
环形山，大的环形山直径可达 1300km。水星上还有许多高 1km 以上，长几百公里的悬崖，这
是月球上所没有的。水星上有同月球上一样的山脉、平原和盆地，也有像月球上的哥白尼和第
谷环形山那样的辐射纹，有的还有中央山峰。水星上还有冲击流出的熔岩，与地球不同，水星
上没有断层，显然是没有发生板块构造运动，水星上的环形山是在其形成晚期由陨星撞击所形
成的。"水手 10 号"还发现水星周围有偶极磁场，强度约为几百伽马，而且有磁层。

　水星上有极稀薄的大气，大气压小于 $2×10^{-7}$Pa，原因是水星的重力小，只有地球的 1/5，
其逃逸速度只有 4.3km/s。白天温度很高，可达到 600K，最高可达 700K；夜晚降至 150K，子
夜时可达 100K；水星表面温差很大。水星大气中含有氢、氦、氧、碳、氖、氩、氙等元素。

　为了进一步研究水星的环境与特性，21 世纪初美国 NASA 又发射了"信使号"探测器，
并在 2011 年进入水星轨道，先后绕水星飞行 4100 多圈，获得许多重要发现，尤其水星北极地
区储存着水冰，令地球人震惊。

　2. 金星

　金星，中国古称"太白"，古希腊神话中称为"阿佛洛狄忒"。古罗马人称作"维纳斯"。
金星是人们肉眼所见最亮的行星，视星等最大可达-4.4
等，比最亮时的木星还高 5 倍，比天狼星还亮 14 倍，有
时甚至白天都能看见它，因此，它给人们留下的印象是
很深刻的。如图 4.17 所示。

　金星，按离太阳由近及远的次序是第 2 颗，它和水
星一样，没有天然卫星。它的轨道接近正圆（$e = 0.007$），
与太阳的平均距离为 0.723AU，即 100000800km，公转
周期为 224.7 日，公转轨道面与黄道面夹角为 3°23′40″。
金星有位相变化，它同太阳的最大角距为 48°，因此，
我们可以在日出前或日落后地平高度 48°以内作为"晨星
（启明星）"或"昏星（长庚星）"看到它。金星自转缓

图 4.17　金星表面

慢，自转方向与其公转方向相反，自转周期为 243 日，所以一个金星日相当于地球上的 117 日，而在金星的一年中只有两个金星昼夜，从金星上看太阳，则是从西方升起，在东方落下。

人类在 20 世纪 60 年代，发射了多个探测器，从近距离观测，到着陆探测。对金星的结构、地貌及大气特点有所了解。

金星的大小、质量和平均密度都与地球接近，其半径约为 6070km，只比地球小一点，质量为 $4.87×10^{27}$g，平均密度为 5.2g/cm³，金星是一个有大气层的固体球，通过理论推算其化学组成以及内部结构都与地球相似，有一个半径为 3100km 的铁镍核，中间一层是主要由硅、氧、铁、镁等化合物组成的"幔"，外面一层由硅化物组成的很薄的"壳"。

早期雷达测量及金星探测器的探测资料表明：金星基本没有磁场，也没有发现辐射带。金星表面是灼热干燥的，到处怪石嶙峋，有类似于月海的很大的平坦区，也有坎坷不平的山区。金星雷达图就展现出一条宽阔的断裂峡谷（深 1.5km，宽 120km，长达 1300km）和隆起的环形火山口。金星表面的风速约 3.5km/h，足可以刮起灰沙，可以部分掩埋或剥蚀岩石块，探测器在金星表面既发现了古老的风化岩石，又发现了很年轻的、充满棱角锐利的浮砾。有人推测，在金星上，火山可能仍在活动，它的表面仍处在巨大变迁中。

金星有浓密的大气，表面大气压约为地球的 100 倍。大气中二氧化碳含量在 90%，低层甚至可达 99%，其次是氨占 2%～3%，水汽和氧占不到 1%，由于水汽含量少，金星的浓云不是由水汽形成的，而是由浓硫酸雾形成的，金星表面完全被这种云雾遮住，其云量达 100%，金星的云的反照率可达 70%，因而金星看起来白亮。由于金星上浓厚的大气层及大气环流，金星上也有天气变化。在金星云里，时常有大规模放电现象，空间探测器曾记录到一次持续 15min 的大雷电，金星大气也有自己的电离层。

金星大气的二氧化碳产生非常强的"温室效应"，使金星表面温度高达 465～485℃，而且基本上没有地区和季节的区别。现代地球上也有温室效应，只不过目前不如金星的强烈。但是，人类应引起高度的重视。从人类探索金星历程来看，有成功，也有失败。21 世纪人类将会继续揭开金星神秘"面纱"，进一步探索金星（如探测器"金星快车"、"真理"、"展望"等）。

3. 地球

地球是人类的家园，它是太阳系的一颗普通行星，如图 4.18 所示。按距日远近顺序，它是第 3 颗行星，从

图 4.18   地球表面

1968 年宇宙飞船在 3.6 万 km 高空拍摄了第一张显示地球完整面貌的照片以来，人类对地球在宇宙中位置有了新的认识。宇宙中的地球，是一个大气包裹着的蓝色星球。就大小和质量而言，地球在太阳系大行星中是很不显眼的。虽然还有大行星比地球小，但和木星和土星相比，它就小得多了。然而，在八大行星中，地球是太阳系中唯一有生命的星球，这与地球在太阳系中所具有一些独特的优越条件有关，尤其是地球与太阳的距离和质量搭配恰到好处，这也与地球有比较安定的宇宙环境息息相关。具体分析如下：

（1）日地距离适中，加上地球自转与公转周期适当，使得地球能接收适量的太阳辐射。整个地球表面平均温度约为 15℃，适于万物生长，而且能使水在大范围内保持液态，形成水圈，

这是生命存在所必需的条件。水星和金星离太阳太近，它们接受的辐射能分别为地球的 6.7 倍和 1.9 倍，表面温度很高。而距太阳较远的木星和土星所获得的太阳能仅为地球的 40% 和 1%。更远的天王星和海王星所接收的太阳辐射就更微弱了，它们表面的温度都在零下 200 多摄氏度。显然，除了地球之外的其他行星，因表面温度过高或过低，都不利于生命的形成和发展。只有地球表面具有适宜的温度，成为孕育生命和繁衍生命的场所。

（2）地球的质量较合适。首先地球与太阳的质量比较。目前太阳的质量是地球质量的 33 万倍，太阳的这个质量使它可以享有 100 亿年的寿命，这不仅足以使地球上完成其生命的演化，而且可以使地球上的人们今后能再享受 50 亿年的温暖和光明。如果太阳的质量比现在大 15 倍的话，那它的寿命只有几千万年，地球也就演变不到现今这样。反之，假如太阳的质量只有现在的 1/5，则其寿命虽然可延长至 1 万亿年，但它的温度则会太低，将不能满足地球上生物生长的需求。其次，地球与行星的质量比较。地球质量虽不大，但密度较大，由重元素组成为主，具有一层坚硬的岩石外壳，能贮存液态水。岩石上层经风化，发育形成土壤层，能为动、植物的生长发育提供良好的基地。其他类地行星虽然也有固态的外壳.但没有液态水贮存其上，同时由于其上的温度过高或过低，水汽含量很少。如在金星上大气只有 1% 的水汽，又因温度高，水不能成为液态；火星上由于温度低，少量水集结在两极上形成冰层。至于类木行星则密度低，只有中心是由岩石或是冰、铁组成的核，球体大部分都呈气态和液态。这样的环境，高等动植物是无法生存的。

（3）地球有引力、有大气层。在地球引力作用下，大量气体聚集在地球周围，形成包围地球的大气层。大气层对地面的物理状况和生态环境有决定性影响。而水星的质量只有地球的 1/8，即使它在形成初期有大气，但由于引力小，空气分子的运动速度超过了它的逃逸速度，气体都逸散了；由于没有大气，即使有水，也会蒸发成水汽，并逐渐逃逸掉。地球的大气经过长期的演化，现代大气主要成分是氮和氧，与早期的大气成分截然不同。其他行星虽有大气，但金星和火星的大气主要成分是二氧化碳，巨行星和远日行星的大气主要成分是氢、氦、氨和有毒的甲烷。地球的大气除了提供生物呼吸的氧外，还能调节地表温度。大气的循环使地面获得大范围的降水。大气还能保护地面不受陨星的直接撞击、使地球所处的宇宙环境相对比较安全。

（4）地球大气有臭氧层。由于地球大气中含氧丰富，高空氧在太阳紫外线作用下会形成臭氧层，臭氧层能抵挡太阳紫外辐射，使之不能到达或少到达地表。这在八大行星中也是少有的（近来在火星上空也有发现少量的臭氧分子）。

（5）地球有磁场。地球磁场在太阳风的作用下形成了磁层，且对太阳风带来的高能粒子具有阻挡及捕获作用，使地球上的有机体免受或少受侵害。而太阳系中的其他"类地行星"磁场或弱或无，"类木行星"磁场又较强。

（6）地球表层有板块构造运动。在类地行星上虽已发现多种地质过程，但它们既有相似的特征，又有显著的区别。地球是大行星中唯一发生板块构造运动的星体。

（7）地球有 1 个自然卫星。其他类地行星或无（如水星和金星）或超过 1 个（火星有 2 个），类木行星则有多个自然卫星。在月地系中，月球对地球旋转轴的倾斜度起着稳定作用，有人认为这也是目前地球上允许生命存在的重要因素之一。

综上所述，在太阳系大行星中，只有地球才具备为生命的形成和发展所必需的自然条件。地球表面形成的岩石圈、大气圈和水圈，无机质逐渐转化为有机质，进而演化成原始生命，原始生命经过长期演化，又发展形成庞大的生物圈。四大圈层互相作用，互相制约，组成一个复杂的自然综合体，这是其他大行星所没有的。所以我们说，地球携带了生物所需的一切物质，地球是人类的摇篮。地球是太阳系中一个既普通又特殊的行星，它是太阳系的绿洲。至于地球其他的特征详见第 6 章介绍。

4. 火星

火星，中国古代叫"荧惑"，是地球的又一颗近邻行星，距太阳约 1.5AU。如图 4.19 所示。火星比地球小，半径为 3395km，是地球的 53%，质量为 6.42×10^{23}g，是地球的 10.8%，平均密度 3.96g/cm³。火星自转周期为 24h37m22.6s，公转周期为 686.980 日，它的赤道面与轨道面交角为 23°59′，火星与地球相似，既有昼夜交替和季节变化，但每季约有地球上两季那样长。也有圈层结构的特点。火星的内部也有核、幔、壳的圈层结构。火星的核中含有硫，几乎全部的铁都成为硫化铁，火星的外壳厚约 50km，是由较轻的岩石组成的。

图 4.19　火星表面

人类对火星的探测历来已久。火星上大气稀薄，大气压力低，严重缺氧，非常寒冷。火星单位面积上接受到的太阳辐射仅及地球的 43%，因此表面温度比地球约低 30 多度，而且昼夜温差变化很大，达 120℃。其中，赤道附近最高温度约 20℃，极区的最低温度可达-120℃，极冠（火星两极地区的白色的覆盖物）随季节而变化，冬季可扩展到北纬 50°，夏季缩小甚至完全消失。火星表面的平坦区布满了沙尘和岩块，沙尘由红色硅酸盐、赤铁矿等铁的氧化物组成，因而显现出明显的橙红色，火星表面也有许多环形山，但数量比月球和水星少，坡度也较缓慢，一般不超过 10°，一些环形山是火山活动的结果，另一些环形山则是陨星撞击所形成的。火星上还存在着弯曲的河床状地形，主要分布在中低纬地区，最大的长 1500km；从水手探测器拍到的照片看，大河床和它的支流系统结合，形成脉络分明的水道系统，还可以看到呈泪滴状的岛，沙洲和辫状花纹。这表明它们曾受到过侵蚀。但现在的火星显然是一个荒凉的世界，表面不存在液态水，对这种河床结构，人们自然感到诧异。关于这些现象的解释，也有不同的看法。有人认为火星历史早期，频繁的火山活动排出大量的气体，这种浓厚的火山大气会产生很强的温室效应，从而使火星表面温暖起来，造成有液态水存在的条件。后来火山活动减少，火山气体分子逐渐分解，火星大气变得稀薄、干燥、寒冷起来，就成为现在的样子了。由于没有液态水，火星上有风暴，表面高低起伏，有微弱的磁场，处于紫外线、太阳高能粒子和陨星的轰击下，目前这样的环境，对高等生命的存在和发展显然不适。但火星环境演化研究是人类感兴趣的课题。

通过对火星的研究，可以进一步了解太阳系的起源和演化，弄清生命的起源和进化，有利于人类认识地球环境的形成过程。20 世纪末和 21 世纪初人类已发射多个探测器到达火星（如勇气号、机遇号、好奇号等），对火星大气、火星土壤等环境的认识进一步加深。21 世纪将是人类火星探测史上前所未有的盛况（如中国"天问一号"火星探测器、NASA "火星 2020"探测器、"毅力号"火星车等）。

5. 木星

木星，我国古代也叫岁星，距太阳约 5AU，公转周期约为 12 年。它的体积和质量都是八大行星中最大的，它同它的众多卫星构成了一个小型的"太阳系"，如图 4.20 所示。

木星的质量是地球的 318 倍，体积是地球的 1316 倍，但平均密度只有 1.33g/cm³。它自转速度快，且是较差自转，赤道部分自转周期为 9h50m30s，两极地区自转周期稍长一些。

根据现代最新的观测资料研究，木星没有固体表面，是一个流体行星，主要成分是氢和氦，此外还有氨和甲烷；中心有一个固体的核，由铁和硅组成，中心温度可达 3 万 K。木星也有分层结构，由内向外，即核、幔、大气。核外面是以氢为主要元素组成的木星幔，分为两层，第一层

图 4.20 木星表面

向外延伸到 4.6 万 km 处，在这一层里，氢处在液态金属氢状态，其中的分子离解成独立的原子，形成导电的流体。第二层延伸到 7 万 km 处，由液态分子氢组成。在这之上是木星大气，延伸 1000km 直到云顶。

近来研究还确定了木星自己有红外热辐射能源（约为它接受太阳能量的 2 倍），对此现象目前也有不同看法。有人认为，它的热能可能是木星形成时，由引力势能转变而来的，被液态氢的大规模对流传递到表面上。一般认为，木星的多余热量不可能是核反应产生的。因为它的质量不到太阳质量的 0.1%，而这正是恒星与行星的最本质的区别。

木星有浓密的大气，用望远镜观测木星，可以看到大气中一系列与赤道平行的明暗交替的云带，木星一个最显著的特征就是大红斑。早在 1665 年，意大利天文学家卡西尼就发现了它，至今已有 300 多年，大红斑长 2 万 km，宽约 1.1 万多 km。从宇宙飞船发回的照片看，大红斑呈深红色，像一团巨大的旋风，逆时针方向转动。大气平均温度是 130 K，暗带比亮区高，赤道区比极区高。发现离木星中心约 12.83 万 km，宽数千公里，由黑色碎石组成的"土星环"，约 7 小时绕木星旋转一周。

近期还发现木星有极光现象，这表明木星大气也受到很多高能粒子的轰击，同时还发现木星有磁场和辐射带，且比地球更强。木星磁层比地球磁层大得多，木卫一至木卫五都在木星的磁层内运行。21 世纪木星探测器（如"新视野号"、"朱诺号"等）给人类带来不少新信息。

6. 土星

土星，我国古代叫"镇星"或"填星"，是太阳系的第二大行星，它的最显著特点是具有一个特别引人注目的美丽光环（图 4.21）。土星与木星同属巨行星，因此有许多相似之处。

土星的体积是地球的 745 倍，质量是地球的 95.18 倍，但土星的平均密度在八大行星中是最小的，比水还轻，约为 0.7g/cm³。距太阳约 9.54AU，公转周期为 29.46 年，轨道面与黄道交角为 2°19′，

图 4.21 土星

赤道面与轨道面交角为 26°44′。土星自转比较快,且也是较差自转,土星赤道区的自转周期为
10h14m,中纬度地带为 10h38m。

根据现代最新的观测资料研究,土星大气以氢、氦为主,并含有甲烷及其他气体,大
气中飘浮着由晶体组成的云。它们像木星的云一样,排成彩色的亮带和暗纹。云顶温度为
-170℃,行星表面温度为-140℃,一般认为土星的化学组成像木星,只是比木星含氢量少。
关于土星的内部结构,一般认为土星有一个直径为 2 万 km 的岩石核,核外包围着约 500km
冰壳,由冰壳向外是 8000km 厚的金属氢层,由金属氢层再向外是分子氢。土星内部也有
红外热源。

土星也有磁场,但比木星的磁场小比地球的磁场大,土星也有辐射带但强度远不如地球辐
射带。

土星环在 1659 年就被惠更斯确定,它位于土星的赤道面上,当时观测到土星环有 5 个。
1979 年"先驱者"11 号又探测到 2 个新环。这些环若就近观测多是由直径 4~30cm 的冰块构
成。对这些环的形成,有人认为是洛希极限的作用,即很久以前,某颗卫星靠得太近,在土
星巨大引力作用下,而变得粉碎,从而形成光环。在地球上看到土星光环有倾斜变换,甚至
成一条线,这是由于土星公转过程中,其光环不断地改变形状,它们也有 30 年的周期变化,
如图 4.22 所示。

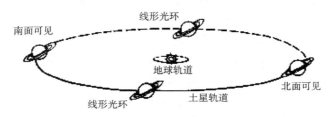

图 4.22　土星光环的变化

1997 年 10 月发射的"卡西尼-惠更斯"号探测器,已于 2004 年 7 月进入绕土星运转的轨
道,并对土星、土星光环和土星卫星等进行考察。获得一系列土星及光环高清照片,人类对土
星的大气状况有了更好的了解。2017 年 9 月"卡西尼-惠更斯"号燃料耗尽在土星坠毁,完成
它的使命。

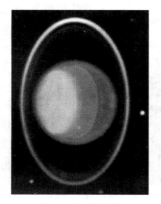

图 4.23　天王星

7. 天王星

天王星是太阳系由内向外的第 7 颗行星,距太阳约
19.18AU。天王星是人们早就观测到的一个天体,因显得很
黯淡,曾一直把它当作恒星,直到 1781 年 3 月 13 日被天文
爱好者威廉·赫歇尔发现,如图 4.23 所示。1787 年发现天
王星有卫星。

天王星的体积为地球的 65 倍,仅次于木星和土星,质
量 8.74×10^{28}g,相当于地球的 14.63 倍,密度较小,为
1.24g/cm³。公转周期约 84 年,天王星的赤道面与轨道面夹
角是 97°55′,它自转比较特殊,是躺着旋转,横着打滚。

天王星存在浓密的大气，主要成分是甲烷和氢，还有大量的氨、水和氯等。据推测，天王星有一个岩石和金属铁的核，核外是一个很厚的冰幔，主要由水冰组成，冰幔外面是分子氢气层，再向外就是很厚的大气。

在 1977 年，天文学家利用天王星掩食恒星的机会，发现天王星也有环带，现在确认有九个环。它也有多颗卫星环绕。1986 年 8 月探测器旅行者 2 号以及 2011 年 3 月"新视野号"访问过天王星。

8. 海王星

海王星是太阳系由内向外的第 8 颗行星，距太阳约 30.06AU。如果说天王星是偶然发现的，那么，海王星可以说是笔尖上发现的行星。它是先由天体力学计算出位置，再于 1846 年 9 月 23 日被找到的，如图 4.24 所示。海王星最亮时，视星等只有 8 等星，肉眼看不到它，在大望远镜里，它也不过是个淡绿色的小小圆盘状，视直径不到 4″。

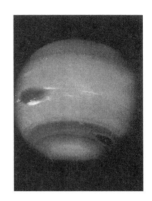

图 4.24　海王星

海王星公转周期 164.8 年，轨道与黄道交角为 1°46′，从发现至今它绕太阳刚转完一周多。海王星体积是地球体积的 57 倍，质量为 1.029×10^{29}g，是地球的 17.22 倍，平均密度为 1.66g/cm^3。海王星自转周期为 22±4 小时，赤道与轨道面的交角为 28°48′。

由于离地球遥远，人类对它了解较少。旅行者 2 号探测器在 1989 年 8 月飞掠过海王星。哈勃太空望远镜于 1994 年也拍摄到海王星图片。海王星大气呈现快速变化，大气中有氢、甲烷和氨。海王星也有环带。一般认为它有一个和地球差不多的核，由岩石组成，核外是质量较大的冰包层，外面是分子氢，海王星温度很低，在-200℃以下。它也有多颗卫星环绕。21 世纪人类对海王星探测又有新的计划。

4.3.2　矮 行 星

在 2006 年 8 月 24 日在捷克首都布拉格举行的第 26 届国际天文学大会中确认了矮行星的称谓与定义。矮行星体积介于行星和小行星之间，围绕太阳运转，质量足以克服固体应力以达到流体静力平衡（近于圆球）形状，但没有清空所在轨道上的其他天体，同时也不是卫星。目前被确认的矮行星有五个，即冥王星、谷神星、阋神星、鸟神星、妊神星。但随着观测的不断进步，矮行星数目会越来越多。下面主要介绍冥王星和谷神星。

1. 冥王星

海王星的发现鼓舞人们去寻找第九颗大行星，经过努力，有颗星终于在 1930 年 2 月 18 日由汤博从大量拍摄的星像中发现，当时天文界把它命名为"冥王星"，也就成为太阳系的第九颗行星。冥王星公转轨道的长半径为 39.44AU，但偏心率比太阳系其他行星大（为 0.256）。它与海王星的轨道形成立体交叉，它的近日距比海王星离太阳还要近些，例如：在 1979～1999 年的 20 年里就是处于这种情况。轨道面与黄道面交角也比其他行星大（约 17°10′），冥王星自转很快（转动周期 6.3872 日），但公转周期长，为 248 年，从发现到至今还没公转半圈。亮度为 14 等，人类在地表须用巨型望远镜才能观测到。

1978 年 6 月 22 日，克里斯蒂发现冥王星的像上有个突出部分，经分析，认为那是冥卫一，且后来也被观测证实并命名为卡戎，它是一个同步卫星。冥王星的半径约 1150km，质量约为地球质量的 1/500，平均密度为 1.5～1.936g/cm³，它的内部有岩石核和水冰幔，表面是甲烷、氮和一氧化碳的冰壳，它的表面温度变化于 47～60K，冥王星和卡戎的合照，如图 4.25（a）所示。

在 2005 年 5 月，哈勃空间望远镜的高级巡天摄像机又拍摄到冥王星和冥卫一旁有两颗星，目前证实的冥王星已有 3 颗卫星，如图 4.25（b）所示。由于冥王星的特征比较特殊，发现后它就是一颗最有争议的行星，现为矮行星。

美国 NASA 在 2006 年发射"新视野号"探测器，于 2015 年 7 月对冥王星、冥王星卫星等柯伊伯带天体进行就近考察。尽管它在 2015 年 7 月 5 日曾发生与地球控制中心失去联系超过 1 小时，但随后还是恢复了通讯联系，至今人类获取了不少冥王星珍贵的信息。

2. 谷神星

谷神星在公元 1801 年元旦之夜被发现时曾认为是第一颗小行星。其平均直径为 952km，约等于月球直径的 1/4；质量为（11.7±0.6）×10²³g，约为月球的 1/50。2006 年国际天文学联合会将谷神星重新定义为矮行星，也是唯一的一颗位于小行星带的矮行星。由 NASA 发射的"黎明号"探测器近期所获取的照片分析谷神星表面地形复杂，有陨石坑，推测有冰物质（图 4.26）。

(a) 冥王星和卡戎

(b) 冥王星和它的3个卫星

图 4.25　冥王星与它的卫星

图 4.26　2015 年 2 月 4 日黎明号拍摄的谷神星

4.3.3　太阳系的卫星

太阳系大行星中除水星和金星外，其余均有自然卫星，且随着人类探测水平的提高，类木行星的卫星数将会与日俱增。据目前资料统计（截至 2022 年底）探索发现的太阳系卫星已达 300 多颗。其中具有特色的卫星介绍如下。

1. 地球的天然卫星——月球

月球俗称月亮，也称太阴，是地球唯一的天然卫星。自古以来，各个民族都有关于月球的神话和传说，这些都反映了月球与我们人类的生活和思想文化有密切的关系。20 世纪 60 年代末以来，"人类的一大步"——"阿波罗 11 号"飞船飞向月球，揭开了月球的许多秘密。

由于月球的同步自转，在地球上的人类长期只能观测到大致半个月面，月背秘密是在 1959 年由苏联"月球 3 号"宇宙火箭绕到月球背面上空，才拍得了历史上第一幅月球背面照片，从此，千古哑谜开始有了答案。根据宇航员的登月考察以及无人驾驶的飞船先后几次在月球上软着陆和采集样品，对月球有一定的认识。

在"阿波罗时代"的探测结果表明：月球上没有空气、没有水、没有生命、没有声音、日温差变化极大。面对这样的恶劣环境，人类是难以在上面生存的。正是这个有关人类如何才能置身于月球的问题一时无法解决，致使一度辉煌和热闹的"月球热"，在"阿波罗计划"之后，长时间销声匿迹。

图 4.27（a）是月球的正面照片，图 4.27（b）是月球背面照片。月球形状是南北极稍扁、赤道稍许隆起的扁球。它的平均极半径比赤道半径短 500m。南北极区也不对称，北极区隆起，南极区洼陷约 400m。但在一般计算中仍可把月球当作三轴椭圆体看待。物理天平动的研究有助于解决月球形状问题。通过天平动研究表明，月球重心和几何中心并不重合，中心偏向地球 2km。这一结论已为"阿波罗号"登月获得的资料所证实。图 4.28 是宇航员在月球上做科学实验。月球是地球的近邻，月球平均距离约 38 万 km，用宇宙尺度来衡量的话，可以说是近在咫尺。月球表面面积大约是地球表面面积的 1/14，比亚洲面积稍小。月球体积只相当于地球体积的 1/49。月球质量约等于地球质量的 1/81.3。月球物质的平均密度为 $3.34g/cm^2$，只相当于地球密度的 3/5。月面上自由落体的重力加速度为 $1.62m/s^2$，为地球上表面重力加速度的 1/6。月球上的逃逸速度约为 2.4km/s，相当于地球上的逃逸速度的 1/5 左右。

 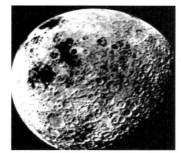

(a) 月球正面照片　　　　　　　　(b) 月球背面照片

图 4.27　月球照片

月球表面高低起伏不平，既有山岭起伏，峰峦密布，又有低洼区域。在月球上还有"洋、海、湾、湖"等各种特征名称，现在人们清楚，月面上并没有像地球上的江、湖，只是早年观测者凭借想象，借用地球上的名称命名而已，一般低的地方叫"月海"，比较暗黑；高的地方叫"月陆"，比较明亮。月面上最明显的特征是有众多的环形山。

月球正面月海与月陆约各占一半，背面月陆面积大些。月球上的山脉，大多以地球上的山脉命名，如亚平宁山脉、高加索山脉、阿尔卑斯山脉等。最长的

图 4.28　在月球上做科学实验

山脉长达 1000km，往往高出月海 3～4km。最高的山峰在月球南极附近，高达 9000m，比地球上最高的珠穆朗玛峰还高。除山脉外，还有长达数百里的峭壁，最长的是阿尔泰峭壁。还有月面辐射纹，典型的有第谷环形山和哥白尼环形山周围的辐射纹。

根据长期天文观测与登月的直接考察证实，月球周围没有明显的磁场（月球磁场强度不及地球磁场的 1/1000），月球上更没有像地球和木星那样的辐射带。通过登月探测还查明：月球正面有称为"重力瘤"或"质量瘤"的重力异常区，多达 12 处；月球表面大部分地区被一层厚度不等的月尘和岩屑所覆盖，月面物质的导热率极低。背面未发现"质量瘤"，背面的月壳比正面厚。在月球上没有像地球大气那样的保护层，月面直接受到流星体的猛烈冲击，因此在一定程度上会影响到月岩的化学成分、岩屑太小、玻璃含量以及再结晶的程度。据考察，月球早期曾广泛发生火山爆发，喷出大量熔岩，从而形成月面上广阔的熔岩平原。通过月震波的研究，人们了解到月球与地球类似，也有壳、幔、核等分层结构。

20 世纪末，美国"克莱门汀"号和"月球勘探者"探测器先后探测到月球南北极有沙土混结的冰，这给人类要在月球上寻找生存空间带来了新的希望。因为月球上有冰的存在，则提供了人类建立一个月球基地的长期可能性，同时将冰分解成氢气和氧气作为火箭推进剂的可能性也增加了。从资源来看，月球上目前有极其丰富、宝贵、可供人类利用的资源。尤其是当代地球资源日趋枯竭，开发利用月球资源会给全人类带来巨大的利益。21 世纪，富有远见的人类再谈登月，将是考虑如何开发利用月球资源，如何将人类移居太空的问题。

图 4.29　火卫一和火卫二

通过对月球的研究有助于我们认识地球的过去、现在和将来，对促进一系列新技术的发展和科学领域的开拓都具有重要的深远意义。

2. 火星的 2 个自然卫星

火星有 2 个自然卫星，即火卫一和火卫二，如图 4.29 所示。它们是美国天文学家霍尔在 1877 年 8 月火星大冲时发现的，从"水手 9 号"探测器拍摄的照片来看，两颗卫星的外形，很像两个马铃薯，若用三轴椭球体来描述它们的形状，火卫一 3 个主直径分别为 27km、21km 和 19km，火卫二 3 个主直径是 15km、12km 和 11km；表面布满了陨星坑。它们自转与公转周期相同，是同步自转。

3. 木星的卫星

木星的卫星很多，截至 2022 年已确认 93 颗，木卫一至木卫四，四颗卫星则称"伽利略卫星"（图 4.30）。

伽利略用手制望远镜在 1610 年发现的。20 世纪以来，人类探测器对伽利略卫星和其他木星卫星进行了近距离观测拍摄，取得了许多新资料。如：木卫一为近球体，直径有 3340km，是一颗干燥的星球，有广泛的平原和起伏不平的山脉。它的最大的特点是有一些活火山，有的火山以每小时上千公里的速度向外喷射物质，高度达到好几百公里，它是在太阳系内观测到的火山活动最为剧烈的天体。木卫二是一颗由厚厚的冰层覆盖着的岩石球体，直径为 3920km。木卫三不仅是木星最大的卫星，也是太阳系卫星中最大的 1 颗，它的直径 5100km，密度较小，很可能是冰和岩石的混合物，亮度相当于 5 等星。木卫四直径为 4720km，表面布满环形山。

木卫十三，直径只有 10km，目前被认为是太阳系中最小的卫星。木卫一至木卫五是规则卫星，其余的木星卫星都不是规则卫星。其中，木卫十二、木卫十一、木卫九、木卫八是逆行卫星。有人认为它们可能是被木星所俘获的小行星。

4. 土星的卫星

土星的卫星目前确认 93 颗（截至 2022 年），除了土卫八、土卫九和土卫十一以外，其他都是规则卫星，且公转周期等于自转周期。在这些土星卫星中，最引人注目的是土卫六（图 4.31）。

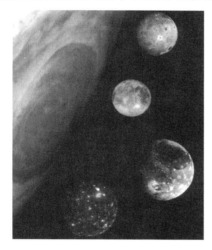

图 4.30　木星的伽利略卫星

图 4.31　土卫六

“先驱者 11 号”和“旅行者 1 号”探测器先后拜访了土卫六，所得信息为：土卫六直径 4880km，比月球大，也是太阳系中目前所知的唯一有大气的卫星。大气层的厚度达 2700km，超过了地球。大气的主要成分是氮，占 98%，甲烷只占 1%，另外还有少量的乙烷、乙炔、乙烯等；大气温度只有 −200℃，氮气有可能冷凝成微小的液滴，在卫星表面形成液体氮的湖泊。尽管土卫六的云层顶端确实有与生命有关的分子，但是，这并不等于说土卫六上就有生命，不过人类目前还在努力探索，希望它能给人类提供地球早期大气的信息，使人类弄懂大气的更新换代的规律。

5. 天王星的卫星

天王星的卫星目前确认有 27 颗（截至 2022 年），都不大，如图 4.32 所示。已知天王一至天王五属于规则卫星，但逆行。这些卫星的地貌很像地球，特别是天卫五的地貌非常丰富，既有悬崖峭壁，又有高山峡谷。

6. 海王星的卫星

海王星的卫星目前确认有 14 颗（截至 2022 年）。其中海卫一和海卫二很特别，它们一近一远、一大一小、一逆行一顺行、一个轨道圆一个轨道扁，这在行星的卫星系统中是十分特殊的，也是很引人注意的（图 4.33）。海卫一直径 4000km，较大，有火山活动，沿着近圆形轨道逆行旋转，是 1 颗 14 等星；海卫二直径只有海卫一的 1/20，沿着非常细长的椭圆轨道顺行旋转，是 1 颗 19 等星，它们都必须用大口径的天文望远镜才能看到。人类至今还没弄明白为什么海王星会有这样两颗完全不相同的卫星。

图 4.32 天王星及它的卫星

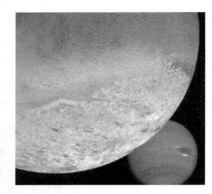

图 4.33 海王星的卫星

4.3.4 太阳系的小天体

据 2006 年国际天文学联合会对"太阳系小天体"界定，包括绝大多数的太阳系小行星、绝大多数的外海王星天体（指太阳系中所在位置或运行轨道超出海王星轨道范围的天体，trans-neptunian objects，简称 TNO）、彗星和其他小天体。下面作些介绍。

1. 小行星

小行星是太阳系内类似行星环绕太阳运动，但体积和质量比行星小得多的天体。至今为止在太阳系内一共已经发现了约 70 万颗小行星，已获永久编号的小行星有 1 万多颗。小行星大多数分布在火星和木星轨道之间，构成**小行星带**。它们绕太阳沿椭圆轨道运行，轨道半径为 2.17～3.64AU，平均值为 2.77AU。图 4.34 所示的是位于小行星带上的小行星，"伽利略号"飞船曾于 1991 年 10 月 29 日近距离访问小行星 951 号加斯普拉（Gaspra）。一般说来，小行星轨道的偏心率和与黄道的交角都比大行星大，而比彗星小，平均值是：偏心率为 0.15，轨道倾角为 9°.4。但也有一些小行星的轨道比较特殊，如在木星轨道以外，甚至在天王星轨道附近也有小行星的踪迹，在地球轨道附近也有，被称为**近地小行星**。其中一些小行星的运行轨道与地球轨道相交，曾有某些小行星与地球发生过碰撞。目前国际上在小行星发现领域的热点是对近地小行星的探索。尤其是要对地球有潜在危险的小行星进行监测。

因小行星的质量小，不会发生像地球那样剧烈的地质变化过程，因而保留了太阳系形成初期的原始状态，它们对于研究太阳系起源有重要价值。

2. 彗星

彗星由太阳系外围行星形成后所剩余的物质（如冰冻的气体、冰块、尘埃）组成。在科学不发达的古代和中世纪，彗星的偶然出现和它的奇特外貌，常使人们感到惊慌和恐怖，以致有人把它与战争、饥荒、洪水、瘟疫等灾难联系起来，称彗星为"灾星"。实际上，彗星的出现完全是一种天文现象，跟地球上的天灾人祸毫无关系。古人对彗星的观测和记录有不少资料，中国则是世界上最早记录彗星和记录资料最丰富的国家之一。

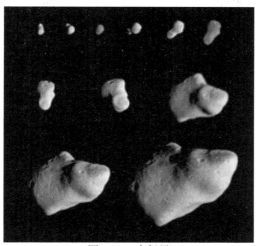

图 4.34　小行星

宇宙中的彗星，一般肉眼看不到，只能通过望远镜才能观测到。据统计，迄今人类观测到的彗星，除去重复出现的，约有 1600 多颗。实际上，太阳系存在的彗星远比这要多。人们把轨道是椭圆的彗星称为周期彗星（如绕日周期 76 年的哈雷彗星、绕日周期约为 8 万年的伦纳德彗星），抛物线和双曲线的则称为非周期彗星（如威斯特彗星、鹿林彗星），如图 4.35 所示。

人们对已算出轨道的 600 多颗彗星中统计：接近抛物线的占 49%，椭圆的占 40%，双曲线的占 11%。一般绕日公转周期大于 200 年的彗星叫称为长周期彗星，它们要经历几百年、几千年甚至更长时间才走近太阳一次，彗星轨道面与黄道面的交角一般都比行星大很多，一半的彗星是逆行的。

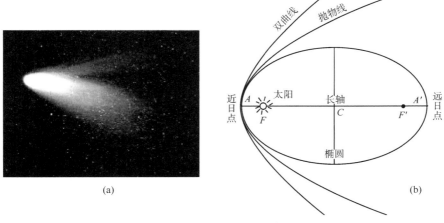

(a)　　　　　　　　　　　　　　　　　　　　　　(b)

图 4.35　彗星及彗星三种轨迹

当彗星离太阳很远时，呈现为朦胧的星状小暗斑，较亮的中心部分叫"彗核"，由固体质点碎块和冰物质组成。彗核外面的云雾状的包层叫"彗发"，它们是在接近太阳的过程中在太阳的辐射作用下，由彗核蒸发出来的气体和微小尘粒组成的。彗核和彗发合称"彗头"，现在还发现彗发周围还有氢原子云，氢云的直径为 100 万～1000 万 km。当彗星走到离太阳相当近的时候（一般在两个天文单位以内），太阳的粒子辐射和光压力把彗发里的气体分子和小固体质点推向背着太阳的方向，便形成了彗尾，越接近太阳，彗尾越长，当它过近日点后离开太阳时，彗尾也逐渐减小或消失。气体丰富的彗星彗尾很长，如 1843I 彗星的彗尾长约 3.2 亿 km，超过了火星轨道半径，宽度近万公里。彗星物质是极稀薄的，彗尾密度只有地面上空气的十亿分之一。1910 年哈雷彗星回归时，尽管彗尾扫到地球，但地球人却没什么异常感觉，彗星的质量绝大部分集中于彗核，彗核的平均密度约等于水的密度。大彗星的质量为 1000 亿～10000 亿 t，小的只有 10t 多。

彗星的彗尾是在它接近太阳时才有的短暂现象，据观测记录，彗尾形状多种多样，一般总是向背离太阳方向延伸，通常一条尾巴，但也不是绝对的。有的就没有尾巴，如恩克彗星；有的却有 2 条、3 条，甚至 4 条；有的彗尾较直，由离子气体组成，呈蓝色，称为"离子彗尾"；有的彗尾弯曲，弯曲程度不一；由微尘组成，呈黄色，称为"尘埃彗尾"。此外，还有一种看上去好像朝太阳方向延伸的扇状或长钉状彗尾，称为"反常彗尾"。反常彗尾的成因目前还没有定论，一种观点认为反常彗尾是由一些大质量的颗粒组成的，它们不像大多数尘埃粒子一样受太阳的斥力作用而形成背向太阳的正常彗尾，反而在太阳的引力作用下沿轨道平面伸展形成反常彗尾；另一种观点则认为反常彗尾只是正常彗尾视觉上的效果。

20 世纪末美国 NASA 发射的"星尘"彗星探测器和"彗星旅行号"探测器的目的就是采集彗星样本或近距离探测。其中彗星旅行号探测器 2003 年 11 月飞抵"恩克"彗星附近，2008 年对"达雷斯特"彗星进行拍摄探测。有关彗星起源问题虽至今仍未解决。但天文学家普遍认为：彗星是太阳系形成之初剩下的一些物质形成的，保留了太阳系最原始的信息。通过研究彗星的物理性质、化学性质以及彗星与太阳风的相互关系，彗星的形成、彗星的归宿等，对研究天体演化意义重大。由于彗星本身是一个"冰球"，温度极低，彗星内有可能保留着太阳系原始物质在几十亿年中没有发生什么变化，它们有可能告诉人类太阳系是怎样形成的。另外，在太阳系形成的最初 10 亿年内，彗星对地球的频繁撞击可能给地球带来了丰富的水和有机物，因此，研究彗星可以为探索生命起源找到一些契机。

3. 流星体

在行星际有很多绕太阳独立公转的小天体，除已发现的小行星和彗星之外，其余的统称"流星体"。流星体的质量一般小于百吨，大多数流星体只是很小的固体颗粒。有些流星成群地沿着相似轨道绕太阳公转，只是过近日点先后不同它们组成"流星体（群）"，有些流星体则呈自由、单个绕太阳公转。当它们运行经过地球附近时，受地球引力的影响，就会高速闯入地球大气。跟大气摩擦而把动能转化为热能，使流星体燃烧发光，呈现为"流星"现象。这就是人们有时会看到一道亮光划破夜空，飞驰而去。它是无序且无规则。但若是成群流星体闯入地球大气，则出现"流星雨"（图 4.36）。在地球上观测流星雨好似从一辐射点射出，这个辐射点位于某一星座，我们就以这个星座命名，例如狮子座流星雨就是辐射点在狮子座里。流星雨的出现是有一定规律的。

据天文学家观测研究，约 90%以上流星体来自彗星母体。彗星在运动中不仅不断散失质量，而且彗核也会分裂成几块，甚至全瓦解的情况也常见到，如比拉彗星，周期为 6.6 年，1852 年这一彗星又一次回归，但彼此间的距离更大了，以后的两个周期都没有看到它们，在第三个周期的 1872 年 11 月 27 日夜晚，在彗星轨道与地球轨道相交的地方，天空出现了一场大流星雨，显然这些流星群是比拉彗星瓦解的物质。此外，也有小部分是小行星碎屑，所以在很小的彗星及小行星跟大的流星体之间并没有严格界限，只是传统习惯的称呼不同而已。从观测资料已经证实，猎户座、宝瓶座流星雨与哈雷彗星有关，英仙座流星雨与斯威夫特—塔特尔彗星有关，仙女座流星雨与比拉彗星有关，狮子座流星雨与坦布尔—塔特尔彗星有关等等。

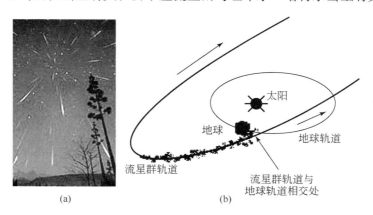

图 4.36   流星群与流星雨

一般认为，流星群内的质点本来是聚集在一起的，由于太阳和行星的引力，太阳辐射效应和质点之间的彼此碰撞等因素影响，这些密集的质点渐渐散开。由于遵循开普勒定律，那些靠近太阳的质点速度较快，就跑到前面去了，这样，经历较长时间，流星体就均匀地散布在整个轨道里，最后加入到偶发流星的行列之中。因此，越年轻的流星群，流星体越密集，如狮子座流星群。

与坦布尔—塔特尔彗星有关的狮子座流星群，曾在 1833 年发生过盛况空前的狮子座流星雨，狮子座流星群的绕日周期约是 33～34 年，每年 11 月 18 日前后都会发生狮子座流星流星雨。但据观测资料并不是每隔 33～34 年一定会发生大流星雨。原因是受到木星和土星摄动的影响，流星群轨道发生了偏移，导致预期中的大规模流星雨没有发生，或与预报的时间有偏差几个小时或更长，所以准确预测流星雨的发生则是人类今后努力的目标。

每年北半球观测的三大流星雨是：1 月 4 日前后的象限仪流星雨；8 月 13-14 日前后的英仙座流星雨；12 月 14 日前后的双子座流星雨。

陨星一般分为三类：石陨星、铁陨星和石铁陨星。石陨星也叫陨石，主要由硅酸盐组成，还有少量铁、镍金属，密度 3.0～3.5g/cm³；铁陨星也叫陨铁，主要由铁、镍金属组成，含少量铁的硫化物、磷化物和碳化物，密度为 7.5～8.0g/cm³；石铁陨星也叫陨铁石，是由硅酸和铁镍金属各占一半，密度为 5.5～6.0g/cm³。这三类陨星中，陨石约占 92%，它又分为球粒陨石和非球粒陨石。球粒陨石内部一般都散布着许多球状颗粒，直径从零点几到几毫米，这种球粒结构是特殊的，地球上还没有见到。在一些陨石中找到了水，一些陨石中含有钻石；还在一些碳质球粒陨石中找到了多种有机物（现在已发现 60 多种有机化合物）。一般认为，陨石的母体可能是小行星、行星、大的卫星、彗核或在行星形成前就存在的星子，陨星就是这些母体碰撞产生的碎块，或瓦解的产物。

陨星是在地球上可以直接化验的天然天体样品，陨石一般形态不规则、具有黑色的熔壳、致密、比地球上普通石头重、有磁性、表面能看到金属斑点。鉴定陨石可从形态特征、熔壳、密度、磁性特征、成分与结构特征等加以区别，对于一些难以辨别的样品，可以借助仪器区别

（如含镍的测试样品是陨石）。

地球上最大的陨星是 1920 年发现的陨落在非洲纳米比亚的戈巴（Hoba）陨铁，重 6 万 kg，大部分埋藏在地下，基本方形（295cm×284cm）的表面几乎与地面持平，地下的一头深 100cm，另一头深 50cm，因为它较重，至今还没从陨落地被移动过；第二大是格陵兰的约克角 1 号陨铁，重约 3.4 万 kg；第三大是我国的新疆大陨铁，重约 3 万 kg，现陈列于乌鲁木齐展览馆。

图 4.37　"吉林 1 号"陨石

1976 年 3 月 8 日，在我国吉林省吉林市西郊发生了一次世界上罕见的陨石雨。这次陨石雨形成估计与有块重约 1 万 kg 的陨星闯入大气层有关，燃烧未尽，落入地面的陨石碎片估计有三四吨之多，其中"吉林 1 号"陨石重 1770kg，如图 4.37 所示。由于陨石雨下落时正是白天，又在人口较为周密的地区，因此，至少有百万之众耳闻目睹了当时惊心动魄的壮丽场面。

由于其质量小、演化慢，小天体仍保持太阳系形成初期的原始状态，因此，陨石像地球上的甲骨文一样，是太阳系的考古样本。通过陨星内放射性物质相对含量的测定，可以推算出陨星的年龄，测定陨石的年龄对太阳系演化的年代学研究有重要意义。例如根据分析和计算，认为太阳星云开始凝聚的时间是距今 47 亿年前，太阳系各类陨石凝结的年龄大约是 45 亿～46 亿年，这也可以作为太阳系各行星形成的年龄。100 多年来，运用现代的科学方法，对陨星开展了多学科的研究，获得了大量的新资料，从而有力地促进了太阳系起源和演化的研究。例如，通过陨星分析可以研究太阳系形成初期的元素组成情况，可以得知一些行星、月球和某些陨星形成的温度等。陨石中有机化合物的发现说明在地球形成之前，已经有一些构成生命物质的链条，为探索生命前期的化学演化进程开拓新的前景。

4.4　近地小天体对地球的影响

距离地球最近的自然天体是月球，最近的恒星是太阳，关于日月地之间的关系，将在第 5 章探讨。本节主要探讨近地小天体对地球的影响或潜在影响。

4.4.1　近地小行星

近地小行星指的是那些轨道与地球轨道相交的小行星。这类小行星可能会带来撞击地球的危险。按其轨道不同特点，近地小行星可以分成三类，即：①阿坦型，其轨道半长径小于 1.0AU；②阿波罗型，其轨道近日距小于 1.0AU；③阿莫尔型，其轨道近日距小于 1.3AU。据资料统计（截至 2020 年 12 月），全世界共发现近地小行星 24781 颗，包括近百颗潜在危险小行星（指在其轨道与地球轨道最近距离小于 0.05AU 且绝对星等亮于 22 等）。

我国对小行星的研究比较重视。早期是由已故的天文学家张钰哲在中国科学院紫金山天文台创建并主持观测研究的。目前，国内小行星观测和发展项目是使用在国家天文台兴隆观测基地的施密特 CCD 系统望远镜进行的。1997 年 1 月 20 日该基地小行星项目组发现第一颗阿波罗型近地小行星"1997BR"，此后报道发现近地小行星至少 10 颗以上，其中有的是属于潜在危险小行星。

据 20 世纪末天文事件记载,1994 年 12 月 9 日名为 1994XM1 小行星与地球擦肩而过;1996 年 6 月名为 1996JA1 号小行星进入地球 4.48 万 km 的太空, 只比月亮稍稍远一点;2010 年 9 月 8 日, 两颗轨道不同的小行星(2010 RX30 和 2010 RF12)与地球"擦肩而过", 当时它们各自与地球的最近距离均小于月地间的距离。2020 年 12 月 23 日有一阿波罗型近地小行星与地球发生追尾事件,有报道称在我国青海省海西蒙古族藏族自治州附近空中发生火球空爆并分解成碎片落入地面。

小行星本身并不发光,望远镜发现小行星主要靠探测小行星发射的太阳光,小行星的亮度决定了其能否被光学望远镜发现。世界上观测能力最强的小行星专用望远镜是美国夏威夷泛星计划 2.4m 口径光学望远镜,其探测能力约为 24 视星等。近百年发生在地球上的小天体撞击事件也不少。目前小行星虽对地球没造成大影响,或是地球侥幸地逃离了近地天体的撞击,但人类应该紧密关注近地小行星的动态,应该加强对有可能威胁地球的小天体的进行监测。

4.4.2　流星雨、陨星及陨石坑

由流星群产生的流星雨一般质量都很小,它们在进入大气后大部分已烧掉,对生活在地面上的人不会造成直接危害,不会影响人们的日常生活。但是,流星暴雨对太空中的航天飞行器的安全则构成威胁,同时对地球大气高层的电离层和其他物理状态也会产生影响。流星雨的观测研究,对于近地空间环境监测、航天灾害性事件预防、电离层通信安全以及深入了解太阳系天体相互关系和起源、演化,都具有巨大的实用价值和理论价值。

大流星体或流星群受地球引力作用被吸引进入大气,摩擦燃烧未尽坠入地表的成为**陨星**,在地面造成大的凹陷,称为**陨石坑**。在地面及地下可形成断裂层,如图 4.38 所示。

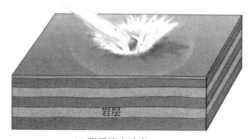

(a) 陨星撞击地表

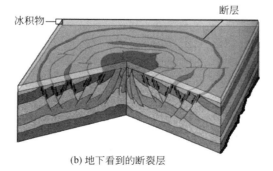

(b) 地下看到的断裂层

图 4.38　陨石坑的形成示意

据研究，大约 6500 万年前地球曾发生过陨星大碰撞，推测当时灾难造成了地球上半数以上物种灭绝，恐龙时代就此终结。科学家对墨西哥海岸的希克苏鲁伯（Chicxulub）陨石坑内的物质进行研究，并认为就是这次碰撞的爆炸点。

图 4.39　1908 年 6 月 30 日发生灾难后的通古斯地面

据报道，1908 年 6 月 30 日黎明时分，在俄国西伯利亚的通古斯地区的居民目睹了罕见的天空奇观———一颗比太阳还要耀眼夺目的大火球突然闯入在上空爆炸，在通古斯河谷附近的原始森林之上，升腾起一股黑色的烟柱，半径在 450km 范围均可见到。在 1000km 左右的范围内，能听到爆炸巨响，大片原始森林被毁。当时大爆炸是在人烟稀少的地方，并没有引起人们的注意。直到 1927 年，苏联科学家首次进入森林考察，以后科学家又进行了多次考察，灾后地面如图 4.39 所示，认为是天外来客———陨星或彗星的撞击所致。但因证据还不足，通古斯事件便成为不解之谜。

还有著名的美国亚利桑那州巴林杰陨石坑，宽约 1264m，深约 174m，是世界目前保存下来最大的一个撞击坑。科学家认为，约在 5 万年前，由一颗直径 40m、重达 30 万 t 的小行星，以 25km/s 的高速冲进地球大气层的流星撞击而成的。2008 年秋，笔者利用在美访学的机会亲临就近考察了这个"天外来客的杰作"，如图 4.40 所示。在地球其他地方（如墨西哥、南极洲、澳大利亚和西伯利亚等）也有类似的陨石坑。

(a) 局部照片　　　　　　　　　　　　　　(b) 整体照片

图 4.40　美国亚利桑那州巴林杰陨石坑

地球上其他地区的著名的陨石坑有加拿大安大略地区的"萨德伯里陨石坑"、墨西哥尤卡坦地区的"奇卡拉布陨石坑"、南非的"弗里德堡陨石坑"等等。

4.4.3　近 地 彗 星

由冰物质组成的彗核，运行到接近太阳，就会产生彗发、彗尾。由于彗发、彗尾物质稀薄，当近地彗星扫过地球时，对地球影响不是很大，但若是彗核碰撞地球，所造成的影响就很大。1994 年 7 月 17～22 日，太阳系发生了一次罕见的**彗木相撞**事件，如图 4.41 所示，虽然撞击发生在背着太阳的木星半球，从地球上不能直接观测到，但由于木星自转很快，大约十几分钟后，在地球上的地面天文望远镜就能看到撞击后的情形。空间望远镜也做了很多观测，并发送回大量数据、照片到地球。科学家估计当时撞击木星的总能量相当于 40 万亿 t TNT 炸药爆炸的能量。

据科学家研究认为，从统计上来讲，每隔 1 亿年就会有一颗小天体与地球相撞，使地球发生剧烈的变化。尽管是小概率事件，但人类一定要加以防范。

大陨石撞击地球，导致地球表层的自然环境改变。主要表现在以下几个方面：

（1）改变了地表形态，造成陨石坑与环形山。月亮上的环形山给人留下了深刻的印象，那都是陨石撞击形成的。地球上也发现一些陨石坑与环形山。

（2）陨石撞击导致地震。据研究，一块直径为 4km，以

图 4.41　彗木相撞示意图

每秒 15km 的速度陨落的陨石撞击地球，能够释放出 3×10^{13} J 的能量，相当于一个 6 级地震，甚至陨石在天空中爆炸也会引发地震。1984 年 2 月 26 日晚上 8 时，一块巨大的陨石在西伯利亚的楚雷姆河地区上空 2～4km 爆炸，曾在这一地区的 8 个地震观测站记录到地壳的震动。

（3）陨石撞击地球，导致地表环境的灾变。研究表明，新生代至少发生过 6 次小天体撞击地球的事件，从人类诞生起的第四纪也发生过 3 次，每次都造成地球表层环境的恶化。许多科学家相信，恐龙时代的结束也许与小行星或彗星撞击地球有关。

总之，太阳系小天体与大行星相撞事件确实存在，生活在地球上的人们不能大意。不过现代人类科学技术完全有可能制止小天体撞击事件的发生。科学家通过天文观测，可以提前几个月甚至一年，观测到来路不明、直径几百米以上的小天体的行踪，并能准确地预报出它的运行轨道；一旦发现它有与地球相撞的可能时，可在适当的时机向它发射导弹，改变它的运行轨道，使它远离地球而去。为了防止这种撞击事件的发生，先决的条件是天文观测，这就需要全球天文台的联手合作。

本章思考与练习题

1. 托勒密的宇宙地心体系的要点是什么？现代人对该理论如何评价？
2. 哥白尼的宇宙日心体系的要点是什么？现代人对该理论如何评价？
3. 简述太阳系的结构及运动特征。
4. 试分析行星的视运动特征。
5. 如果地球近点年的周期 E=365.2596 日，水星的恒星周期年 T=87.97 日，金星周期年 T=224.701 日，试求出它们的会合周期 S（参考答案：115.93 日和 583.924 日）
6. 太阳的基本结构如何？有何特点？
7. 根据大行星的特性，简述行星有几种类别？
8. 举几例太阳系中有特色的卫星。
9. 太阳系小天体有哪些？有何特性？
10. 说明狮子座流星雨的成因。

11. 试说明地球与太阳系其他行星比较有哪些独特的地方。

12. 近地小天体对地球有何影响？

进一步讨论题

1. 根据最新太阳系天体探索资料，比较类地行星的特点及演化。

2. 针对近地环境，人类如何保持地球可持续发展？

实验内容

1. 天文软件模拟实验（2）——太阳系天体活动，行星的顺行和逆行。

2. 利用天文望远镜观测太阳黑子（选做）。

3. 行星观测（如金星位相观测、木星及伽利略卫星的观测、土星及土星光环观测等）（选做）。

4. 特殊天象的观测（日月食、流星雨、彗星等）（选做）。

第5章　日月地系统

本章导读：

　　月球是距离地球最近的自然天体，是地球唯一的天然卫星，是人类的天然空间站；太阳是距离地球最近的恒星，是地表光和热的主要来源。日、月、地三天体在宇宙中的位置及其运动，构成了日月地系统。由于三天体的绕转，在地球上人类会观测到月相、日月食、天文潮汐等特殊的现象。本章将主要介绍月相、日月食、潮汐、太阳活动等现象及其成因。

　　月球一边自转，一边又围绕地球公转；地球一边自转，同时又带着月球一同围绕太阳公转（图5.1）；而太阳则带着太阳系全体成员在银河系中运动。月球是距离地球最近的自然天体，太阳是距离地球最近的恒星。日月地三天体互相影响构成天体系统，自身不能发光的月球和地球在太阳光的照射下，总是一半亮和一半暗，在地球上的人类不仅能观测到月相、日月食等特殊的天象，还认识到日、月两大天体对地球会产生巨大影响。

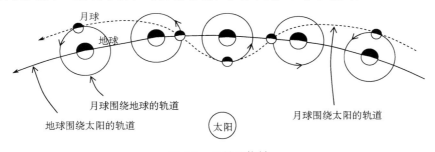

图 5.1　日月地绕转

5.1　地　月　系

　　月球和地球共同围绕着它们的公共质心运转不息，构成了地月系。其质心离地心约4671km。因此，环绕质心与环绕地心的椭圆轨道相差不大。月球在环绕地球作椭圆运动的同时，也伴随地球围绕太阳公转。月球不但处于地球引力作用下，同时也受到来自太阳引力以及太阳系其他大行星的引力影响，所有这些，导致月球的轨道运动变得十分复杂。本节介绍最主要的运动——月球绕转地球运动。

5.1.1　月球绕地球公转的轨道

　　月球绕地球公转的轨道是一个椭圆（地球位于椭圆的焦点之一），偏心率约为 0.0549，近地点为 36.33 万 km，远地点为 40.55 万 km，二者相差 4.22 万 km，由于这种距离上的变化，在地球上的人观测月球的视半径变化在 14′41″～16′46″，近地点时月轮较大，远地点时月轮较小。月地平均距离为 38.44 万 km。

月球虽然绕地球公转的轨道是一个椭圆，但它的轨道平面并不是固定的，其椭圆的拱线（近地点和远地点的连线）沿月球公转方向向前移动，约每 8.85 年移动一周。中国汉代的贾逵曾提出月球视运动约每 9 年运动一周，这实际上正是这种拱线运动的结果。

月球公转轨道如若投影到天球上称为"白道"，白道对黄道的倾角称为"黄白交角"，变化在 4°57′～5°19′，平均值为 5°09′。由于黄白交角的存在，月球在绕转地球的同时，往返于黄道南北；同时，由于黄白交角的存在，月球在绕转地球时，其赤纬也在不断改变，变化幅度大约±5°9′～±23°26′，即在地球上的月球直射点可达赤道南北 28°35′。这就是为什么地球高纬地区潮汐现象不明显的原因。

5.1.2　月球绕转地球的周期

月球绕转地球的周期，笼统地可以说是一个月，但由于选用基准点不同，周期长度有区别。常见的几种介绍如下。

（1）朔望月　以太阳为基准的、月球盈亏的周期，平均 29.5306 日。这个周期很久以前就是中国古代历法的基础。

（2）恒星月　以恒星位置为基准的周期，平均为 27.3217 日。中国早在西汉的《淮南子》一书中就已得到恒星月周期为 27.32185 日，可见当时已达到很高的精度。若把恒星看成不动，可以认为恒星月是月球绕转地球的真正周期。根据恒星月的长度，可以计算出月球绕转地球的平均角速度为每日 13°10′，或每小时 33′。这个 33′的角度大体上与月球本身的视直径相当。换句话说，月球每小时在天空中移动约等于月轮的视圆面。但由于地球的自转，天体在天球上有周日视运动，所以月球以每小时 15°的速度向西随天球作周日运动，又以每小时 33′的速度向东运动。其合运动的结果是月球在天球上有每日东移现象的原因。

（3）交点月　以黄道和白道的交点为基准的周期，平均为 27.2122 日。在我国南北朝时代，祖冲之推算的交点月周期与近代数值就相当接近。

（4）近点月　以近地点为基准的周期，平均为 27.5546 日。在中国东汉时代，贾逵就发现近点月周期，并由刘洪首次测定其长度为 27.5548 日，与今日测值相差无几。

（5）分点月（又称回归月）　以春分点为基准的周期，平均为 27.3216 日。

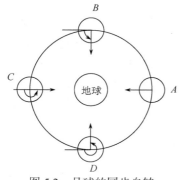

图 5.2　月球的同步自转

5.1.3　同 步 自 转

月球在绕转地球的同时，也有自转。月球的自转与它绕转地球的公转，有相同的方向（向东）和相同的周期（恒星月），这样的自转称为同步自转（图 5.2）。月球自转周期恰好是月球绕地球转动的周期，这种现象是地月系长期潮汐作用的结果。正是由于这个原因，地球上人们所见到的月球，大体上是相同的半个球面。

5.2 月 相

人们把月球圆缺变化的状况称为月相，即地球上看到月球被太阳照亮部分，如图 5.3 所示。月相变化与日月地三个天体的运动及位置变化相关。

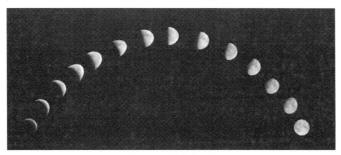

图 5.3 月相图示

5.2.1 月相的成因

由于月球、地球自身是不发光的天体，只能靠反射太阳光。在太阳照射下，它们总是被分为明亮和黑暗两部分。从地球上看月球，这明暗两部分的对比，时刻发生变化。这种变化视日、月、地三者的相对位置而定。当月球黄经和太阳黄经相等时，称为"朔"，此时，从地球上看，月球是全暗的。此后，月球逐渐沿着其公转的轨道向东运动，月球黄经逐日与太阳黄经有差值，当月球黄经与太阳黄经相差90°时，称为"上弦"，此时从地球上看，月球的西半面被太阳照亮，约在日落时位于上中天附近。当月球黄经与太阳黄经相差180°时，称为"望"，从地球上看到满月，太阳在西方落入地平时，月球从东方升出地平。当月球黄经与太阳黄经相差270°，称为"下弦"，要在后半夜才能看到下弦月，这时从地球上看到月球东半面被照亮。随着月球绕地的公转，月球黄经再次与太阳黄经相等时，又是"朔"。从一次朔到下一次朔所经历的时间间隔，称为朔望月，平均长度29.5306日。朔望月既是月球盈亏的周期，也是月球同太阳的会合周期。月相成因图示说明如图5.4所示。由于月球绕地公转轨道是椭圆，当新月或满月时，若月球位于近地点，就有可能出现"超级月亮"。

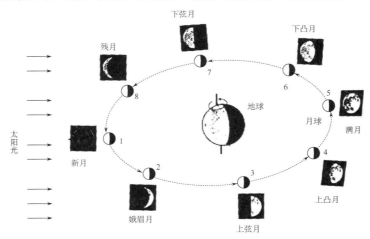

图 5.4 月相成因的示意图

5.2.2　月球对于太阳的相对运动

由于月球绕地球旋转的同时又与地球一起绕太阳运动，月球在天球上的视位置有逐日东移现象，所以，月球每天升起的时间比上一天推迟约 50min。月球的出没与中天的大致时刻见表 5.1。

表 5.1　月球的出没与中天的大致时刻

月相	距角	同太阳出没比较	月出	中天	月落	夜晚
新月（朔）	0°	同升同落	清晨	正午	黄昏	彻夜不见月
上弦月	90°	迟升后落	正午	黄昏	半夜	上半夜西天
满月（望）	180°	此起彼落	黄昏	半夜	清晨	通宵可见月
下弦月	270°	早升先落	半夜	清晨	正午	下半夜东天

从表 5.1 中可以看出，地球上见月越圆，夜晚见月时间越长；月牙越窄，见月时间越短。满月通宵可见，上弦月上半夜西天见，下弦月下半夜东天见，新月彻夜不可见。

5.3　交　　　食

日食和月食是日月地三天球运行到某个位置并在某个时段所发生的一种天文现象。日食和月食统称为**交食**。当古人不了解日、月食的道理时，曾产生过各种迷信和传说，如"天狗食日"、"蟾蜍食月"等，有的则把这天象看成是不祥之兆，甚至极大地扰乱过人们的社会生活。然而，时至今日，一些缺乏相关天文知识的人，对日、月食现象还是有恐慌和惧怕的心理。因此，有必要对交食的有关情况和原理加以认识。下面，就交食成因、条件、种类、过程以及发生概率进行讨论。

5.3.1　交食成因和种类

1）天体的影子类型

自身不发光的、且不透光的天体，在光的照射下，均会产生影子。例如，太阳能够发光，而地球和月球不会发光。当阳光照射到地球或月球上时，其后会有一个投影，影子的结构可分为三部分，即：①投影的主体，指顶端背向太阳的会聚圆锥，称为**本影**；②本影延伸，是一个与本影同轴而方向相反的发射圆锥，称为**伪本影**；③在本影和伪本影的周围是一个空心发散圆锥，称为**半影**。在本影里，阳光全部被遮；在伪本影里，太阳中间部分的光辉被遮；在半影里，部分阳光被遮；如图 5.5 所示。

2）影响天体投影的因素

天体投影的长短是变化的。影响因素取决于发光天体和投影天体的大小以及它们之间的距离。由于太阳系日、地、三者的大小是基本固定的，所以，月、地投影的范围主要由日地距离以及月地距离所决定。一般来说，两者的距离越大，投影就越长。

3）交食种类

地球比月球大得多，若地球处在日地平均距离上，其本影长达 137.7 万 km，而月地平均

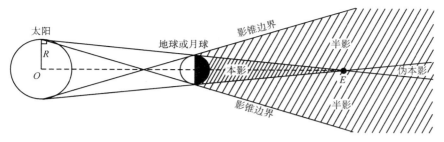

图 5.5　天体的影子类型

距离只有 38.44 万 km，月球要是始终在这个平均位置上，地球本影的截面比月球大圆的截面大得多。因此，月球完全有可能整个进入地球的本影和半影，发生月**全食**和**月偏食**。月影笼罩在地球上，发生**日偏食**或**日全食**或**日环食**。而实际上，日地有近日点和远日点，月地有近地点和远地点，所以月球不可能总是进入地本影；月影也不可能笼罩整个地球，只能在地球上的部分地区扫过。无论日、地、月之间的距离怎样变化，地球的本影总比月地距离长得多，所以月球不可能进入地球的伪本影。

当日月合朔时，月球本影的平均长度为 37.45 万 km，比月地平均距离略短。因此，在通常情况下，只有月球的伪本影或半影可能会扫过地球。当月球处在近地点和地球处在远日点（此时月球离日亦较远），又日月合朔时，月球的本影就可能落到地球上。从另一个角度讲，太阳的平均视半径为 15′59″.6，月球的平均视半径为 15′32″.6，在通常情况下，月轮不可能全部遮住日轮，只有当月球离地近和离日远且又日月合朔时，月球的视半径才会略比太阳的视半径大，月轮便可全部遮掩日轮。

综上所述，当地球上部分地区进入月影时或月球的影子落在地球部分区域时，那里的人就可以看到日食；当月球进入地影时或地球的影子遮掩月球时，地球上向月半球的人就会看到月食，如图 5.6 所示。

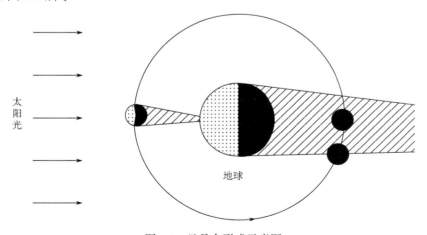

图 5.6　日月食形成示意图

5.3.2　交食的条件

若日月地三天体在宇宙中大致运动呈一条线，就有可能发生交食。然而，发生日、月食应具备朔望条件和交点条件等。

1）朔望条件

在朔日，月球运行到日地之间，且日、月、地三者大致成一直线，日、月黄经差为0°或接近0°，只有在这样的时候，月影才有可能落到地球上。在望日，月球运行到日、地的同一侧，且日、地、月三者也大致成一直线，日、月黄经差为180°或接近180°，此时月球才会进入地影。所以，日、月食发生的基本条件是朔望条件。以日期来说，就是农历月初一前后才有可能发生日食，农历月十五前后可能发生月食。古巴比伦人早在公元前9世纪就已经知道日食必发生在朔，月食必发生在望的规律。

然而，朔日和望日，每个月都有，但日食和月食并非每个月都发生，原因是黄道平面与白道平面不重合，而且有黄白交角存在，因此，当日、月合朔时，从正面看，日、月、地三者成一直线，但从侧面看，三者不一定成直线，即日、月黄经虽一致，但日、月黄纬却不一定相同，所以月球的影子不一定能扫到地球上。同理，当日、月相冲（望）时，从正面看，日、月、地三者已成一直线，但从侧面看，却不一定成直线，即日、月黄纬不一定相同，所以月球不一定能进入地影。如图5.7所示。由此可知，要发生日、月食，必定还有更严格的条件。

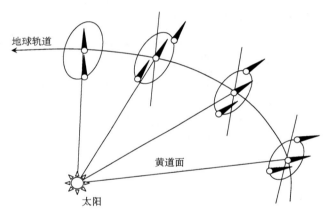

图 5.7　因黄白交角存在，"朔望"不一定成食

2）交点条件

黄道与白道有两个交点，其中一个叫升交点（即月球在白道上运行过此交点后便升到黄道平面之上），另一个则叫降交点（即月球过此交点后便降到黄道平面之下）。太阳在黄道上运行，一个食年经过升、降交点各一次；月球在白道上运行，一个朔望月（略比交点月长）经过升降交点各一次。当太阳和月球不在黄白交点及其附近时，无论从哪个角度上看，日、月、地三者都不会成一直线。只有当太阳和月球同时运行到黄白交点或附近时，才有可能日月地三者无论从什么方向看都成一直线或基本成一直线，地影或月影才有可能落到对方，从而构成交食。

总之，日食发生条件是日、月相合于黄白交点或其附近；月食发生条件是日、月相冲于黄白交点或其附近。

5.3.3　交食的观测

根据上述影锥的讨论，不同种类的日月食与日月地三者绕转的位置以及它们之间的距离变化有关。日食种类有全食、偏食和环食（图 5.8）；月食种类只有全食和偏食。交食种类介绍如下：

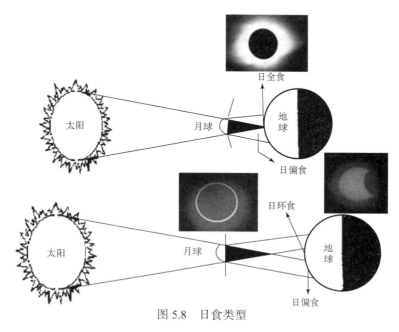

图 5.8　日食类型

（1）日全食　在地球上的部分地点太阳光被月球全部遮住的天文现象。月球的本影在地球上扫过的地带称"全食带"，宽度逾 100～200km 或 300km，一次日全食所经历的时间仅 2～7min。这是因为月影在地球上扫过的速度很快。当地球远日和月球近地时，全食带最宽。在全食带内，可见整个日轮被月轮遮掩，发生日全食。笔者有幸观测并拍摄了 1997 年 3 月 9 日发生在漠河地区的日全食过程（图 5.9）。

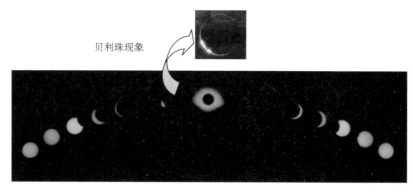

图 5.9　日全食过程合成图

当月轮与日轮大小相当且月、日重叠时，月轮边缘的缺口（实为月表的山谷和"月海"）露出日光，会形成一圈断断续续的光点，像珍珠项链，奇妙绝伦。天文界将之称为"贝利珠"

现象，因为英国天文学家贝利首先科学地解释了这一现象，故名之。

日全食发生时，也是进行科学探测的良好时机。在日全食时，可很好地观测太阳的色球和日冕，并进一步了解太阳大气的结构、成分和活动情况及日地间的物理状态；可以搜寻近日的彗星和其他天体。例如，英国的爱丁顿就是在 1919 年发生在巴西的一次日全食时，观测到星光在射经太阳近空时因太阳吸引而发生偏向的；太阳元素的"氦"也是在 1868 年一次日全食时所摄的光谱中发现的。所以，每当发生日全食时，天文工作者们总是携带笨重仪器，不惜长途跋涉，赶往日全食地点进行各种学科的观测和研究。

（2）日偏食　地球上被月球的半影所扫过的地带称**偏食带**，偏食带一般比全食带宽。在偏食带内，可见日轮的一部分被月轮遮掩，发生日偏食（图 5.8）。在全食带的旁边，必有偏食带，在那里也可见日偏食。在日偏食时，各地所见的食分（指被食的程度）不一样。在偏食带内的人可以从不同的角度看到太阳的不同部位。

（3）日环食　地球上被月球的伪本影扫过的地带称**环食带**，当地球近日和月球远地位置时，环食带最宽。在环食带内，可见较小的月轮遮掩了日轮的中间部分，而日轮的边缘仍可见到（图 5.8）。在环食带之旁，也有偏食带，在那里可见日偏食。有时，月球的本影锥与伪本影锥的交点正好落在地球上，如果日、地、月三者之间的距离稍有变动，使地球上某一小块或一小带地方既可见到日环食又可见到日全食，这叫日全环食。

2020 年 6 月 21 日下午上演日环食现象。此次日环食开始于非洲，穿过中东，南非，进入中国境内。在中国境内穿越西藏、四川、贵州、湖南、江西、福建、台湾。在福建龙岩、漳州、厦门可以看到日环食，省内其他地区只可以看到很大的日偏食现象。在厦门观测的日环食和在福州观测的日偏食主要过程照片合成见图 5.10。

（a）在厦门观测日环食　　　　　　　　　　（b）在福州观测日偏食

图 5.10　2020 年 6 月 21 日发生日食过程图

（4）月全食　月球进入地球本影，此时地球上向月半球上的人几乎都可见到月轮整个被地影遮掩，为月全食（图 5.11）。在月全食时，因为地球大气层把紫、蓝、绿、黄光都吸收掉，只剩下红色光，大气层将红色光折射到月球表面上，所以我们仍然能看到在地影里古铜色或红色的月球挂在天空中，如图 5.11（c）所示。由于地影大，月球又是以其公转速度在地影中穿行，所以一次月全食所经历的时间较长，如 2000 年 7 月 16 日发生的月全食历时达 1h4min。2021 年 5 月 26 日晚"超级月亮"与月全食（红月亮）在我国大多数地区夜空上演，这种巧合非常罕见。

（5）月偏食　月球部分进入地球本影，可见月轮的一部分被遮，为月偏食，如图 5.11（b）。在发生月偏食时，地球上不同地方的人所见到的食分是相同的，因地影是紧贴月面的，无论在哪里看都一样。

　　由于月球不可能进入地球的伪本影，月球进入地球半影叫半影月食，人类在地面还可见到月球，不是真正的月食，如图 5.11（a）。

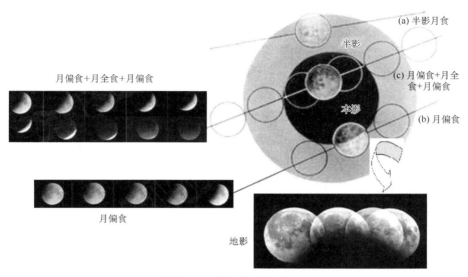

图 5.11　月食类型及过程

5.3.4　交 食 过 程

　　在日、月食的过程中，全食最为完整。一次全食，它必然经过初亏、食既、食甚、生光和复圆五个阶段。

　　（1）日全食过程　太阳在黄道上自西向东运行，每天运行约 59′；月球在白道上也自西向东运行，每天运行 13°10′。它们运行的方向基本一致（因黄白交角存在 4°57′～5°19′的变化），但月球运行的速度快得多。因此，日食总是以月轮的东缘遮掩日轮的西缘开始，被遮部分总是逐渐向东推移。所以，日全食的五个环节是在日轮上自西向东出现的，如图 5.12 所示。

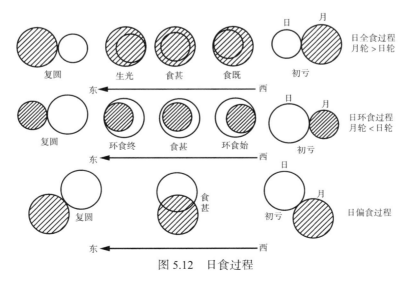

图 5.12　日食过程

初亏——月轮东缘与日轮西缘相外切，即日食开始。

食既——月轮东缘与日轮东缘相内切，即日全食开始。

食甚——月轮中心与日轮中心最接近或重合。

生光——月轮西缘与日轮西缘相内切，即日全食结束。

复圆——月轮西缘与日轮东缘相外切，日食结束。

（2）月全食过程　由于月球是自西向东进入地影，所以月全食总是从月轮的东缘开始，在月轮的西缘结束。因此，月全食的五个环节是在月轮上自东向西出现的，图 5.13 是月全食过程示意图。

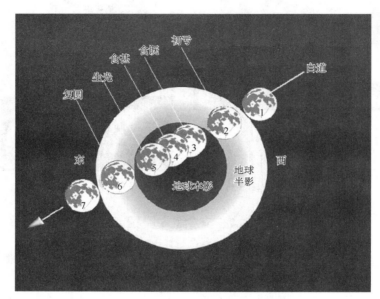

图 5.13　月全食过程

1. 月轮东缘与地球半影相外切；2. 月轮东缘与地球本影相外切；3. 月轮西缘与地球本影相内切；4. 月轮中心与地球本影中心重合成月轮全部没入地球本影；5. 月轮东缘与地球本影相外切相内切；6. 月轮西缘与地球本影相外切；7. 月轮西缘与地球半影相外切

初亏——月轮东缘与地球本影截面西缘相外切，即月偏食开始。

食既——月轮西缘与地球本影截面西缘相内切，即月全食开始。

食甚——月轮中心与地球本影截面中心最接近或重合。

生光——月轮东缘与地球本影截面的东缘相内切，即月全食结束。

复圆——月轮西缘与地球本影东缘相外切，月食结束。

（3）日月食视象比较　日食和月食除日轮被食与月轮被食这一根本性区别之外，在现象上也还有不少差异，比较见表 5.2。

表 5.2　日、月食比较

比较要素	日食	月食
种类	有环食	无环食
初亏—复原	日食从日轮的西缘开始，在日轮的东缘结束	月食从月轮的东缘开始，在月轮的西缘结束

续表

比较要素	日食	月食
食的时间	经历的时间短	经历的时间长
月面颜色	日全食有贝利珠现象，全食时出现日冕。朝地球的月面呈现黑色	月全食时月面呈古铜色
食分*	日食时，各地所见食分不一样；即不同地方看到不同的日食景象	月偏食时，各地所见食分一样；即半个地球上的人见到相同的月食情景
食带	日食时，见食的地区窄；见食的时刻也不同，较西地区先于较东地区	月食时，见食的地区广，面向着月亮的那半个地球上的人可以同时看到月食
次数	由于日食带的范围不大，日食时地球上只有局部地区可见。对于全球范围，日食次数多于月食	对于具体观测地点，所见到的月食次数多于日食

*在日食和月食的预报中，我们常常会看到"食分"这样一个词，它是用来表示食甚时日轮或月轮被遮掩的程度。对于日偏食，食分是指日轮被遮去部分和日轮直径之比。以太阳的直径作为 1，如果食分为 0.5，就表示太阳的直径被遮去了一半。对于日全食或环食，食分是指月轮直径与日轮直径之比。日偏食的食分必定 >0，<1，全食的食分 >1，环食的食分 <1。对于月全食，食分指月球直径进入地球本影最大深度与月轮直径之比，所以月全食食分 ≥1，月偏食的食分 <1。同一次日食，各地所见食分和见食时间，可以是不同的；但同一次月食，只要能见到全过程，各地所见食分和见食时间皆相同。

5.3.5　食限与食季

当日月相会于黄白交点附近时形成交食，这个"附近"若用定量加以表达，可定义为日、月食限角，简称**食限**。我们在天球上观测，食限内才有可能发生交食。若定义可能发生交食的一段时间称为"**食季**"。

1. 食限及其影响因子

人们对食限是这样规定的：当黄道上的日轮与白道上的月轮接近到互相外切（这种情况一定发生在朔日）时，日轮中心与黄白交点之间的角距离称为"日食限"，也就是太阳与黄白交点的一段黄经差，或日轮中心至黄白交点的一段黄道弧长，如图 5.14 所示。

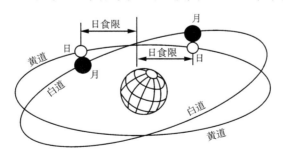

图 5.14　日食限示意图

同理，当黄道上的地球本影和白道上的月轮相外切（这种情况一定发生在望日）时，地球本影中心与黄白交点之间的角距离就是"月食限"，也就是地球本影中心与黄白交点的黄经差，亦是地影中心至黄白交点的一段黄道弧长。

食限的大小取决于黄白交角（4°57′~5°19′）、日地距离（1.471 亿~1.521 亿 km）和月地距离（36.33 万~40.55 万 km）等因素。一般来说，黄白交角越大，日食限越小；月地距离越大，月轮的视半径越小，日食限和月食限也越小；日地距离越大，日轮的视半径越小，日食限也越小，而地影截面的视半径却增大，因而月食限则变大。如 2000 年 7 月 16 日出现较长的一次月全食（历时 1 小时 47 分），主要是当时月球在近地点，地球在远日点，月食限较大，加上月中心与地影中心较接近的缘故。

因为影响食限因素是变化的，所以食限大小也有一定的变幅。若利用球面三角边的正弦定律计算可以得出食限的量值，如表 5.3 所示。

表 5.3　食限的量值

食限	日食		月食		
	偏食	全食和环食	半影食	偏食	全食
最大食限	17°.9	11°.5	18°.3	11°.9	6°.0
最小食限	15°.9	10°.1	16°.2	10°.1	4°.1

表 5.3 中的最大食限是指条件最好时的食限。以日食为例，若月球位于近地点，地球位于远日点、黄白交角最小时，月影就长些，日、月、地三天体在宇宙也易形成大致直线，所以食限可大一些。相反，最小食限就是条件最差时的食限。从表 5.3 中还可看出，月食中半影食的食限最大，但一般不把半影食作为月食。所以，除了半影食，月食限反而比日食限小，这就意味着发生月食的可能性比发生日食的可能性小。

规定了食限以后，是不是说凡太阳运行到日食限里总会发生日食，凡地球本影进入月食限就总会发生月食呢？不一定，要视看具体情况而定。因为日月食发生要同时具备交点条件和朔望条件。

2. 食季

食季有日食季和月食季之分。①**日食季**是指太阳在黄道上运行在日食限里的那段时间。例如，日偏食的最大食限是 17°.9，太阳运行在黄白交点两侧各 17°.9 的范围内都是在食限里，所以，日食限就是太阳在黄白交点两侧运行共 35°.8（即 17°.9×2=35°.8）所需的时间。因太阳每天在黄道上平均运行 59′，运行 35°18′约需 34.88 日，这就是日食季。在这个日食季里，只要月球来会合，就会发生日食。日食季 34.88 日比朔望月 29.5306 日长。所以，在一个食季里，月球起码可以来会合一次，也可能来会合两次，即在一个日食季里，至少会发生一次日食，也可能发生两次日食。无疑，发生日偏食的机会比发生日全食的机会要多一些。②**月食季**是指地球本影在黄道上运行在月食限里的那段时间。除了半影食，月偏食的最大食限是 11°.9，于是，月食季的长度为 24.2 日（即 11°.9×2÷59′=24.2 日），这比朔望月 29.5306 日短，所以，在一个月食季里，即地本影在黄道上运行到黄白交点前后 11°.9 的那段时间里，月球最多只能来会合一次，也可能不会来会合。因此，在一个月食季里，最多只能发生一次月食，也可能不会发生月食。

5.3.6　交食的概率

据统计，对全球而言，一个回归年内最多发生 7 次交食，最少发生两次日食。最常见的是日、月食各两次。

　　回归年的长度是 365.2422 日，食年是 346.6200 日，回归年比食年长 19 日左右。在一个食年里有两种食季（日食季和月食季），因此，在一个回归年里就可能产生两种情况：①两个完整的食季加一个不完整的食季；②两个不完整的食季（一个在年头，一个在年尾）和一个完整的食季。于是，一个回归年内，可能发生交食的几种情形分析如下：

　　（1）一年发生 5 次日食和 2 次月食　如果回归年与食年基本同时起步，差不多年初就遇到食季，这样，一个回归年中就有两个完整的食季和 1 个不完整的食季。如上所述，每个食季有可能发生 2 次日食，两个完整的食季有可能发生 4 次日食。还有一个不完整的食季，碰得巧，也可能发生 1 次日食。这样的年份，在两个完整的食季里，也可能各发生 1 次月食。所以，一年可能发生 5 次日食和 2 次月食，共交食 7 次。1935 年就是这种情况，具体见表 5.4。

表 5.4　1935 年发生的日食和月食

1 月 5 日	1 月 19 日	2 月 3 日	6 月 30 日	7 月 16 日	7 月 30 日	12 月 25 日
日偏食	月全食	日偏食	日偏食	月全食	日偏食	日环食

　　（2）一年发生 4 次日食和 3 次月食　如果食年与回归年不是同时起步，年初和年末各遇一个不完整的食季，年中有一个完整的食季。碰得巧，年中完整的食季中发生 2 次日食，两个不完整的食季各发生 1 次日食；两个不完整的食季和一个完整的食季都各发生 1 次月食。一年就发生 4 次日食和 3 次月食，共交食 7 次。例如 1919 年和 1982 年都发生 4 次日食和 3 次月食。

　　（3）常见日月食各两次　上述两种情况是特例，即条件最好，又凑巧时，一年发生交食的次数最多。但一般的年份所发生的日、月食的次数不会这么多。就日食而言，一年发生 2～3 次者居多，最少是一年发生 2 次，如 1980 年则只有 2 次日食，没有月食。就月食来说，如果不算半影月食，每年发生 2 次的概率最大，约占 70%；有的年份 1 次都不会发生；如果连半影月食也算在内，一年最多可发生 5 次，最少也是 2 次，仍以一年发生 2 次本影月食的概率为最大，约为 60%，其次是一年发生 4 次半影月食，约占 8%；一年发生 3 次半影月食，也约占 8%；一年发生 1 次半影月食和 1 次本影月食，亦约占 8%。我们从公元 1901～2500 年已经发生和推算发生的日食看，每个世纪平均发生日全食 67.2 次，日环食 82.2 次，日偏食 82.5 次，日全（环）食 14.8 次，合计 236.7 次，即平均每年发生日食约 2.37 次。再从公元前 1500 年至公元 2500 年发生和推算将要发生的月食来看，每个世纪平均发生半影月食 89 次，月偏食 83.8 次，月全食 70.4 次，合计 243.2 次，即平均每年发生月食 2.43 次。综合考虑，平均每年发生交食 4.8 次。

　　总之，发生 7 次交食的年份极少，常见是日、月食各两次。2005～2035 年在我国地区可见日、月食情况见表 5.5 和表 5.6。

表 5.5　2005～2035 年我国可见日食的时间、类型及主要可见地区

时间	日食类型	主要可见地区
2005-10-03	日环食、日偏食	拉萨大部分、青海西南部看见日偏食
2006-03-29	日全食、日偏食	中国西部能看见日偏食
2007-03-19	日偏食	拉萨、昆明、广州、北京等地

续表

时间	日食类型	主要可见地区
2008-08-01	日全食、日偏食	新疆东部、甘肃东北部、宁夏南部、陕西中部、山西西南部、河南西部可见日全食，除南海部分岛屿外全国其他地区可见偏食
2009-01-26	日环食、日偏食	中国南方可见日偏食
2009-07-22	日全食、日偏食	西藏东南部、云南西北部、四川南部、重庆大部、湖北大部、湖南北部、安徽南部、江西北部、江苏南部、浙江北部、上海大部可见全食（即长江中下游流域），全国其他地区可见偏食
2010-01-15	日环食、日偏食	云南中北部、四川东南部、重庆大部、湖北西北部、河南东南部、安徽北部、江苏北部、山东南部可见日环食，除黑龙江省最东端外全国其他地区都可见日偏食
2011-01-04	日偏食	乌鲁木齐等地
2011-06-02	日偏食	哈尔滨等地
2012-05-21	日环食、日偏食	广西东南部、广东大部、福建东南部、台湾北部可见环食，除新疆、西藏最西部外全国其他地区可见偏食
2015-03-20	日全食、日偏食	新疆北部可见日偏食
2016-03-09	日全食、日偏食	中国除了新疆、青海北部、甘肃西北部、宁夏北部、陕西北部、山西北部、河北北部、北京、天津、内蒙古、东北三省西部大部外都可见日偏食
2019-12-26	日环食、日偏食	中国全国可见日偏食
2020-06-21	日环食、日偏食	西藏中部、四川、贵州、湖南、江西、福建部分地区可见日环食，全国其他地区可见日偏食
2021-06-10	日环食、日偏食	中国北部可见日偏食
2027-08-02	日全食、日偏食	新疆西南角、西藏西部、云南南部可见日偏食
2028-07-22	日全食、日偏食	广西南部、广东东南部、海南、南海诸岛可见日偏食
2030-06-01	日环食、日偏食	内蒙古东北部、黑龙江北部可见日环食，全国其他地区（除南沙等岛屿外）都可见日偏食
2031-05-21	日环食、日偏食	全国（除新疆北部、华北、山东东部、东北外）都可见日偏食
2032-11-03	日偏食	全国（除南海部分岛屿外）都可见
2034-03-20	日全食、日偏食	西藏北部、青海西部可见全食，中国西部可见偏食
2035-09-02	日全食、日偏食	新疆中南部、甘肃北部、内蒙古中南部、河北中部、北京大部、天津北部、辽宁南部可见全食，全国其他地区（除南海部分岛屿）可见偏食

表 5.6　2005～2035 年我国可见的月食时间、类型及交食时间

时间	月食类型	交食时间（北京时间）	
		初亏时刻	复圆时刻
2005-10-17	月偏食	19：29	20：35
2006-09-08	月偏食	02：04	03：42
2007-03-04	月全食	03：36	09：06

续表

时间	月食类型	交食时间（北京时间）	
		初亏时刻	复圆时刻
2007-08-28	月全食	16：45	20：25
2008-08-17	月偏食	03：34	06：40
2010-01-01	月偏食	02：52	03：58
2010-06-26	月偏食	18：18	20：54
2011-06-16	月全食	02：19	06：03
2011-12-10	月全食	20：48	24：14
2012-06-04	月偏食	17：53	20：13
2013-04-26	月偏食	03：52	04：28
2014-10-08	月全食	17：08	20：36
2015-04-04	月全食	18：15	21：45
2017-08-08	月偏食	01：23	03：18
2018-01-31	月全食	19：48	23：11
2019-01-17	月偏食	04：02	07：00
2021-05-26	月全食	17：45	20：52
2021-11-19	月偏食	15：49	18：47
2022-11-08	月全食	17：09	20：49
2023-10-29	月全食	03：35	04：53
2025-09-08	月全食	00：27	03：56
2026-03-03	月全食	19：15	21：18
2028-07-07	月偏食	01：15	03：35
2028-12-31	月全食	23：10	02：37（次日）
2029-12-21	月全食	04：56	08：30
2030-06-16	月偏食	01：25	03：46
2032-04-25	月全食	21：30	01：00（次日）
2032-10-19	月全食	01：27	04：40
2033-04-15	月全食	01：30	05：00
2033-10-08	月全食	17：15	20：35

5.3.7 交食的周期

从日食和月食的发生原理中可以看出，交食的出现与月球的会合运动密切相关，这种会合运动具有周期性，因此，日月食的出现自然也应有周期性。交食的周期性是古代巴比伦人发现的，叫做沙罗周期。沙罗即重复的意思，周期为 18 年 11.32 日或 18 年 10.32 日，也就是经过 6585.32 日之后出现下一次类似的交食。

沙罗周期主要包括以下 4 种天文周期。

（1）朔望月　周期为 29.5306 日，这是日月会合的周期。

（2）交点月　周期为 27.2122 日，这是月球过黄白交点的周期。

（3）近点月　周期为 27.5546 日，这是月球过近地点的周期，月球近地时，月球本影可落到地球上，从而可能发生日全食。

（4）食年　周期为 346.6200 日，这是太阳过黄白交点的周期。

沙罗周期近似地是这四个周期的最小公倍数，大致相当于 223 个朔望月、242 个交点月、239 个近点月、19 个食年。在一个沙罗周期的时间内，大体上都有相同的日食和月食数，这期间将产生 70 次食，包括 41～43 次日食（其中有 28 次中心食，即全食和环食）和 27～29 次月食（其中有 16 次月全食）。

但是沙罗周期并未包括全部交食因素，其最小公倍数也只是近似，各次交食的具体情况并不是完全一样的，因而沙罗周期不能代替日月食的具体推算工作，准确的交食时间和发生的情况，需要专门天文工作人员进行严格推算。

5.4　天 文 潮 汐

在宇宙中，天体之间的引力是相互作用的。根据万有引力定律，两天体之间引力的大小与天体质量成正比，与它们距离的平方成反比。就月球和太阳而言，它们对地球各处引力不同，会引起的水体、地壳、大气的周期性升降现象。在海洋水面发生周期性的涨落现象，称为**海潮**，在地壳中相应的现象，称为陆潮（又称固体潮）；在大气中相应的现象，则称为**气潮**。这 3 种潮汐中，海潮最为明显。潮汐现象发生最基本的原因是天文因素。

5.4.1　潮 汐 现 象

1. 海面的潮汐涨落

因为海水是液体，具有流动性，所以它对外来的变形力的作用显得特别敏感。海水的运动通常分为 3 类，即：洋流、潮汐和波浪。一般来说，洋流是海水的水平流动，潮汐是海面的垂直运动。就局部海域潮汐表现周期性的海面升降变化，就全球而言，则是周期性的水平流动和此起彼伏的运动。所以，在考察潮汐现象时，应该把地球看成一个整体。

在海洋潮汐现象中，海面的上升叫**涨潮**，海面的下降叫**落潮**。涨潮和落潮互相交替。涨潮转变为落潮时，水位最高，称**高潮**，落潮转变为涨潮时，水位最低，称**低潮**。涨潮和落潮，高潮和低潮，都是周期性地出现的，其周期是半个太阴日，即 12h25min。因此，一般地说，对地球局部地区，一天有两次涨潮和两次落潮、两次高潮和低潮。例如，闽江口潮汐类型就为规则半日潮（如周期为 12h25min，涨潮约 5h，落潮约 7h25min）。

每一次海面升降运动都不是前一次的重复，而具有一些新的特点。例如，高潮不是同样的高；低潮也不是同样的低。高潮和低潮的水位差，称为**潮差**，也具有周期性的变化。在一个周期内，潮差由大变小，然后又由小变大。潮差最大时的海面升降，称为**大潮**；潮差最小时的海面升降，称为**小潮**，从大潮到下一次大潮或从小潮到下一次小潮的周期是半个朔望月，即 14.77 日。因此，每月有两次大潮和两次小潮，如图 5.15 所示。

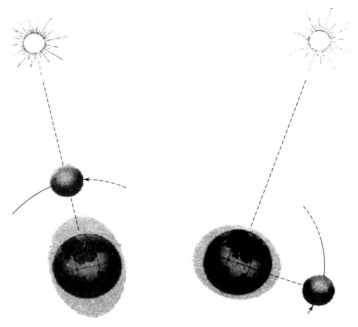

图 5.15 大潮和小潮

此外，潮汐还是一种全球性现象，这里需要简单说明两点：①海水的量不会突如其来地增加，也不会莫名其妙地减少。既然有些地方发生海面上升的现象，在另外一些地方则必须发生海面的下降。反之，一些地方的海面下降，也表明了另外一些地方的海面在上升。这种此起彼伏的运动称"潮波"。②海面的升降是通过海水的流动来实现的。海水的流入造成涨潮，海水的流出造成落潮。海水不断从正在落潮的海域，流向正在涨潮的海域，这样的水流叫"潮流"。总之，从全球范围来看，潮汐现象实际上是一种波动，但与一般质点波动不同；它既有垂直的升降，也有水平的流动。

2. 地球的潮汐变形

尽管海洋潮汐是全球性的现象，但是具体海域在特定时间的潮汐现象，都具有局部的和暂时的特点和成因。在这里所要讨论的是潮汐的全球性的因素。

从全球范围来看，潮汐现象首先是地球变形的现象，地球是一个球体。在这里，球体泛指正球体或扁球体或长球体。正球体是严格的球体，可以看成是正圆以任意直径为轴回转而成的球形体，长球体是椭圆以长轴为轴回转而成的球体，扁球体和长球体都是球形体，而不是真正球体，假如地球本来是一个正球体，它要在自转过程中由一个正球体变成明显的扁球体，又要在公转过程中由正球体变成轻微的长球体。这时，暂时忽视前者，着重说明后者，因为前者是永久性变形，而后者是周期性变形，称为潮汐变形，如图 5.16 所示。

潮汐变形是在天体相互绕转的过程中发生的，没有绕转就无所谓潮汐变形，也就无所谓潮汐现象。在这里，天体相互绕转是指地球和太阳环绕日地共同质心的运动和地球与月球环绕月地共同质心的运动。对地球上的潮汐现象来说，以后者为主。但是，为了说明简单起见，这里首先考虑的是地球和太阳的相互绕转。

地球和一切其他天体都在运动着。在这个前提下，地球和太阳的相互吸引使这两个天体发生绕日地共同质心的运动。这种运动可以简单地看成地球环绕太阳的公转，因为日地共同质心十分接近太阳的中心。

对地球的绕日公转来说，中心天体太阳的引力是绝对必要的。没有这个引力，地球将在自己的直线轨道上前进。有了这个引力，地球就不断地从当时的直线轨道（实际是切线轨道）向太阳降落（图 5.17）。在目前的具体条件下，地球并没有因为不断向太阳降落而最后坠入太阳的火窟，而是不断地由当时的直线轨道落入环绕太阳的椭圆轨道。尽管这样，仍然应该把地球环绕太阳的公转看成既是向前运动的过程，又是向太阳降落的过程，否则很难理解地球在绕日公转过程中，为什么发生潮汐变形，为什么会由正球体变成长球体？太阳对地球的吸引是差别吸引的。所谓差别吸引，就是地球的不同部分，对太阳有不同的距离和不同的方向，因而受到不同的吸引。它包括引力大小的不同和方向的不同。具体地说，距离近，所受引力就大；距离远，所受引力就小。方向正，所受引力就正；方向偏，所受引力就偏。在日地系统中，因太阳引力，使地球在绕日公转的过程中由正球体变成长球体。同理，在地月系中，因月球的作用，地球的形状向长球体或扁球体发展。

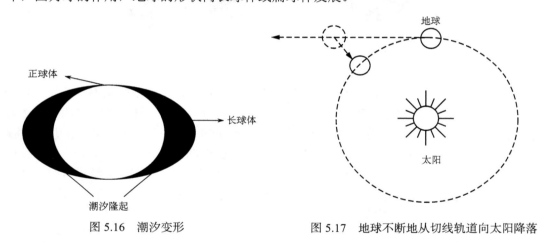

图 5.16　潮汐变形　　　　　　　图 5.17　地球不断地从切线轨道向太阳降落

5.4.2　引　潮　力

1. 引潮力及其分布

地球中心所受月球或太阳引力，无论大小或方向，都是整个地球的平均值，与这个平均值相比较，各地所受月球或太阳引力都有一个差值。这个差值是地球变形和潮汐涨落的直接原因，称**引潮力**，或称长潮力或起潮力。这样，各地所受太阳引力可以分解为两个分力，即平均引力和引潮力，如图 5.18 所示。引潮力＝实际引力－平均引力；平均引力使地球环绕太阳公转，引潮力使地球发生潮汐变形。

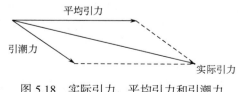

图 5.18　实际引力、平均引力和引潮力

引潮力之所以使地球发生变形，是因为引潮力本身因地点而不同。众所周知，大小相等方向相同的力，或者大小和方向都不同的力，都能使一个物体发生变形。通过月地（或日地）中心的直线同地球表面相交的两点叫垂点，即正垂点和反垂点。正垂点是地球上距离月球或太阳最近的一点；反垂点是地球距离月球或太阳最远的一点。在以正垂点为中心的半个地球上，所受的月球或太阳引力大于全球平均值，这就是说，那里的引潮力是向月球或太阳的。在这个力的作用下，这半个地球在向月球或太阳降落的运动中总是超前的，也就是向前突出的。反之，在以反垂点为中心的半个地球上，所受的月球或太阳引力小于全球平均值，即那里的引潮力是背月球或太阳的，在这样力的作用下，这半个地球在向月球或太阳降落的过程中，总是落后的，也就是向后突出的。向月球或太阳的半个地球向前突

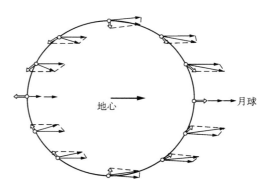

图 5.19　引潮力及其分布

出，背月球或太阳的半个地球向后突出。这样，整个地球就由正球体变成长球体。正反垂点的引潮力是全球最大的；正反垂点的连线，就是长球体的长轴所在。引潮力及其分布如图 5.19 所示。

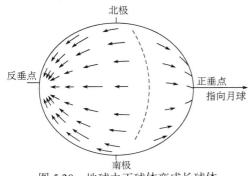

图 5.20　地球由正球体变成长球体

用地球上的上下方向来说，正反垂点的引潮力都是正向上的。随着对正反两垂点的距离的增加，引潮力的方向先由向上逐渐变成水平，再由水平逐渐变成向下。在引潮力终于变成向下的地方，正是距正反两垂点最远的地方，也就是以正、反两垂点为两极的大圆。两边的引潮力向上，中间的引潮力向下；引潮力的水平分力都指向正反两个垂点，并在那里形成两个隆起，从而使地球由正球体变成长球体。如图 5.20 所示。

总之，由于太阳对地球上不同部分的差别吸引，地球在同太阳一起环绕日地共同质心公转的同时，由正球体变成长球体。同理，由于月球对地球不同部分的差别吸引，地球在同月球一起环绕月地共同质心公转的同时，由正球体变成长球体。在前一过程中，地心不断地向日地共同质心降落；在后一过程中，地心不断地向月地共同质心降落。

地球上的岩石具有很强的刚性，而海水是可以流动的。因此，地球由正球体变成长球体，即在正、反垂点的周围，形成两个水位特高的地区，称潮汐隆起。其中，一个始终朝向月球（或太阳），形成**顺潮**；另一个始终背向月球（或太阳），形成**对潮**。

这里必须注意的是，两个潮汐隆起虽然存在于地面上，却跟着天上的月亮（或太阳）运行。从全球范围看起来，地球向东旋转过去，而潮汐隆起始终停留在月下点或日下点；从一个特定的地点看起来，随着月球或太阳的东升和西落，海面周期性地发生涨潮和落潮。

2. 引潮力的因素

各地的引潮力和地球所受的平均引力（即地心所受引力）的合力是各地所受的实际引力。因此，为了求得各地所受的引潮力，必须知道地面和地心所受的天体引力；为了求得地面和地心所受的天体引力，必须知道天体的质量 m 和距离 d；为了求得地面上某一点所受的天体引力，则至少还要知道地球的半径 r。这样，影响引潮力的因素至少有三项，即天体质量 m，天体距离 d 和地球半径 r。

如果考虑到地面上的点是天体的两个垂点，那么，只要知道这三项因素，就能求得引潮力加速度。在垂点上，地球半径和天体距离都在同一直线上；天体对地面和地心的引力没有方向上的差别。

在正反两个垂点上，天体对地面的距离分别是（$d-r$）和（$d+r$）。这样，天体对于正垂点、地心和反垂点的单位质量的引力分别为 f_1、f_0 和 f_2，可按下列公式求得（式中 G 是万有引力常数）。

在正垂点

$$f_1 = \frac{Gm}{(d-r)^2} \tag{5.1}$$

在地心

$$f_0 = \frac{Gm}{d^2} \tag{5.2}$$

在反垂点

$$f_2 = \frac{Gm}{(d+r)^2} \tag{5.3}$$

把式（5.1）、式（5.3）的分子和分母都乘以 d^2，上面 3 个公式就可表示为

$$f_1 = \frac{Gm}{d^2} \cdot \frac{d^2}{(d-r)^2} \tag{5.4}$$

$$f_0 = \frac{Gm}{d^2} \tag{5.5}$$

$$f = \frac{Gm}{d^2} \cdot \frac{d^2}{(d+r)^2} \tag{5.6}$$

正垂点上引潮力就是 f_1-f_0，反垂点上的引潮力就是 f_2-f_0。所以

$$f_1 - f_0 = \frac{Gm}{d^2} \cdot \left[\frac{d^2}{(d-r)^2} - 1 \right] \tag{5.7}$$

$$f_2 - f_0 = \frac{Gm}{d^2} \cdot \left[\frac{d^2}{(d+r)^2} - 1 \right] \tag{5.8}$$

考虑到 r 的值远远小于 d，可以把式（5.7）或式（5.8）等式右边中的后面项加以简化。经处理，前者近似等于（$1+2r$）/ d，后者近似的等于（$1-2r$）/d。于是，在正、反垂点上的引潮力 F 为

$$F = \pm \frac{2Gmr}{d^3} \tag{5.9}$$

在式（5.9）中，取天体引力的方向为正。因此，在正垂点上，引潮力的方向与天体引力

方向相同；在反垂点上，引潮力的方向与天体引力的方向相反。如果取地球引力的方向为正，在两个垂点上，引潮力的方向都同地球引力的方向相反，都是向上。

3. 太阴潮和太阳潮

在式（5.9）中，G、r 都是常数，因此，不同天体的引潮力的大小取决于引潮天体的质量 m 和距离 d，而主要的引潮天体有太阳和月球。太阳所造成的潮汐，称为太阳潮；月球所造成的潮汐，称为**太阴潮**。利用式（5.9），可以推算出太阴潮对地球影响明显。引潮力公式（5.9）不是引潮力的一般公式，不能用来比较任意两个地点引潮力大小，因为它没有包含引潮力天体的天顶距这个因素。通常，在比较太阳潮和太阴潮的相对大小的时候，只需要比较太阳和月球在各自的垂点的引潮力的大小，就可以无须涉及地点因素。因此，引用式（5.9）就可以比较太阳潮和太阴潮的相对大小。

根据引潮力公式，可以获得太阳和月球对于各自垂点的引潮力，同各自的质量成正比，同各自的距离的立方成反比。太阳质量是地球质量的 33.3 万倍，而地球质量又是月球质量的 81.3 倍，由此可见，太阳的质量约是月球质量的 2715.4 万倍，日地距离是月地距离的 390 倍（即 $149600000 \div 384400 \approx 390$）。因此，如果太阳的引潮力是 1，月球的引潮力就是 2.189，即 $390^3 \div 27154000 \approx 2.189$。粗略地说，月球对地球的引潮力是太阳的 2 倍多；或者说，太阳潮不及太阴潮的一半。太阳潮通常难于单独观测到，它仅能增强或减弱太阴潮，从而出现大潮和小潮。

5.4.3　海洋潮汐的规律性

1. 海洋潮汐的周期性

由上述内容可知，潮汐的周期性首先就是垂点向西运动的周期性，特别是月球垂点向西运动的周期性。月球垂点的西移，其主要原因是地球的向东自转，次要原因是月球的向东绕转。

地球的自转使月球垂点每恒星日西移 360°（即：约 15°/h），因此，如果把地球的流体部分看成动的，那么月球两个垂点及其周围的海水，以太阴日为周期在地球上的中低纬度地带向西运行。它们向哪里接近，那里就是涨潮；从哪里离开，那里就是落潮。同理，它们到达哪里，那里就是高潮；离开哪里最远，那里就是低潮。这样，在一个太阴日以内，某地就有涨潮和落潮，高潮和低潮各两次。

同理，由于地球的自转和公转，太阳在地球上的两个垂点以太阳日为周期，在地球南北回归线之间的地带向西运行，从而使得聚集在两个垂点及其周围的海水发生周期性的运动。但是，由于太阳的引潮力远远不如月球，所以，这两部分海水的运动并不特别明显。因此，太阴潮是海洋潮汐的主体，太阴日是海面升降的基本周期。

太阳潮汐的作用表现为对太阴潮的干扰。这种干扰同太阳和月球的会合运动有关。因而以朔望月为周期，在朔日和望日时发生大潮。因为那时月球、太阳和地球几乎在同一直线上，太阳和月球的垂点最为接近，以致太阳潮的高潮最大地加强了太阴潮的高潮，太阳潮的低潮最大地加强了太阴潮的低潮，也就是造成了特大的潮差，这就是**大潮**。在朔日和望日，如果月球又经过近地点，涨潮和落潮的高度差异就更大。上、下弦的时候发生小潮，因为那时月球和太阳的黄经相距 90°，太阳和月球的垂点相距最远，以致太阳潮的低潮大大地削弱太阴潮的高潮，太阳潮的高潮最大地削弱太阴潮的低潮，也就造成特小的潮差，这就是**小潮**。

每个太阴日两次的高潮和低潮和每个朔望月两次的大潮和小潮是海洋潮汐的基本周期。据此，人们就能推算和预告高潮和低潮的约略日期，其中特别重要的是预告大潮期间的高潮时刻。由于太阴日相当于太阳时 24h50min，所以，发生高潮的太阳时每日推迟 50min。

2. 海洋潮汐的复杂性

海洋潮汐的两个基本周期体现了潮汐现象的主要规律性。除此以外，海洋潮汐还有许多次要的规律性。这里，我们把它们看成潮汐现象的复杂性。

海洋潮汐复杂性，有以下四个方面的表现。

（1）海洋潮汐现象有明显的周期性　掌握半太阴日、朔望月这两个周期，海洋潮汐的周期就基本上掌握了，但是，潮汐的周期远不止这些，因为不仅地球和月球的运动（自转和公转），还有月球和太阳的赤纬和距离的变化，都是影响海洋潮汐的因素，其中月球的赤纬直接造成以太阴日为周期的**日潮不等现象**。所谓"日潮不等"是指一日以内的两次高潮之间的差异。其原因是：由于月球白道平面和地球赤道平面相斜交，地球的两垂点一般总是分居南北半球，以至顺潮（面向月球）和对潮（背向月球）总是有所不同。具体的日潮不等现象，因月球赤纬而不同，而月球赤纬又有多种周期性的变化，因此，日潮不等的周期性特点是海洋潮汐中极其复杂的问题。再加上距离变化的因素，情况就更加复杂了。

（2）除天文因素外，海洋潮汐还有气象因素和水文因素。天文因素总是周期性的，是可以预告推算的。气象因素是指气流情况，水文因素是指水流情况，二者都是非周期性的，只有在做好天气预报的基础上才是可以预告的。

（3）海洋潮汐还有地文因素（也就是海盆因素，包括海水深度和海盆形状等）　潮汐现象大体上存在于一切海域。但是，特别显著的潮汐，只发生在沿海。我国的钱塘潮之所以特别壮观，就同它所处的喇叭形河口位置有关。天文潮汐有各种不同的周期，其中特定的海盆条件就表现得特别明显。

（4）摩擦力因素　海水本身具有一定的黏滞性，存在着摩擦力，在海水的运动过程中，海底也有一定摩擦作用。因此，一日间的高潮一般都落后于月球的上中天和下中天的时刻。其数值称高潮间隔，它因地点而不同。同理，一月间的大潮，一般都落后于日、月相合或相冲的日期，其数值一般是差 1～3 日。

以上所述仅限于海洋潮汐，其实，地球上的其他水体、气体和固体，也有潮汐现象。但是，同单纯的海洋潮汐比较起来，包括一切潮汐现象的整体是更加复杂的。

通常所说潮汐都是地球上的潮汐，其实，地球对太阳、月球也有潮汐影响。特别是地球对于月球的长期潮汐作用，导致目前月球的自转表现为"同步自转"。

3. 潮汐摩擦

由于地球自西向东的自转，潮汐长球体的两个潮峰在地面上以太阳日为周期向西运行，形成潮波，在这过程中，海水对于海底具有摩擦作用，这就是潮汐摩擦。

若把月球对于地球的引力看成是集中于一点的话，那么，这一点总是偏高于地心的。之所以偏离地心原因有二：①如果把地球分成近月半球和远月半球，那么，它总是偏向近月半球的。这是因为，天体的引力同距离的平方成反比，近月半球所受的引力总大于远月半球。
②如果按照月球绕转的东西方向，把地球分成偏东半球和偏西半球，那么，地球中的这一点
总是偏向偏东半球。这是因为，由于海水的黏性，潮汐隆起的向西运行总是落后于月下点。
总之，月球对地球的引力，既是偏向近月半球，又是偏向偏东半球。这样看来潮汐摩擦不是
单纯的海水问题，而是地球整体的问题。

　　既然地月间的作用力是偏离地心的，它就产生力矩，就会影响地球和月球转动，具体地
说，月球对于地球的引力有一个向西的分量；地球对于月球的引力有一个向东的分量。前者
对于地球的向东自转起着减速作用，后者对于月球的公转起着加速作用。通常所说的潮汐摩
擦，强调地球自转的减速，而自然界本身则包括地球自转减速和月球绕转加速两个方面。

　　值得特别注意的是，月球绕转的速度是同月地距离相适应的，因此，月球绕转加快的结
果，必然使月地距离加大；而月地距离加大的结果，必然使球绕转速度的减慢，这样看来，
潮汐摩擦的后果是地球自转和月球绕转的速度变小，即周期变长，比较起来，地球自转周期
变长加快，而月球公转周期变长减慢。今天月球绕转周期（恒星月）是地球自转周期（恒星
日）的 27 倍。随着潮汐摩擦的持续进行，二者之间的差值将会逐渐减小。在遥远的未来，总
有一天，二者会变得完全相等，到那时，地球上的恒星日和恒星月是相等的；月球和地球保
持相对静止，当然，那时的一天和一月，不同于今天的一天和一月。同时，这种情况不会维
持很久的，因为地球和太阳并不是相对静止的。

　　根据古代日、月食记录的分析研究表明，由于潮汐摩擦，地球的自转周期每个世纪变长
0.0016s。这个变化虽然很小，可是经过长期积累，便变化明显。根据这个数据，目前的日长
比 2000 年前的日长要长 0.032s（即 0.0016×20=0.032s）。从对古珊瑚化石生长线（环脊）
的研究得知，在 3.7 亿年前，每年约有 400 天左右，即当时地球的自转周期约为目前地球
的自转周期的 9/10。如果在 2000 年前有一个严格同当时的地球自转同步的理想钟表，一直保持当
年的走时的速度不变，那么，到今天，它的走时要比现代钟表快 11688s（即 0.016×365.25×
2000=11688s），即约为 3h15s，如果不考虑这差值，据现代的天文数据推算远古天文事件，
不可能十分准确的，因此，从长远的观点来看，潮汐摩擦的作用，是不可忽视的。

　　4. 洛希极限

　　海水具有流动性，如果它只受地球的吸引，那么地表各处的引力应是均匀的，海水分布
也应具有均匀性，但如考虑月球的引力作用，情况就不同了，地表各部分受到的引力与地球
中心同样质量部分受到引力差称为引潮力。引潮力有使天体瓦解的作用。从对海潮分析的情
况来看，一天体施与另一天体上的引潮力在正、反两个方向把天体拉长，引潮力与距离的三
次方成反比，当绕中心天体旋转的小天体（如卫星）的距离小到一定限度以内，引潮力可能
超过小天体内物质间的引力，使小天体瓦解。当然这个极限距离与小天体的密度也有关系。
如果小天体内物质松散，在较远一些的距离上就会瓦解。法国天文学家洛希 1848 年首次求得
了这个极限距离，称为**洛希极限**。如果用 A 表示这个距离，则有

$$A = 2.45539 \left(\frac{\rho}{\rho'} \right)^{1/3} R \qquad (5.10)$$

式中，R 为中心天体半径，ρ 为中心天体密度，ρ' 为绕转小天体的密度。

　　如果卫星落在行星的洛希极限内，就会被行星的引潮力拉碎。太阳系中土星、木星、天

王星、海王星都有光环，具有一定的普遍性，一般认为行星环是原来外面的卫星落入洛希极限内被引潮力瓦解形成的，或是在演化初期残留在洛希极限内的物质无法凝聚成卫星而形成的。

在天文学中，潮汐这一概念已被引申到其他天体的研究中来，成为研究某些天体的形状、距离、运动和演化等不可缺少的因素。如密近双星由于彼此间起潮作用，常常发生物质交流，银河系对星团的引潮力是导致星团逐渐瓦解的重要因素之一，河外星系的物质桥也被认为可能是彼此之间的引潮力引起的。

就日月地系统而言，长期的潮汐效应人类应该重视，特别是潮汐对地球自转有一种制动作用，能使地球自转逐渐变慢，引发时间的度量等就要受影响。

5.4.4　潮汐的地理意义

潮汐现象在国民经济中具有重要的意义，各种海洋事业、海岸带开发都与潮汐涨落密切相关。

（1）人们根据潮汐涨落规律，张网捕鱼，引水晒盐，发展滩涂养殖业。

（2）潮汐发电，是沿海无污染、廉价的电力来源。它也是最早被人们认识并利用的是潮汐能。1913 年，德国在北海海岸建立了世界上第一座潮汐发电站。1967 年，法国朗斯潮汐发电站是世界上最大的海洋能发电工程。近期在苏格兰艾莱岛西部一个崎岖不平的半岛上又建一座具有开创性的潮汐发电站，它可以向英国的国家电网供电。这是潮汐能首次得到商业利用。1957 年，中国在山东建成了中国第一座潮汐发电站。据统计我国目前沿海有 7 个潮汐电站。

（3）潮汐作用的范围影响到港口建设和海运的发展。

（4）潮汐景观对旅游业发展的影响。例如：我国最大最壮观的潮汐是钱塘江潮，潮头高达 8m 左右，潮头推进速度近 10m/s，其壮观景象，汹涌澎湃、气势雄伟，犹如千军万马齐头并进，发出雷鸣般的响声，实为天下奇观。钱塘江在杭州湾流入东海，河口外宽内窄，宽处达 100km，狭处只有几公里。每年钱塘大潮来临时，都吸引了大量游客来此观潮旅游。

（5）一个国家的领海也与潮汐现象有关。如：国际规定领海范围是以海水落得最低时的位置来确定的。

（6）利用潮汐理论可为大陆岸线的确定提供依据。

5.5　日 地 关 系

不仅地表系统有物质与能量循环，而且地表与地外系统之间也存在着物质和能量的交流。例如，宇宙尘埃与陨石降落地球表面，参与地表系统的物质循环，大气层上部一些大气分子也会逃逸到宇宙空间中去。但太阳是目前地表能量来源的主要途径。太阳是太阳系唯一的恒星。总的说来，现在的太阳是一个相对稳定且发光的气体球，但它的大气却常处于局部的激烈运动之中，最明显的例子就是黑子（群）的出没和耀斑的爆发等。据现代研究成果表明，太阳活动的这些现象同太阳磁场的变化有密切关系。当太阳大气剧烈变化时的状况，称为太阳活动。太阳活动强烈时，所发射出的总能量比一般情况多，此时的太阳称为"挠动太阳"，而把一般情况的太阳称为"宁静太阳"。

5.5.1 太 阳 活 动

太阳活动是指太阳向外发射的能量在总量上变化，其本质是磁活动。尽管起伏不多（大约 0.1%～0.2%），但太阳辐射这个微小的变化，特别是在紫外和 X 射线波段的涨落会给地球带来重大的影响。太阳活动既有周期性的变化（主要是 11 年或 22 年），又有非周期的波动。最明显的标志是太阳黑子、太阳耀斑以及日冕物质的抛射（或太阳风）。

1. 太阳黑子

黑子是光球上经常出没的暗黑斑点。一般由较暗的核（本影）和围绕它的较亮部分（半影）构成，中间凹陷约 500km，黑子看起来是暗黑的，但这只是明亮光球反射的结果，如图 5.21 所示。其实，一个大黑子能发出像满月那么多的光，黑子的温度低于光球，本影有效温度约 4240K，半影有效温度为 5680K。

左为日面黑子，右为局部放大，可见本影和半影

图 5.21 太阳黑子

太阳活动的强弱程度，通常可用太阳黑子的多少来表示。日面上太阳黑子多时表示太阳活动较强，太阳黑子少时表示太阳活动较弱。国际上通常表达为

$$R=k（10g+f）\qquad(5.11)$$

式中，R 称为太阳黑子相对数，g 是太阳黑子群数，f 是可见日面上太阳黑子的总数，k 为换算系数。其中，k 取决于观测时所用的仪器、观测方法、天气情况和观测者的熟练程度，以及划分太阳黑子群的方法等。世界各天文台、站、馆把自己的观测结果与国际太阳黑子相对数进行比较求得自身的换算系数。黑子观测是太阳观测的一个基本项目。

黑子常成双或成群出现，复杂的黑子群由几十个大小不等的黑子组成。黑子的大小由 1000km 到 20 万 km 不等。通常的黑子群包括两个较大的黑子，称为双极黑子群。按太阳自转的方向，对成群出现的黑子，西面的称为前导黑子，东面的称为后随黑子。它们的磁场正好相反，一个为南极（S 极），另一个就为北极（N 极）。南北半球的前导黑子的极性正好相反。一般前导黑子较后随黑子为大，其寿命也较长，黑子的寿命从几小时到几个月不等。

在日面上黑子出现的情况不断变化，根据太阳黑子相对数统计表明，平均具有 11 年的周期变化（最长 13.6 年，最短为 9 年），叫做太阳活动周。黑子活动周是 1843 年由德国药

剂师施瓦布发现的。国际上统一约定，从黑子数最少的 1755 年开始至 1766 年为第 1 个太阳活动周，延续到现在。第 22～24 个太阳活动周黑子变化情况见图 5.22。2020 年进入第 25 个太阳活动周，根据太空气象预报中心的预测 2024 或 2025 年进入峰值。

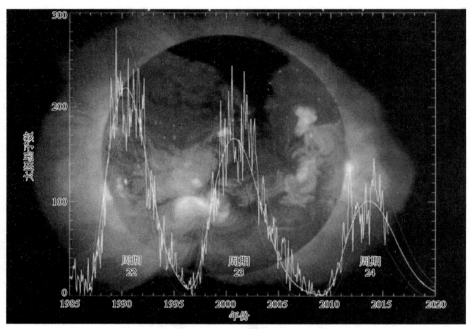

图 5.22　太阳活动第 22～24 周黑子变化情况

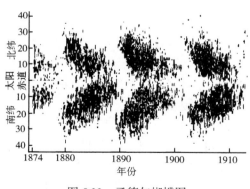

图 5.23　孟德尔蝴蝶图

据观测资料，黑子常出现在日面赤道两边纬度 5°～25°的区域，很少出现在高于纬度 45°以上的区域。在每一个新的太阳活动周开始时，黑子多出现日面南北纬 30°左右，随后，黑子的平均纬度随时间减小，在活动周之末，黑子出现在赤道附近，但赤道附近黑子未消失之前，新的黑子又出现在较高纬度地带。在一个太阳周内，南、北半球黑子出现的纬度随时间变化的规律绘成散布图，可显示黑子在日面上的分布特点，其形状很像蝴蝶的两个翅膀，这就是著名的孟德尔蝴蝶图，如图 5.23 所示。

黑子区域具有很强的磁场（0.1～0.5T），磁场强度同黑子面积有关，面积越大其磁场强度也越大。成双出现的黑子具有相反的磁性，磁力线从一个黑子表面出来，又进入另一个黑子。当太阳北半球前导黑子具有 N 极，后随黑子具有 S 极时，南半球的前导黑子具有 S 极，后随黑子具有 N 极。在每个太阳活动周内，每个半球黑子磁极情况保持不变，但在下一个太阳活动周内，磁性情况则颠倒过来，即北半球前导黑子为 S 极，后随黑子为 N 极，南半球前导黑子为 N 极，后随黑子为 S 极。因此，黑子磁性的变化等于两个太阳活动周，约为 22 年，这个周期叫磁周。

2. 光斑和谱斑

光斑是与黑子相反的一种光球现象，具有各种不同形式的纤维结构，比光球的温度高。在日面边缘部分，可以见到微弱亮片。光斑和黑子的密切联系，常常相互伴随，它比黑子先出现，平均寿命约 15 天。光斑的纬度分布同黑子类似，但稍比黑子带宽些，光斑亮度比光球背景亮 11%左右。

谱斑出现在色球中，位于光斑之上，它延伸的区域一般与光斑符合，也称为色球光斑，大多数谱斑也同黑子有联系，氢谱斑和铅谱斑的面积和亮度都随黑子 11 年周期而变化。

3. 日珥

在日全食时观测，或平时用色球望远镜单色光观测，常常在其边缘看到明亮的突出物。它们具有不同的形状，有的像浮云，有的似喷泉，还有圆环、拱桥、火舌、篱笆等形状，统称为日珥，如图 5.24 所示。日珥的大小不等，一般说来长约 20 万 km，高约 3 万 km，厚约 5 万 km，其寿命维持几个月，日珥主要存在于日冕中，但下部常与色球相连。根据形态和运动特征，日珥可分为若干类型。投影在日面上的日珥，称为暗条。在日面的高纬度区和低纬度区都会出现日珥，但最亮的日珥常出现在低纬度区，太阳黑子带内的日珥也具有 11 年周期变化，两极地区日珥的周期不明显。

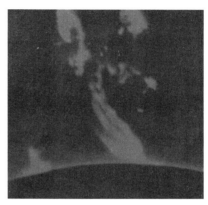

图 5.24　日珥

4. 耀斑

耀斑出现在色球层，是太阳活动明显标志之一。耀斑中涉及的物理过程较复杂，当用单色光（氢的 H_2 线和电离钙的 H、K 线最突出）观测太阳时，有时会看到一个亮斑点突然出现，几分钟或几秒钟内面积和亮度增加到极大，然后比较缓慢地减弱，以至消失，这种亮斑点，称为耀斑，这种现象也常称为色球爆发。耀斑很少在白光中看到，其强度常增至正常值的 10 倍以上，最大发亮面积可达太阳圆面的 1/200。耀斑的寿命很短，平均约 4～10min。当耀斑近于消失时，在其上或附近常出现暗黑的纤维状物，以很高的速度（300km/s）上升，当达到一定的高度（可达 10 万 km）之后，又快速地返回落向太阳，这种现象就是"日浪"，也称为"回归日珥"。

耀斑出现的概率与黑子也有很大的关系，在黑子的极大年代，耀斑活动最为强烈，大多数耀斑出现在黑子群的生长阶段，主要发生在双极黑子群附近，尤其是在磁性复杂的多极黑子群附近。

耀斑爆发时，发出大约 10^{30}～10^{32}erg 的能量，它抛射出的粒子流达 1000km/s 的速度，到达地球时，常引起磁暴和极强的极光。耀斑发出的强紫外辐射和 X 射线，会对地球产生很大的影响。

5. 太阳活动区

太阳活动的更普遍含义，是指发生在光球、色球和日冕上的许多不同活动现象。这些活动现象包括：①黑子、光斑、谱斑、日珥、耀斑的出现及变化；②在太阳光谱的远紫外辐射，X 射线和射电辐射的缓慢和爆发式的增强；③太阳等离子体的运动和抛射，以及快速电子和质子的加速等。所有这些现象都是密切相关并集中在太阳的一定区域里，故常称这种区域为太阳活动区，它是太阳活动现象的主要载体。

一个太阳活动区的主要物理状态的变化，反映了太阳磁场强弱的状况。磁场通过不同的方式控制甚至产生被观测到的现象。例如，在光球层磁场强度大于 0.12T 的磁通量的聚集就可能出现黑子；穿过色球和日冕的几十到几百高斯的延伸磁场，对于谱斑、日冕凝聚区的产生是重要的；磁场支持并形成日珥，同时也提供了耀斑成因的线索，可以说"活动区"的另一恰当的含义是磁区，储存了大量的磁能。

6. 太阳活动起源

宏观上稳定的太阳为什么会出现太阳活动现象？太阳活动周以及太阳磁场是如何形成的？太阳活动现象产生的物理机制如何？对于这些问题，目前还没有一致看法，但大多数科学家认为太阳活动的本质是磁活动，即太阳活动起源于太阳的原有弱磁场与太阳自转较差相互作用的结果。还有人认为太阳活动的根源是磁场。太阳磁场产生于太阳内部的发电机过程。内部产生的磁场浮现至表面。太阳大气复杂的运动加剧了磁场的复杂性，从而积累起巨大的自由能，酝酿一次又一次太阳爆发。理论研究表明，太阳较差自转可以把太阳内部微弱的原始磁场拉伸放大，形成管状的强磁场，称为**磁流管**。这些磁流管因具有磁浮力而上升，当它们与太阳表面碰撞时，磁力线穿越太阳表面，成为局部强磁场区，这就是太阳黑子。而形形色色的活动现象，则是活动区的强磁场与太阳大气中电离气体相互作用的结果。

解决太阳活动起源这一难题需要多学科、多方面的综合研究，尤其是首先对日震学的研究，其次是一系列空间观测对日冕等离子体的诊断，以及理论和数值模拟的研究。

5.5.2　太阳活动对地球的影响

不少现象表明，太阳活动对地球的影响是不可忽视的。研究太阳活动同一些地球物理现象的关系，形成了一门新的日地关系边缘学科。有人把太阳活动对地球的影响称为"太阳驱动力"。早在 1850 年，人们就发现地球磁场的变化同太阳活动的 11 年周期有关。观测表明，太阳活动同地球上极光的出现以及地球大气电离层的变动等也有密切关系。影响地球物理效应的太阳电磁辐射和粒子辐射，有下列几种：①电磁辐射，特别是 X 射线；②太阳的高能粒子；③低能量的太阳等离子体流。

1. 太阳活动的地磁效应

地球的磁场方向和大小都在不断地变化起伏，一种是非常缓慢的长期变化，其原因可推测是地核内部电流系统的变化；另一种是瞬间变化，主要与地球的宇宙环境有关，尤其是外界对地磁场的干扰所致。

来自太阳和宇宙空间的质子，重离子和电子到达地球附近时，有许多就被地球磁场所俘获而成为地球的"范·艾伦辐射带"。根据人造卫星上的盖革计数器，可以获得了整个辐射带的资料，由日冕发出的太阳风使地磁场畸变，引起昼夜不对称性而形成了磁层。关于地球磁场的两个重要特点磁层和辐射带，详见本书第 7 章。

（1）磁暴　在典型的磁暴发展中，突然开始之后是初相，初相的特性是地磁水平强度增高，起因是太阳风对地磁的压力增加。在几小时后是主相，其特性是地磁水平强度比干扰前的正常值减少许多，常达 5×10^{-7}T，到达极小值后，又慢慢地回复到正常值。

100 多年来，太阳活动和地磁的关系，成为许多天文学、地学工作者的研究对象。例如，在 1943 年科学家就研究发现，较大耀斑的出现同地球磁暴的发生有密切关系。耀斑出现时，在其附近向外发射高能粒子（如电子、质子、粒子和大原子序数的原子核）。带电的粒子运动时产生磁场，因此它到达地球时，便以自己的磁场来扰乱原有的磁场，引起了地磁的变动。

从耀斑出现和磁暴发生的时间间隔，可以估算出粒子在日地之间的平均运动速度。据统计：80%的四级耀斑有磁暴伴随，一般在这种耀斑出现 22h 发生磁暴，这样粒子的平均速度为 1900km/s，有的在 17h 发生磁暴，相应的速度为 2400km/s。20%的三级耀斑有磁暴伴随，相隔时间平均 34h，相应的速度为 1200km/s。有磁暴伴随的耀斑或黑子出现时，也发生射电爆发；有射电爆发的黑子群，也总有突然发生的磁暴伴随着；没有射电爆发伴随的黑子群，则不引起磁暴。

据统计，较微弱的磁暴大多数同耀斑没有关系，但却有一个 27 天的重复周期。27 天正是太阳自转的会合周期。有人认为，太阳大气外面，某些活动区，用光学方法看不到，但辐射高能粒子，需要 1～4 天才能到达地球，因而引起磁暴，但是这些活动区必须在日轮中心 10°～15°的范围内，才有磁暴伴随着。

（2）极光　地球的极区，在晚上甚至在白天，常常可以看见天空中闪耀着淡绿色或红色，粉红色的光带或光弧，称为**极光**，如图 5.25 所示。在极区的漫漫长夜里，这种光彩夺目的现象在几分钟或几小时内变化不定。

图 5.25　极光图

在北半球磁极区出现的极光，称为**北极光**，在南半球出现的极光，称为南极光。地球南北极相隔万里，却观测到了完全相同的现象，南北极光出现的频数有很好的相关性。不同的极光出现于不同高度，红光的（6300Å）中性氧辐射主要产生在 200～400km 高度，绿色的（5577Å）和紫色的（3900Å）产生在 110km 高度附近。

有人认为，太阳发出高能量的电子和质子进入地球附近，地球磁场迫使它们沿着地球的磁力线运动，这样，粒子便集中到地球的两个磁极，它们和地球大气中的分子、原子碰撞，所以，在高纬地区可见极光现象。

观测表明，极光出现的日数与太阳黑子年平均数值有密切关系，强极光也与强磁暴一样，也有 27 天的循环周期。

2. 太阳活动的电离层效应

从距地面 60km 左右起，一直到几千公里的大气外缘，存在着能反射无线电波的电离介质，这个区域叫电离层。电离层的起因主要在于太阳的远紫外线和 X 射线的作用，使大气的中性气体分子或原子电离成电子、正离子和负离子。电子浓度随高度而变化，又可分为几个分层：60～90km 高度为 D 层，电子浓度很低，每立方厘米约 1000 个电子，但中性分子浓度大；85～140km 高度为 E 层；140km 以上为 F 层。

太阳活动的长期变化对电离层的影响不太明显，但是大耀斑会很快使电离层中产生一系列现象，称为"电离层突扰"，突出表现为下面几种现象。

（1）短波衰退　无线电短波是靠电离层的反射才能从某地传到地球上遥远的地方的。太阳耀斑的 X 射线使 D 层的电离度突增，这时射向 E 层和 F 层并反射回地面的短波（10～15m）经过 D 层时受到强烈吸收，这是因为 D 层大气密度比 F 层大几万倍以上，电子和中性粒子碰撞的次数就多得多；电波经过 D 层时把能量传达给电子，然后电子因同中性粒子碰撞而损失能量，这样电波就因损失能量而衰减，因而引起信号减弱甚至完全中断，D 层电子数的密度增加越大，受衰减的频率就越高。

（2）信号突增　耀斑发生时，短波被吸收，中波不变，而长波信号反而增强。这是因为耀斑发生时，D 层电子浓度突然急剧增大，电波射入 D 层的深度很小，因而被吸收很少，这样，来自远方电台的靠 D 层反射传播的长波和超长波信号的强度便得到加强。

（3）太阳耀斑效应　耀斑出现时，太阳远紫外线和 X 射线增强，对地磁也发生影响，使地磁强度和磁偏角的连续记录出现了变幅不大的振动。由于在记录器变化部分的形状如同棉绒，因此这种现象常称为"磁绒"。这是由于 D 层电离度增加，使电导率也增加，因而使大气的电流增强，对地磁产生影响。磁绒一般在耀斑发展到极大以前 6min 左右突然产生，并迅速增强，在耀斑极大后两三分钟达到极大，以后逐渐消失。

另外，还有其他一些现象发生，如宇宙噪声突然吸收、位相突异、频率突然偏差等，在此不再多加介绍了。

3. 太阳活动对于中性高层大气的影响

（1）密度变化　太阳的远紫外线和太阳风的变化对于在 500～800km 高度的地球中性大气的密度有着重要的影响。人造地球卫星的观测结果表明，太阳活动的短期变化与大气密度有明显的相关性。大气密度的长期变化周期为 11 年，显然与太阳活动有关。大气密度的变化引起人造地球卫星轨道衰变率的变化，它直接影响到卫星的寿命。

（2）温度的变化　根据外围大气圈温度资料的分析，温度的短期变化小于长期变化（11年周期）。一般说来，温度变化的原因在于太阳远紫外线（小于 1000Å）的变化，它使 120km 以上的大气电离和加热，这种温度的变化，对航天卫星也是有影响的。

4. 太阳活动对近地空间及宇航的影响

太阳活动进入活动峰年时，太阳黑子相对数增加，耀斑爆发、日冕物质抛射等现象频繁出现，太阳活动增强，并且发射出大量高能带电粒子。

质子比电磁波传播得慢一点，约在太阳耀斑出现后 1～2h 到达地球附近。太阳质子辐射常被称为太阳辐射线，它们对大气的直接影响比其他微粒流大得多。太阳质子主要进入地球大气的高纬区，特别是极区附近。当太阳质子进入到近地空间与同期发生的 γ 射线暴、X 射线爆发联合作用，地球磁场将被压缩，绕地球赤道的高空环电流大大增强，不仅使电离层无线电讯的临界频率突然改变，也会干扰和破坏卫星及空间探测器的设备和运行，甚至威胁到宇航员的生命安全。

5. 太阳活动对天气和气候的影响

尽管太阳辐射总量基本稳定，但也有 0.1%～0.2% 的起伏，特别是在紫外波段和 X 射线波段有较大幅度的涨落。观测表明，这些波动足以引起大气环境及天气和气候的变化，雨量、温度、湖泊水位及河流水流量等都和黑子相对数的 11 年周期存在着一定的相关性，而某些地区气压、温度、雨量都与太阳黑子的 22 年磁周游较显著的相关性。当太阳活动剧烈时，太阳的紫外辐射和 X 射线辐射不仅对地球高层大气的成分和结构有较大的影响，而且会引起地面附近复杂多变的气候变迁。如太阳大耀斑爆发、日冕物质抛射等都会给地球带来重要的影响，特别是平流层中的臭氧层受太阳活动的影响最大，而臭氧层的变化会导致全球的气温变化。

太阳活动对地球气候的影响，则是许多科学家长期以来关心的课题，但由于研究资料尚不够丰富，因而目前取得的进展不快，存在的争论较多。一般认为，太阳的瞬时活动可能影响地球天气，太阳能量输出长期变化或日地空间物质改变能影响地球气候。资料显示，太阳活动（瞬间活动）周期与地球上水旱灾害和寒暖变化有关，但对其相关的物理机制目前尚不甚清楚。随着人类对日地关系认识的深入，必将揭示太阳活动与天气和气候的相关机制，从而为天气预报提供有效参考。

6. 太阳活动对地球臭氧层的影响

上述已提及，太阳活动与地球上空的臭氧层变化也有一定关系。虽然臭氧层仅占大气成分的 10 万分之一，但它能吸收和挡住了 99% 以上有害与人体和其他生物的紫外线，保护着地球及其他生物的生存。据现代观测研究，臭氧层的分布或密度变化受到太阳紫外辐射量变化的影响；臭氧总量与太阳黑子相对数呈相关，在黑子相对数达到极大的 2～3 年之后臭氧将达到极大值。

由于太阳紫外线的改变，可导致地球大气臭氧层在分布与密度上的变化，进而影响平流层温度，改变大气环流状况，直接影响的地球天气和气候。臭氧层变化还可能引起其他效应，如皮肤癌患病率增加，农作物产量变化，自然生态系统遭破坏等。

7. 太阳活动对地震的影响

据统计数据，地震发生的次数与太阳黑子活动的 11 年周期或 22 年磁周相关。这种现象有人认为是：由于太阳大耀斑引起日地电磁场耦合，触发了地震。即地震与日面的大耀斑爆发所引起的磁场变化有关。不过，这种理论还需要进一步分析研究。

8. 太阳活动对地球的其他影响

现在人们还注意到天文因素与人类健康和行为有关，过去这种观点曾被人认为是奇谈怪论。但近几十年来，许多统计事实表明，太阳活动和行星际扇形磁场的极性变化区影响，确实与某些疾病、血液系统、神经系统（表现为城市交通事故和犯罪率增多或减少）的变化有明显的相关性。因此，国际天文联合会建议有条件的国家，应该像作天气预报那样，进行太阳活动及行星际扇形磁场区交替的预报，以提醒人们防患。

5.5.3　太阳活动的预报

随着航天技术和无线通信技术的发展，人们意识到空间环境状态的变化，影响和制约着这些技术的实验和实施。而空间环境扰动的驱动源主要是太阳。太阳活动影响的面很广，太阳活动现象与人类生存环境关系密切。因此，研究太阳活动，特别是太阳黑子、耀斑发生的规律，并设法对其进行预报，就有重要的应用价值。通常太阳活动预报分为短期预报、中期预报、长期预报以及提前几分钟至几个小时的警报。

（1）短期预报　主要是预报未来几天内是否会发生具有强烈 X 射线、紫外光和粒子流发射的太阳耀斑。

（2）中期预报　主要是预报半个月至几个月的时间里日面上是否会出现大的太阳活动区，因为大的活动区最容易发生强烈的地球物理效应。

（3）长期预报　是估计太阳活动年平均水平的变化趋势，实际上就是预报太阳黑子相对数年均值的变化，包括下一个太阳活动周的极小年和极大年出现的时间。

太阳活动与人类关系密切，尤其是航天部门、无线电通信部门、气象、水文研究和管理部门应特别关注太阳活动。首先航天部门需要短期和中期太阳活动预报，以便选择合适的航天时间，避免高能粒子流对宇航员和航天器的损害。在估计人造卫星运行寿命时，需要知道卫星轨道附近大气密度的分布状况，而大气密度分布与太阳活动水平有关，因此需要知道太阳活动长期预报的信息。其次，无线电通信部门也对太阳活动密切关注。由于太阳耀斑产生的短波和粒子辐射均会破坏电离层的正常状态，导致无线电通信信号衰减甚至中断，因此他们需要各种时段的太阳活动预报，以便选择最有利的通信频率。再者是气象、水文研究和管理等部门需要太阳活动中期和长期预报，以作为天气和水情预报的重要参考。此外，由于太阳耀斑发射的大量低能粒子流引起的感应电流造成磁暴的同时，会严重损坏高纬地区的电力系统和输油管道，干扰导航、航测和矿物探测等部门的正常工作，因此这些部门也需要太阳活动信息。最后，太阳物理研究和地球物理研究本身也需要太阳活动预报，特别是太阳耀斑预报。这样，人们就能够掌握耀斑发生的时间，以便及时进行观测，以及安排国际科学协作等，从而可以取得丰富的观测资料，探讨太阳耀斑及其对地球影响的物理过程，进而改正对它们的预报方法。

近十几年来，由于太阳探测器（如"SOHO"、"帕克"等）近距离对太阳进行多方位探索，为人类提供了大量的太阳数据，也为太阳活动预报提供基础。当然，要想准确预报太阳活动事件，人类必须弄清太阳活动起源与日地关系机理。据报道，我国研究者已在 2016 年首次获得太阳大气可见至近红外 7 波段的同时层析高分辨率图像，这对未来建立太阳大气模型、实现准确的空间天气预报奠定重要科研基础。关于太阳活动的研究仍是 21 世纪科学难题之一。

本章思考及练习题

1. 简述地月系绕转的特征。
2. 月相如何形成？出现不同月相时，月球东升西没和中天时刻有何不同？
3. 简述交食的成因、种类及过程。
4. 食限和食季如何定义？
5. 何谓沙罗周期？它与哪些天文周期有关？
6. 什么叫涨潮和落潮、高潮和低潮、大潮和小潮？
7. 如何解释潮汐变形现象？
8. 何谓引潮力（起潮力）？为什么月球引潮力大于太阳引潮力？
9. 何谓日潮不等现象？解释半日潮、全日潮和混合潮的成因。
10. 何谓洛希极限？它对天体的形成有何作用？
11. 潮汐的地理意义有哪些？
12. 简述日地系统及太阳对地球的重要性。
13. 何谓太阳活动？太阳各层大气的太阳活动现象有哪些？
14. 为什么说太阳活动的本质是磁活动？太阳活动对地球有哪些影响？

进一步讨论题

日月地与人类的关系。试举例说明。

实验内容

1. 日月地三球仪器操作。
2. 天文软件模拟实验（3）——地月系绕转。
3. 天文软件模拟实验（4）——月相动态变化；日月食模拟。
4. 月相变化的目视观测。
5. 日月食照相观测（选做）。
6. 沿海地区河口涨潮落潮观测（选做）。
7. 太阳黑子观测及利用太阳黑子照片求出太阳黑子的相对数 R，利用公式 $R=k（10g+f）$（选做）。

第6章 地球运动及其效应

本章导读：

　　地球在宇宙中不停地运动着，其运动主要形式有地球自转、地球公转、月地绕转、地轴进动、极移等，而每种运动形式都有其自身的特点与规律。本章首次介绍地球运动主要形式，其次重点对地球自转与公转及其地理意义加以阐述，最后介绍地球运动的变化及其后果。

6.1 地球运动的主要方式

　　地球在宇宙中是不断地运动着的，虽然可分解成多种运动方式，但作为行星地球最主要的是自转、公转、月地绕转、地轴进动、极移及板块运动等。

　　（1）自转　地球以一日为周期绕着其内部的一条假想的轴转动，称为地球的自转。由于自转的缘故，在地球上产生昼夜更替现象。

　　（2）公转　地球以一年为周期围绕太阳运动，称为地球的公转。由于公转的缘故，在地球上产生以一年为周期的季节循环。

　　（3）月地绕转　地球和月球两天体围绕它们共同质心的转动，称为月地绕转。由于月地绕转，在地球上能观测到月相变化、潮汐现象等。

　　（4）地轴进动　地轴延伸成天轴，天轴所指的位置（即天极）不是固定不动的，经历大约 2.58 万年，天极将绕着黄极自东向西转过一个圆圈，这是地轴进动的结果，它会造成二分点的西移，北极星变迁速度是每年 $50''.29$，也叫做总岁差，总岁差是由日月岁差和行星岁差共同形成的，其中日月岁差是自东向西的，速度为每年 $50''.42$，而行星岁差是自西向东的，每年为 $0''.13$，二者叠加的结果导致每年自东向西 $50''.29$ 的变化，这种运动称为地轴进动。

　　（5）极移　由于地球是非均质体，地球的自转轴在地球的本体内并不固定，可做微小的摆动，从而造成地球的两极在地表位置的变化，这种移动称为极移。极移的结果导致地球各地表面经纬度发生变化。

　　（6）板块运动　地球内、外部都在不断地变化着。在太阳系八大行星中，地球是唯一发生板块构造运动的行星。这也是地球作为一颗行星在不断运动中所产生的必然结果。

　　此外，地球还有章动、摄动、轨道变动等运动形式。

6.2 地球自转及其地理意义

　　天体东升西落的周日运动是地球自转的反映，是地球视运动。地球自西向东绕着一根假想的轴转动是地球真运动。通过实验可以证明地球不停地自转着。

6.2.1　地球自转的证明

科学家已经通过落体偏东现象和傅科摆偏转现象证明了地球自转。

1. 落体偏东

落体偏东是指在地球表面由高处下落的物体总是偏落在铅垂线的东侧的现象。这种现象主要是由于地球自西向东自转，使得地面上同一地点的自转线速度随高度增加而增大。

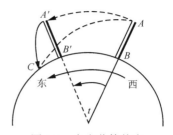

图 6.1　自由落体偏东

由图 6.1 所示，设有一物体从塔顶 A 下落，由于惯性致使它仍保持着塔顶的自转线速度 V_A。根据运动的不相干原理，物体除了做自由落体运动外还以速度 V_A 做东向的水平运动。经 t 秒后物体着地的东向水平位移为：$V_A t = AA' = BC$，而塔底 B 的东向水平位移则为：$V_B t = BB'$。由于 $BC > BB'$ 故物体的落点总是位于垂点 B 的东侧，落体东偏的实际水平位移 S 为：$S = V_A t - V_B t = BC - BB' = B'C$。

若考虑到纬度因素，落体东偏的水平位移应为

$$S = \omega_\oplus \cos\varphi \sqrt{2h^3 / g} \qquad (6.1)$$

式中，$\omega_\oplus$ 为地球自转的角速度（单位：rad/s），φ 为测点的纬度（北正南负），h 为物体下落前的高度，g 为重力加速度，位移 S 的方向为东正西负。

从式（6.1）可知：①在赤道 $\varphi=0°$，有 $\cos\varphi = 1$，即落体东偏的位移为最大值——偏东现象最明显；②在极点 $\varphi = \pm 90°$，均有 $\cos\varphi = 0$，故极点无落体偏东现象；③无论 φ 取正值或负值，均有 $\cos\varphi \geq 0$，故恒有 $S \geq 0$，即水平偏离位移 S 恒指东方，由此说明无论在北半球或南半球落体总是偏东的。

事实上，落体偏东的水平位移值是很小的。例如，在纬度 40°，高度 200m 处下落的物体东偏位移只有 4.75cm。由于落体偏东的水平距离是大圆弧，再加上有水平运动的物体必定受到地转偏向力的影响，导致在北半球落体偏东略微偏南；而在南半球落体偏东略微偏北。莱希在德国佛来山的矿井中的试验表明，从大约 156m 下落的物体，平均东偏约 2.8m，平均偏南约 1.8m。

2. 傅科摆的偏转

傅科摆的偏转，是地球自转最有说服力的证据之一。1851 年，法国物理学家傅科在巴黎先贤祠，用一个特殊的单摆让在场的观众亲眼看到地球在自转，从而巧妙地证明了地球的自转现象。后人为了纪念他，把这种特殊的单摆叫做"傅科摆"，如图 6.2 所示。傅科摆的特殊结构，都是为了使摆动平面不受地球自转牵连，以及尽可能延长摆动维持时间，而设定的。因而，傅科摆须有一个密度大的有足够重量的金属摆锤（傅科当年用了一个 28kg 金属锤），以增大惯性并可储备足够的摆动机械能；还须有一个尽可能长的摆臂（傅科当年用了一根 67m 长的钢丝悬挂摆锤），使摆动周期延长——降低摆锤运动速度，以减小其在空气中运动的阻力；其结构的关键一环是钢丝末端的特殊悬挂装置——万向节，正是这个万向节使得摆动平

面能够超然于地球自转。这样，有了一个能摆脱地球自转牵连，并能长时间惯性摆动的傅科摆，人们就可以耐心地观察地球极为缓慢的自转现象。

图 6.2　傅科摆

当傅科摆起摆若干时间后，在北半球人们会发现摆动平面发生顺时针偏转，而在南半球摆动平面则发生逆时针偏转。傅科摆的偏转现象可以通过图 6.3 予以解释。假设当傅科摆起摆时，摆动平面（箭头所示）与南北方向（或东西方向）重合。过若干时间后由于地球的自转导致该地的南北方向线（或东西方向线）发生偏转，但又因运动的惯性和摆动平面不受地球自转的牵连，故南北方向线（或东西方向线）与摆面发生了偏离。

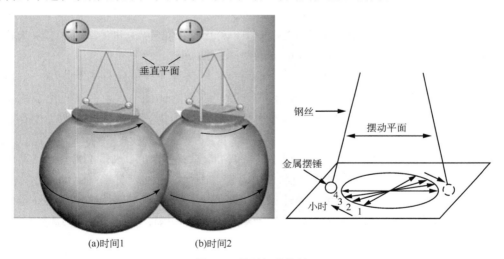

图 6.3　傅科摆的偏转

摆动平面的偏转角速度 ω 是与纬度的正弦成正比的，即 $\omega = 15^\circ \sin\varphi /h$。

如图 6.4 所示，设傅科摆在 A 地起摆时摆动平面与 A 地经线的切线（AC）重合，经若干时间（t）后，因地球自转，傅科摆随地球自转到达空间 B 点，这时原经线的切线（AC）方向在空间的指向也发生了变化，即变为 BC 方向（与 AC 方向的夹角为 θ）。但因摆动平面不受地球自转牵连及其保持运动惯性之故，其空间方向保持不变，即 BC' 方向（与 AC 方向平行）。这样，摆动平面 BC' 就与 B 点经线的切线方向产生了偏角（θ），于是，θ 角用弧度表示有：$\theta = \dfrac{AB}{AC}$；时角 t 用弧度表示有：$t = \dfrac{AB}{AO}$

则摆面偏转的角速度 ω 应为

$$\omega = \frac{\theta}{t} = \frac{AB/AC}{AB/AO} = \frac{AO}{AC}$$

$$\because \sin\varphi = AO/AC$$

$$\therefore \omega = \frac{\theta}{t} = \sin\varphi$$

若将 θ 化为角度，t 化为时间有

$$\omega = \frac{\theta \times 360°/2\pi}{t \times 24^h/2\pi} = 15°\sin\varphi/h \qquad （6.2）$$

式中，ω 为正值时是表示摆面顺时针偏转，如为负值时则表示摆面逆时针偏转；纬度 φ 的取值为北正南负。从式（6.2）可知：当 $\varphi = \pm90°$ 时，$\omega = \pm15°/h$，即在极点摆面偏转角速度最大；当 $\varphi = 0°$，$\omega = 0$，即在赤道摆面无偏转；北半球 $\varphi > 0$，$\omega > 0$，摆面顺时针偏转；南半球 $\varphi < 0$，$\omega < 0$，摆面逆时针偏转。

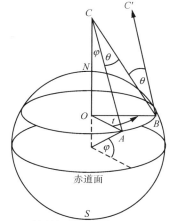

图 6.4　傅科摆偏转的角速度与纬度的正弦成正比

6.2.2　地球自转的规律

1. 地球自转的方向

地球的东西方向是以地球的自转方向来确定的，所以正确识记地球的自转方向是十分必要的。地球的自转方向可以通过"**右手法则**"认记：设想右手握住地轴，大拇指竖直指向北极星，四手指的方向则代表地球的自转方向。事实上，无论是地球上的东西方向或是天球上的东西方向都是从地球的自转方向引申出来的：人们把顺地球自转的方向定义为自西向东方向，把逆地球自转的方向定义为自东向西方向。由于天球的运动方向与地球的自转方向相反，因而日月星辰周日视运动的方向为自东向西方向。通过右手法则我们不难判定：在北极上空看地球自转是逆时针方向的，而在南极上空看地球自转则是顺时针方向的。显然，这与傅科摆的偏转方向是恰恰相反的，这是由于选择不同的参照系以及运动的相对性原理所致。

2. 地球自转的周期

地球的自转周期，统称为一日。然而，考察地球的自转周期时，在天球上选择不同的参考点，就有不同的自转周期，它们分别是恒星日、太阳日和太阴日。

（1）恒星日　以天球上的某恒星（或春分点）作参考点所测定的地球自转周期，称为恒星日，即某地经线连续两次通过同一恒星（或春分点）与地心连线的时间间隔。恒星日长 23h56m4s，这是地球自转的真正周期，即地球恰好自转 360° 所用的时间。如果把地球自转速度极为微小的变化忽略的话，恒星日是常量。

（2）太阳日　以太阳的视圆面中心作参考点测定的地球自转周期，称为太阳日，即日地中心连线连续两次与某地经线相交的时间间隔。太阳日的平均日长为 24h，是地球昼夜更替的周期。太阳日之所以比恒星日平均长 3min56s，是由地球的公转使日地连线向东偏转导致

的。如图 6.5 所示，当 A 地完成 360°自转（一个恒星日）后，日地连线已经东偏一个角度，待 A 地经线再度赶上日地连线与之相交时，地球平均多转 59′。也就是说一个太阳日，地球平均自转 360°59′。因地球公转的角速度是不均匀的，故太阳日不是常量。1 月初地球在近日点，公转角速度大（每日公转 61′），太阳日较长，为 24h+8s（地球自转 361°01′）；7 月初地球在远日点，公转角速度小（每日公转 57′），太阳日较短，为 24h−8s（地球自转 360°57′）。这种长短不等的太阳日，称为视太阳日。

视太阳日长短不等的原因概括起来有两个主要原因：一是椭圆轨道；二是黄赤交角。实际上，它们是同时作用并相互干扰的。前者使视太阳日长度发生±8s 的变化，后者使视太阳日长度发生±21s 的变化。二者之间，又以后者为主。

前者使视太阳日长度最长为 24h0min8s，发生在近日点时（1 月左右）；最短长23h59min52s，发生在远日点时（7 月初）。后者使视太阳日长度最长达 24h0min21s，发生在冬至日和夏至日；最短约为 23h59min39s，发生在春秋二分。因此，视太阳日长度变化，总体上是二至最长，二分最短；且夏至略短于冬至，秋分比春分更短些。

（3）太阴日　以月球中心作参考点测定的地球自转周期，称为太阴日，即月心连续两次通过某地午圈（即该地经线的地心天球投影）的时间间隔。太阴日平均值为 24h50min，这是潮汐日变化的理论周期。太阴日长于恒星日，是由于月球绕地球公转使日地连线东偏所致。一个太阴日，地球平均自转 373°38′，比恒星日多转 13°38′（图 6.5）。同样，因月球轨道为椭圆，其公转角速度也是不均匀的，故太阴日为变量。

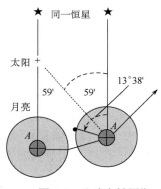
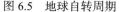

图 6.5　地球自转周期

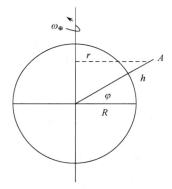

图 6.6　地球自转线速度

3. 地球自转的速度

（1）地球自转的角速度　地球自转可视为刚体自转，若在无外力作用的情况下，刚体的自转必为定轴等角速度自转。由此可知，地球自转的角速度是均匀的，既不随纬度而变化，又不随高度而变化，是全球一致的（除南北极地为零外）。地球自转的角速度（$\omega_\oplus$）可以用地球自转一周实际转过的角度与其对应的周期之比导出，即

$$\omega_\oplus =360°/恒星日=360°59′/太阳日　15°.041/h \qquad (6.3)$$

$$\omega_\oplus = 2\pi / 恒星日 = 2\pi / 86164\,s = 7.2921235 \times 10^{-5}\,rad/s \qquad (6.4)$$

在精度要求不高时，为了方便记忆，角速度约为 $\omega_\oplus \approx 15°/h$

（2）地球自转的线速度　地球自转的线速度是随纬度和高度的变化而不同的。这是由地

点纬度高度不同，其绕地轴旋转的半径不同所致。如图 6.6 所示，假设地球为正球体，A 地的地理纬度为 φ，海拔高度为 h，地球半径为 R，该地绕地轴旋转的半径为 r，有

$$r = (R + h)\cos\varphi \qquad (6.5)$$

则 A 地自转的线速度为

$$V_\varphi = \frac{2\pi r}{T} \qquad （T \text{ 为恒星日}） \qquad (6.6)$$

$$V_\varphi = \frac{2\pi}{T}(R + h)\cos\varphi \qquad (6.7)$$

$$\because \omega_\oplus = 2\pi / T$$

$$\therefore V_\varphi = \omega_\oplus (R + h)\cos\varphi \qquad (6.8)$$

从式（6.8）可知，纬度越低自转线速度越大。在赤道海平面上的自转线速度已超过音速，为 465m/s。因此，顺地球自转方向发射人造天体，可以大大减少发射能量，降低发射成本。

6.2.3　地球自转的地理意义

1. 天球的周日运动

天球的周日运动是地球自转的反映。人们把天球上的日月星辰自东向西的系统性视运动叫做天球的周日运动。"天旋"只是假象，实质就是"地转"，而现象与本质却有很好的对应关系如图 6.7 所示。

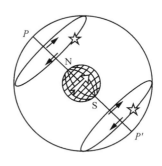

(a) 北天极恒星的周日视运动轨迹　　　　　　(b) "天旋"与"地转"

图 6.7　天球周日运动

天球周日运动特点：

（1）天球周日运动的转轴　天轴是地轴的无限延长。天轴与天球的两交点——北天极（P）与南天极（P'）是地球两极在天球上的投影。

（2）天球周日运动的方向　天球周日运动方向是地球自转方向的反映。正是由于地球自转方向是自西向东的，才导致天球相对地球发生自东向西的周日视运动。

（3）天球周日运动的周期 是地球自转周期的反映。恒星周日运动的周期就是恒星日，地球自转的真正周期；太阳周日运动的周期就是太阳日，它是地球昼夜更替的周期。恒星周日运动的角速度的大小，反映了地球自转角速度的大小（方向不同），地球自转角速度的变化就是通过精密测量恒星周日运动的角速度的天文手段确认的。

2. 昼夜的交替

地球是不发光、不透明的球体，在太阳的照射下，向着太阳的半球处于白昼状态称昼半球，背着太阳的半球处于黑夜状态称夜半球，昼半球和夜半球的分界线称为晨昏线，如图 6.8 所示。

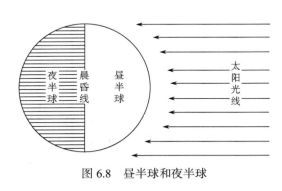

图 6.8　昼半球和夜半球

由于地球不停地自西向东旋转，使得昼夜半球和晨昏线也不断自东向西移动，这样就形成了昼夜的交替。有了昼夜的更替，使太阳可以均匀加热地球，为生物创造了适宜的生存环境，也使地球上的一切生命活动和各种物理化学过程都具有明显的昼夜变化，如生物活动的昼夜变化，植物光合作用与呼吸作用的昼夜交替，气象要素的日变化等。

3. 地球坐标的确定

在地球上，越东的地方时间越早。地球表面地理坐标的确定，是以地球自转特性为依据的。在地球表面自转线速度最大的各点连成的大圆就是赤道，而线速度为零的两点则是地球的南北极点；在地球内部线速度为零的各点连成的直线就是地轴，那么两极和赤道就构成了地理坐标的基本点和基本圈，在此基础上就可以确定地表的经纬线，从而建立地理坐标系。人们在建立地理坐标时，通常把地球看成正球体，并在上面设定一些点和线，如图 6.9 所示。由地球上的纬度与经度所组成的坐标就是地理坐标，用以表示各地的地理位置。建立这种地理坐标的体系，就叫地理坐标系。在地理坐标系中，赤道为横轴，本初子午线为纵轴，经度即横向位置，纬度即纵向位置，两者结合，可确定地球表面各地的地理位置。如北京的地理坐标就是北纬 39°57′，东经 116°19′，一般写作 39°57′N，116°19′E，表示北京的地理位置。

（1）经纬线与地球上的方向 通过地球南北两极（N，S）的大圆叫经圈，被极点分割的经圈半圆叫经线，又称子午线。其中通过格林尼治天文台旧址的经线是 **0°经线**，也称为**本初子午线**，它所在的平面是经度的起算平面。所谓纬线，就是赤道的平行面与地球相交的圆，所有纬线均与赤道平行。

经线是地球上的南北方向线，沿经线指向北极（N）为正北方向，指向南极（S）为正南方向，南北方向是有限方向。北极点是北向的终极点，于是站在北极点上面向任何方向均为南方；同样地，南极点是南向的终极点，在此处面向任何方向均为北方。

纬线是地球上的东西方向线，沿纬线顺地球自转方向为正东方向，而逆地球自转方向则为正西方向。东西方向是无限方向。但为了避免混乱，在同一纬线上的两点（图 6.9 的 A、B 两点）相对的东西方向是以两点之间的劣弧来确定的，即 A 点位于 B 点的东方，B 点则位于 A 点的西方。

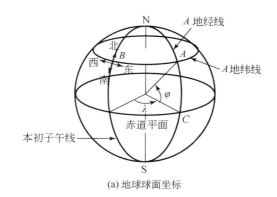

(a) 地球球面坐标

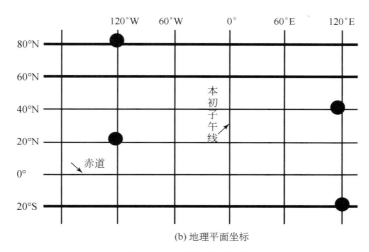

(b) 地理平面坐标

图 6.9　球面和平面坐标

（2）地理坐标的经纬度　地球上的所有经纬线都是垂直正交的，于是地表上的任意点都可以由两条正交的经纬线确定（如图 6.9 的 A 点），而这两条经纬线的经纬度就是交点的经纬度。

经度是指某地的经线平面与本初子午面的夹角。经度是以本初子午面作起算平面的，向东量度 0°～180° 为东经，向西量度 0°～180° 为西经，经度的记号为 λ（图 6.9）。国际通用的经度表示方法是用"E"代表东经，用"W"代表西经，如东经 120°35′，记作 120°35′E。东西经 180° 是同一条经线，它与本初子午线共一个经圈，但习惯上不以该经圈划分东西半球。为了照顾欧洲和非洲大陆的完整性，地图上是以 20°W 与 160°E 这两条经线划分东西半球的。

纬度是指过某地的铅垂线与赤道平面的夹角；如果在精度要求不高的情况下，把地球当作正球体，某地的纬度就是该地的球半径与赤道面的夹角。赤道面是纬度的起算平面，自该面向北量度 0°～90° 为北纬，向南量度 0°～90° 为南纬，纬度的记号为 "φ"，国际通用的纬度表示方法是：用 N 表示北纬，用 S 表示南纬，如：北纬 23°30′，记作：23°30′N。

（3）地球上的距离　常用的距离单位有 n mile、km。地球表面上的距离计算可用大圆曲线或球面上两点距离的一般公式求得。

地球上两点距离公式为

$$\cos AB = \sin \varphi_A \sin \varphi_B + \cos \varphi_A \cos \varphi_B \cos(\lambda_B - \lambda_A) \tag{6.9}$$

在式（6.9）中，φ北纬取正，南纬取负；λ东经取正，西经取负。地球面上两点之间的距离以大圆为最短（两点距离就是 AB 大圆弧的度数）。一般情况，若已知两点地理坐标 A（φ_A, λ_A），B（φ_B, λ_B），利用公式就可算出两地距离，即地球上每度大圆弧为 60 n mile，或地球上每度大圆弧为 111.1km。

4. 水平运动物体的偏转

由于地球的自转，导致地球上作任意方向水平运动的物体，都会与其运动的最初方向发生偏离。若以运动物体前进方向为准，北半球水平运动的物体偏向右方，南半球则偏向左方。造成地表水平运动方向偏转的原因，是由于物体都具有惯性，力图保持其原有运动的速率和方向。下面以发射弹体为例，讨论水平运动物体的偏转。

首先必须明确的是，水平运动物体的偏转是对原定目标方向的偏转，而非笼统的对地面经纬线的偏转。例如，在北半球向东西方向发射弹体时（图6.10），由于弹道是大圆弧，其必定偏离该地纬线。此时，若以代表东西方向的纬线作偏转参考线，就会得出向东发射的弹体偏于纬线的右方，而向西发射的弹体则偏于纬线的左方的错误结论。

（1）南北向运动的偏转　如图 6.10（a）所示，假设在赤道的 B 点向北半球的 A 点（正北方向）发射弹体的同时，在南半球 C 点向赤道 B 点（正北方向）也发射弹体。两弹体除了从弹膛获得向正北飞行的初速外，它们还保持了原纬线的自转线速度向东飞行。在弹体飞行的期间，ABC 经线转至 $A'B'C'$ 处，由于地球自转线速度由低纬向高纬递减，B 地发射的弹体着地时向东的水平位移 $AA''=BB>AA'$；而 C 地发射的弹体着地时向东的水平位移 $BB''=CC'<BB'$。因此，以地球作参照系，顺着发射目标的方向看，北半球运动的弹体偏右（$B'A''$实线箭头为地面观察者所见的偏离轨迹）；南半球运动的弹体则向左偏转（$C'B''$实线箭头——向西偏转）。但以星空作参照系，两弹体均向东北方向飞行，如图 6.10（a）中虚线所示。

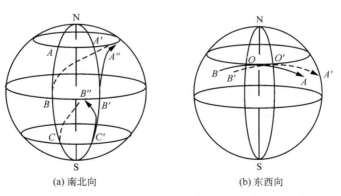

(a) 南北向　　　　　　　　　　(b) 东西向

图 6.10　水平运动物体的偏转示意

（2）东西方向运动的偏转　如图 6.10（b）所示，假设在北半球 O 地向正东方或正西方发射弹体。由于弹道大圆弧与 O 地纬线相切，O 点的自转线速度与弹体发射速度相重合，因此自转线速度对发射方向不产生任何影响。只是向东发射时线速度与发射速度相叠加，使弹体射得更远，如图 6.10（b）中弹着点 A；而向西发射则线速度会抵消部分发射速度使弹体射得近些，如图 6.10（b）中弹着点 B。在弹体飞行期间，O 地转至 O' 点，随之原固定在地面

的目标 A 及 B 均转至 A' 及 B' 处，即原定的目标方向线（图中虚线）发生了偏转。但由于弹体在空中的惯性飞行是超然于地球自转的，故弹着点 A 与 B 均在原目标 A' 与 B' 的西方。顺着目标方向看，北半球运动的弹体无论向东或向西发射均偏向目标的右方。同理可知，南半球运动的弹体无论向东或向西发射均偏向目标的左方。

（3）水平地转偏向力　法国数学家科里奥利（1792—1843 年）研究确认，在地球表面运动的物体受到一种惯性力的作用。后人将之称为科氏力，科氏力的水平分量为水平地转偏向力（A），其数学表达式为

$$A = 2mv\omega\sin\varphi \qquad\qquad (6.10)$$

式中，m 为物体的质量，v 为物体的运动速度，ω 为地球自转的角速度，φ 为运动物体所在的纬度。地转偏向力的存在，对许多自然地理现象产生深远的影响。

6.3　地球公转及地理意义

地球环绕太阳的绕转运动，称为地球的公转运动。在地球的公转运动中，一般是把太阳看作是居中不动的，地球环绕日心旋转。但严格地说，地球并不是环绕日心旋转，太阳也不是居中不动的。而是地球和太阳都环绕着它们的共同质心旋转，根据计算，这个质心位于距日心 450km，显然它在太阳的内部。因此，粗略地说地球绕日旋转，也是合理的。太阳系中的绕转天体不只是地球，还有其他天体，尤其还有大行星在绕太阳旋转。实际上，它们都同太阳一起绕太阳系的共同质心旋转，而这种旋转是很复杂的。

6.3.1　地球公转的证明

1543 年哥白尼在《天体运行论》中也没有为地球的公转提出直接的证据。此后天文学家在 1725 年和 1837 年分别用恒星的光行差位移现象以及恒星的视差位移现象证明了地球的公转运动。

1. 恒星的视差位移

（1）恒星的视差位移现象　是指在地球上观察近距离的恒星时，由于地球的公转运动导致该恒星相对天球背景发生视位移的现象（图 6.11 的 $A'B'$ 位移）。地球在半年的空间位移（AB）虽然十分巨大（近 3 亿 km），但相比之下恒星的距离更为遥远（除太阳外，最近的比邻星其距离为地球轨道半径的 27 万倍），因此恒星的视差位移是极为微小的难以观察的。

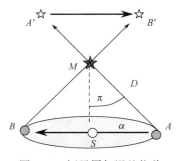

图 6.11　恒星周年视差位移

（2）恒星的周年视差　是指地球轨道半径（α）对于某恒星的最大张角叫该恒星的周年视差（即图 6.11 中的 π 角）。

1837 年德国天文学家贝塞尔率先测出天鹅座 61 的周年视差值为 0.3″（实为 0.29″），次年 12 月便向世人宣布了他的测量结果，从而证实了地球的公转运动。这是地球公转的第一个物理证据。

光行差：光的有限速率和地球沿着绕太阳的轨道运动引起的恒星位置的视位移。在一年内，恒星似乎围绕它的平均位置走出一个小椭圆。这个现象在 1729 年由詹姆斯·布拉德雷（James Bradley）发现，并被他用来测量光的速率。

2. 恒星的光行差位移

1725 年英国格林尼治天文台台长布拉德雷，在试图测定恒星的周年视差时，发现天龙座 γ 星每年有 20″微小位移，便以为测到了恒星周年视差。经认真核查，其所测到该星视位移的方向与理论上周年视差位移的方向不同，反复琢磨后，他终于认定这种视位移是由于星光速度与地球公转速度合成后产生的。这是地球公转的第二个物理证据。

（1）恒星的光行差　是指由于地球的公转运动，使地球观察者看到恒星的视方向与其真方向产生的差角（用 K 表示），如图 6.12 所示。光行差现象是不容易理解的，但它和生活中的"雨行差"现象十分类似。如图 6.13 所示，在无风的情况下，雨线垂直降落（雨速为 V_y——真方向），然而，此时在运动的列车上（车速为 V_c）看到车窗外的雨线却是倾斜的（视方向）。雨线的真方向与运动观察者看到的雨线视方向的差角（θ）就是所谓的雨行差。这是由于在列车上看，雨滴除了垂直速度（V_y）外，还获得一个水平向后的相对速度（$-V_c$），两速度合成后雨线就发生了倾斜。显然，倾角（θ）由雨速（V_y）和车速（V_c）决定

$$\tan\theta = \frac{V_c}{V_y} \tag{6.11}$$

同样道理，恒星发出的光线（速度为 C——真方向）在运动的地球（速度为 V_e）参照系上看，也会出现向着地球前进倾斜的现象（视方向），如图 6.12 所示。倾角（K）的大小由光速 C 与地球公转速度 V_e 决定

$$\tan K = \frac{V_e}{C} \tag{6.12}$$

当 K 角很小时，可用 K 角的弧度值代替其正切值，则有

$$K = \frac{V_e}{C} = 0.0000994\text{rad} \tag{6.13}$$

化为角秒得：　　　　　　$K = 0.0000994 \times 206265 = 20″.49$

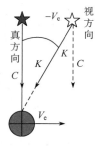
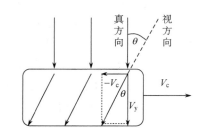

图 6.12　恒星光行差　　　　　　图 6.13　列车窗外看到的"雨行差"示意

这个差角与恒星的距离无关，可称作**光行差常数**，对于标准公元 2000 年，K 值为 20″.49552。恒星光行差与周年视差的显著区别之一是：前者与恒星距离无关，而后者的大小则取决与恒星的远近（只有较近的几千颗星可测到周年视差）。两者之间最重要的区别则是它们位移方向不同。

（2）恒星视差位移与光行差位移的方向区别　如图 6.11 与图 6.14 所示：在半年间，恒星视差位移（$A'B'$）与地球在轨道上的空间位移（AB）相互平行，方向相反（互成 180º）；而光行差位移的方向（$A''B''$）则与地球的空间位移方向（AB）相互垂直（互成 90º）。当年布拉德雷测到光行差时，就发现它的位移方向与视差位移方向不同。

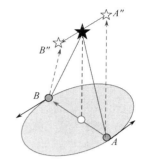

图 6.14　光行差位移的方向

3. 多普勒效应

地球绕太阳公转，使地球与恒星发生相对运动。对于特定的时间来说，地球向一部分恒星接近，而从另一部分恒星离开；对于特定的恒星来说，地球半年向它接近，半年远离它。总之，地球公转使恒星谱线以一年为周期，交互发生着紫移和红移。这是多普勒效应在地球公转中的表现，也是地球公转的第三个物理证据。

6.3.2　地球公转的规律

1. 地球公转的轨道

受地心说均轮偏心圆理论的影响，哥白尼认为五大行星与地球，都是沿着各自的偏心圆轨道自西向东绕日公转的。后来，开普勒发现火星的实测位置与偏心圆轨道的理论位置有 8' 的误差，反复研究才认定行星绕日公转的轨道是椭圆形的，而太阳则位于其中的一个焦点上。地球自西向东绕日公转的椭圆轨道参数：

半长轴（a）——149597870km
半短轴（b）——14576980km
半焦距（c）——2500000km
偏心率：$e=c/a=0.0167114$
扁率：$f=(a-b)/a=0.00014$

日地平均距离为 1.496 亿 km，在近日点（1 月初）时，日地距为 1.471 亿 km；在远日点（7 月初）时，日地距为 1.521 亿 km。由于受太阳系其他行星引力摄动的影响，近日点（或远日点）会移动，即每年东移 11"。因此，地球过近日点（或远日点）的日期，每 57.47 年推迟一天。

地球的轨道平面与其赤道平面交角为 23°26'21".448（公元 2000 年），反映在天球上就是黄道面与天赤道面交角（即黄赤交角）。

2. 地球公转的周期

地球绕日公转的周期统称为"年"。在天球上选择不同的参考点就有不同的年，如：**恒星年、回归年、食年、近点年**等，它们对应的参考点分别为：恒星、春分点、黄白交点、近日点等。下面以日心天球讨论地球公转的周期。

（1）**恒星年**　平太阳周年运动绕天赤道完整一周所经历的时间。或视太阳中心连续两次通过黄道上同一恒星的时间间隔，称为**恒星年**。年长为 365.2564 日。由于恒星参考点是天球上的固定点，因此恒星年是地球公转的真正周期，视太阳中心也恰好转过 360º。也是地球绕太阳公转的平均周期。1 个恒星年等于 365.2536 平太阳日。

（2）回归年与春分点西移　　回归年是指平太阳中心连续两次通过春分点所经历的时间，或指视太阳中心连续两次通过春分点所经历的平均值，年长为 365.2422 个平太阳日。回归年之所以比恒星年短（二者之差古人称为岁差），是因为春分点每年沿黄道西移 50″.29，使平太阳或视太阳与春分点会合实际只公转了 359°59′9″.71，回归年是季节更替的周期。春分点西移是地轴进动的后果之一。

（3）食年与黄白交点西退　　视太阳中心连续两次通过同一个黄白交点的时间间隔，称为食年（或叫交点年），年长为 346.6200 日。食年比恒星年短 18.6364 日，是由于太阳对地、月的差异吸引产生的外加力矩，导致地月系的动量矩的指向发生自东向西进动，致使黄白交点每年西退 19.344° 所致。食年与日月食的周期有密切关系。

（4）近点年及近日点东移　　视太阳中心连续两次通过天球上近日点投影所经历的时间间隔数，称为近点年。地球的近日点由于长期摄动，每年东移约 11″，所以近点年比恒星年约长 5min；其长度为 365.25964d，即 365d6h13min53.6s，主要用于研究太阳运动。

3. 地球公转的速度

日地系统在无外力作用的情况下是一个保守系统。因此，地球在椭圆轨道绕日公转时，满足机械能守恒定律。当日地距离增大时，地球克服太阳引力做功——消耗地球动能，增加系统位能；当日地距离减小时，太阳引力对地球做功——增加地球动能，消耗系统位能。于是，地球在近日点时公转线速度最大（30.3km/s），角速度最大（61′10″/d）；地球在远日点时公转线速度最小（29.3km/s），角速度最小（57′10″/d）；地球公转的平均线速度为 29.78km/s，平均角速度为 59′08″/d；只有地球向径单位时间扫过的面积速度始终不变。

6.3.3　地球公转的地理意义

1. 太阳的周年视运动

古人根据黄道上夜半中星（在黄道上与太阳成 180° 的恒星，如图 1.18 所示）自西向东的周年变化（$M_1 \rightarrow M_2 \rightarrow M_3$），推测太阳在黄道上的位置（$S_1 \rightarrow S_2 \rightarrow S_3$）是自西向东移动的，并且大致日行 1°。事实上，太阳的周年视运动是地球公转在天球上的反映。

（1）太阳周年视运动的轨迹（黄道）　　指地球轨道在日心天球上的投影，黄赤交角也正是地球轨道面与其赤道面夹角在天球上的反映。

（2）太阳在黄道上的不同位置　　指地球在绕日轨道上不同位置的反映，太阳视圆面最小时，表明地球恰好位于远日点上；反之，则位于近日点上。

（3）太阳周年视运动的方向（$S_1 \rightarrow S_2 \rightarrow S_3$）　　指地球公转方向（$E_1 \rightarrow E_2 \rightarrow E_3$）在天球上的反映，二者均为自西向东。

（4）太阳周年视运动的角速度　　指地球公转角速度在天球上的反映。在近日点附近地球公转角速度大，太阳周年视运动的角速度也大；反之，在远日点附近，二者角速度则变小。地球公转的角速度，可以通过每天测定太阳的黄经差导出（若要取得精确值，须用中星仪测定夜半中星的黄经差导出）。

（5）太阳周年视运动的周期　　指地球公转周期在天球上的反映。在地心天球上，日心连续两次通过黄道上的同一恒星或春分点或同一个黄白交点的时间间隔，所对应地球的公转周期分别是恒星年、回归年和食年。

2. 四季的变化

1）太阳回归运动与四季形成

由于黄赤交角的存在，太阳在天球上自西向东沿黄道的周年视运动，必然导致太阳在南、北天球（太阳赤纬 $\delta=\pm23°26'$）之间，以回归年为周期作往返运动；与天球上太阳的南北运动相对应的则是地球上太阳直射点在回归线之间（地理纬度 $\varphi=\pm23°26'$）的南北往返运动。人们把这两种南北向的往返运动，统称**太阳的回归运动**。太阳的回归运动是形成地球四季交替最根本的原因。对于季节的划分有不同的方法，这里所讨论的四季是指**在地球大气上界南、北半球范围内，太阳辐射的时间分配**。这种四季是不考虑地球的大气与下垫面对太阳辐射的反射、透射、吸收作用，以及大气与洋流的运动对太阳辐射能在空间、时间上的重新分配作用的。因此，这种四季的性质纯属天文四季。天文四季的形成，主要是由地球上太阳直射点的回归运动，进而引起太阳高度角以及昼夜长短两大天文因素的周年变化所导致的。

2）太阳高度的周年变化

太阳直射点的回归运动，必然导致地表太阳高度的季节变化，而太阳高度的大小直接影响到地表获得太阳能的多少。地面单位面积单位时间获得的太阳能（I）与太阳高度（h）的正弦成正比

$$I=I_0\sin h \quad （I_0 为太阳常数） \tag{6.14}$$

由球面三角边的余弦公式可以推出任意时刻太阳高度 h 的计算公式。

由图 6.15（a）可得出关系式

$$\cos（90°-h）=\cos（90°-\varphi）\cos（90°-\delta_\odot）+\sin（90°-\varphi）\sin（90°-\delta_\odot）\cos t \tag{6.15}$$

三角变换后为

$$\sin h=\sin\varphi\sin\delta_\odot+\cos\varphi\cos\delta_\odot\cos t \tag{6.16}$$

当太阳直射时（$h=90°$）入射辐射通量最大 I；诚然，太阳高度（h）除了有季节变化（由太阳赤纬 $\delta_\odot$ 变化引起）外，还随纬度（φ）变化。上式当 $t=0$ 时，则有

$$\sin h=\sin\varphi\sin\delta_\odot+\cos\varphi\cos\delta_\odot \tag{6.17}$$

$$\sin h=\sin[90°-（\varphi-\delta_\odot）] \tag{6.18}$$

为了简化讨论问题，用图示也可推导正午太阳高度表达式，以定量说明太阳高度的纬度变化与季节变化。

从图 6.15（b）不难导出正午太阳高度（H）的数学表达式为

$$H=90°-（\varphi-\delta_\odot） \quad （此式半球范围适用） \tag{6.19}$$

为使该式在全球全年都适用，则有

$$H=90°-|\varphi-\delta_\odot| \tag{6.20}$$

使用式（6.17）时应注意：φ、$\delta_\odot$ 的取值均为北正南负。当 $H>0$ 时，表示太阳在地平之上；当 $H<0$ 时，表示太阳在地平之下（实为极夜现象）。

从式（6.17）可以推知正午太阳高度的纬度变化及季节变化有如下规律：

（1）无论任何季节，在纬度 φ 等于太阳赤纬 $\delta_\odot$ 处的正午太阳高度 H 为最大值（90°），自该纬度向南北降低。

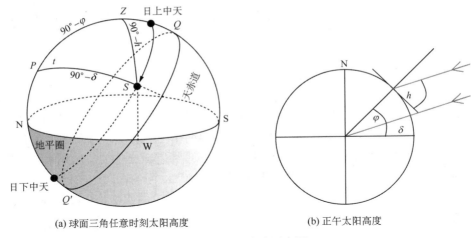

图 6.15　太阳高度示意图

（2）在半球范围内同一时刻，任意两地正午太阳高度之差等于这两地的纬度之差。这一点，利用半球适用的正午太阳高度角公式是很容易证明的

在 A 地正午太阳高度为

$$H_A=90°-（\varphi_A-\delta_☉）\qquad（6.21）$$

在 B 地正午太阳高度为

$$H_B=90°-（\varphi_B-\delta_☉）\qquad（6.22）$$

式（6.21）和式（6.22）两式相减得

$$H_A-H_B=\varphi_B-\varphi_A\qquad（6.23）$$

（3）任意地点正午太阳高度的年平均值等于该地纬度的余角，即

$$H_{平均}=90°-\varphi\qquad（6.24）$$

式（6.24）可以利用正午太阳高度公式进行证明。

（4）在$|\varphi|\geq23°26'$的地方，正午太阳高度的年变化呈单峰型，极大、极小值分别出现在二至日（北半球夏至最大，冬至最小；南半球反之）。

（5）在南北回归线之间，正午太阳高度的年变化呈双峰型。有两个极大值 $h=90°$，两个极小值。主极小值和次极小值分别为

$$H = 66°34' -|\varphi| \qquad H = 66°34' +|\varphi|\qquad（6.25）$$

3）昼夜长短的周年变化

昼夜长短的变化是导致地表获得太阳辐射能产生季节变化的重要因素之一。

下面，首先引入有关昼夜现象的一些基本概念。

（1）晨昏线是指昼夜半球的分界线（图 6.16）。如果不考虑大气的折射作用，把阳光当作平行光的话，理想的晨昏线是一个大圆；而实际上太阳光不是平行光，再加上大气的折射作用，实际的晨昏线是一个往夜半球平移了大约 100km 的小圆。当然，在精度要求不高时，可以把晨昏线看成一个大圆。

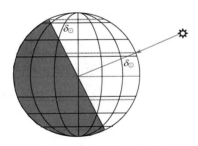

图 6.16　晨昏线与昼夜弧

（2）昼弧和夜弧昼夜长短是由昼弧、夜弧的长短决定

的。在地球上所谓的昼弧是指处在昼半球的纬线弧段，夜弧则是处在夜半球的纬线弧段（图6.16）。而在天球上，如图6.17（a）所示，所谓的昼弧是指太阳的周日圈在地平上的弧段（ABC弧段），夜弧则为太阳的周日圈在地平下的弧段（CDA弧段）。

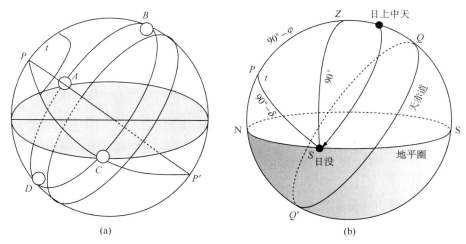

图 6.17　天球上的昼夜弧（a）和球面三角上半昼弧推导（b）

利用球面三角的余弦定理，由图 6.17（b）得出关系式

$$\cos 90°=\cos（90°-\varphi）\cos（90°-\delta_\odot）+\sin（90°-\varphi）\sin（90°-\delta_\odot）\cos t \qquad（6.26）$$

通过三角变换、移项整理，导出昼长表达式为

$$\cos t=-\tan\varphi\tan\delta_\odot \qquad（6.27）$$

式中，t 为半昼长，$2t$ 才是昼长。

当（$-\tan\varphi\tan\delta_\odot$）≤1 时为极夜现象；当（$-\tan\varphi\tan\delta_\odot$）≥-1 时为极昼现象。

从式（6.27）昼长表达式可推知：①太阳的赤纬 $\delta_\odot$ 为正值时（春分→秋分），越北昼越长，越南昼越短（图6.16）；当太阳的赤纬 $\delta_\odot$ 为负值时（秋分→春分），越南昼越长，越北昼越短。②春秋二分全球昼夜平分——无纬度变化（因为此时 $\delta_\odot=0°→\cos t=0$，有 $t=90°$，即 $2t=180°=12^h$，故全球昼夜平分）；冬夏二至昼夜长短达到极点，即夏至日北半球昼最长、南半球昼最短，冬至日南半球昼最长、北半球昼最短。③在赤道上终年昼夜平分——无季节变化，这是因为赤道与晨昏线均为大圆，无论它们交角如何变化始终都是相互平分的（从公式推导亦然，即因 $\varphi=0°→\cos t=0$ 有 $2t=180°=12^h$，故终年昼夜平分）。④无论何时，极昼极夜总是出现在 $\varphi=\pm（90°-|\delta_\odot|）$ 的纬线圈之内；从图 6.17 不难发现，这两个圈划极昼极夜范围的纬线圈，恰好就是与晨昏线相外切的两个纬线圈，一南一北，一个处在极昼另一个必为极夜。⑤昼长的年较差（一年中某地最长的白天与最短的白天的差值）随着 $|\varphi|$ 的增大而增大，见表 6.1 所示。⑥任意纬度的昼长年平均值均为 12^h。

表 6.1　不同纬度年较差

纬度	0°	30°	50°	66.5°	90°
年较差	0^h	4^h	8^h	24^h	半年

除上述影响昼夜长短的主要因素外，还有大气的折光、太阳的视半径和人观测时所处的高度对昼夜长短都对昼夜长短有影响，这些次要因素作用使在主要因素作用下的理论昼弧有所扩大。

4）四季的划分

对于天文四季的划分我国与西方略有不同。我国天文四季是以四立为季节的起点，以二分二至为季节的中点，因而，夏季是一年中白昼最长、正午太阳高度最大的季节，冬季是一年中白昼最短、正午太阳高度最小的季节，春秋二季的昼长与正午太阳高度均介于冬夏两季之间。我国大部分地处中纬度，四季的天文特征甚为显著。

西方天文四季的划分，较强调与气候四季的对应，以二分二至为季节的起点，四立为季节的中点。与气候四季颇为相合，但其性质仍属于天文四季。

3. 五带的划分及特征

（1）五带的含义、性质与意义 地球上的热带，南、北温带和南、北寒带总称五带。地球上到处都有季节，但是具体的季节因地而异。季节的变化主要有天文方面和气候方面。前者就是昼夜长短和正午太阳高度的季节变化，后者主要是气温高低的变化。这里说的五带完全根据它们的天文特点，是天文地带。

太阳回归运动是地球五带形成的最根本原因。**在地球大气上界，太阳辐射的纬度分布差异形成了五带**。同样，这种五带的划分也是不考虑地球大气与下垫面对太阳辐射的反射、透射和吸收作用，以及大气与洋流的运动对太阳辐射能在时间空间上的重新分配作用的。因此，这种五带的性质纯属天文热量带——是以太阳回归运动这一天文现象反映在地球上的回归线（太阳直射点南北移动的纬度极限）、极圈（极昼极夜现象的纬度极限）作为划分界限的。天文热量带的地学意义在于，它是所有自然地理要素纬度地带性的根本原因。

（2）五带的划分与特征 在南北回归线之间有直射阳光，划分为热带；在南、北极圈之内有极昼极夜现象分别划分为南、北寒带；在南、北半球的极圈与回归线之间，既无直射阳光又无极昼极夜现象分别划分为南、北温带。

五带具有以下特征：①**热带**：它占全球面积的 39.8%，此处正午太阳高度是五带中最大的，每年有两次极大值和两次极小值——极大值均为 90°，极小值介于 43°08′与 66°34′之间，平均年变幅小（赤道最小为 23°26′）。昼长年较差不大于 2h50m。由于终年获热最多且时间分配均匀，气候季节不显著——长夏无冬。②**南、北温带**：它占全球面积的 51.9%，此处既无直射阳光又无极昼极夜现象，正午太阳高度年变化呈单峰型，平均年变幅最大为 46°52′，昼长年较差最大值可达 24h。由于终年获热不多且时间分配不均匀，气候四季甚为分明。③**南北寒带**：它占全球面积的 8.3%，此处有极昼极夜现象，终年正午太阳高度角很低，甚至出现负值，是全球获热最少的地方，气候季节不显著——长冬无夏。

6.4 变化中的地球运动

地球在宇宙中不停地运动着，不仅方式多样，而且也十分复杂。但人类特别关注的是地球自转速度的变化以及所带来的影响。在地球内部和外部的各种因素作用下，地球自转变化主要表现在三个方面。即：一是自转速率或"日长"的变化；二是自转轴在地球本体内的变动或极移；三是自转轴在空间的进动，导致岁差和章动等。

6.4.1 自转速率的变化

地球自转虽有一定的规律，但自转速率有变化，表现为地球自转速度的长期变化和短期变化。

如果不受外力作用，处于惯性自转的地球是刚体的话，其自转的角速度必然是恒定均匀的。然而，地球事实上不是刚体，地表和地内物质的运动（如：洋流、潮汐、大气环流、地幔对流、火山爆发等）都会导致地球转动惯量（J）的变化，进而引起地球自转角速度的变化。根据动量矩守恒的原理，在无外力（矩）作用的情况下

$$地球的动量矩 = J\omega_\oplus = 恒量 \tag{6.28}$$

因此，当 J 变大（即地球物质迁移分布远离地轴）时，地球的角速度 $\omega_\oplus$ 将减小；相反，当 J 变小（即地球物质迁移分布靠近地轴）时，地球的角速度 $\omega_\oplus$ 将增大。

但纵使 J 保持不变，也因地球受到外力作用（如月球对其产生的潮汐摩擦）导致地球动量矩不守恒，引起 $\omega_\oplus$ 的变化。从理论上讲，这些变化在牛顿时代已经是早有预见的。但由于潮汐摩擦十分微弱，地球物质的迁移量与地球总质量之比可谓微乎其微，故地球自转周期（恒星日）的变化（为毫秒量级），在早期根本无法测定。直到 20 世纪 30 年代后，石英钟、原子钟等精确计时系统的相继发明，再配以精密的天文观测手段，人们才确认了地球自转的不均匀性。地球自转速度的变化可分为三类，即长期变化，季节变化和不规则变化。

地球自转的长期变化主要表现在自转变慢，现代观测表明恒星日每百年增长 0.001～0.002s。根据古生物学家对珊瑚化石的年轮"带"的研究表明，3.7 亿年以前的泥盆纪中期，一年约有 400 天。在年长稳定的情况下，每年日数的减少，只能是日长增长的结果。由此推知，从那时到现在平均每百年日长增加 0.0024s，这与现代测量结果也在同一数量级上。

地球自转长期变化的主要原因是：①单调性的长期变化（变慢），是由于潮汐摩擦以及潮峰滞后引起月球加速，进而消耗地球自转能（使地球的动量矩减小）所致。②非单调性的长期变化，是由于极地冰川的消长，地幔与地核的角动量交换造成的。大冰期，大量的冰川在极地集结，海平面大幅度下降（可达 130m），地球自转变快；间冰期，极地冰川消融海平面上升，地球自转变慢。

从 20 世纪 70～90 年代以来，近 50 年频繁的闰秒事件接连发生多达 27 次，这与近来全球气候变化有关。闰秒事件已向人类敲响了警钟——治理地球环境，杜绝滥伐森林，减少二氧化碳排放，防止温室效应，刻不容缓！

地球自转的季节变化，主要由气团的季节性移动引起的。季节性的日长变化约为 ±0.0006s，表现为春慢秋快；年变幅为 0.020～0.025s。

地球自转的不规则变化表现为：自转角速度时而变快，时而变慢。平缓的不规则变化可能与地内物质的角动量交换有关；突然变化的物理机制尚不清楚。

虽然地球自转变化的相对量很小，但长期累积效应是显著的，现代科学技术需要地球自转变化的精确资料。人类现在很关注地球自转的速度变化。

6.4.2 极 移

地极的移动，称为**极移**。1765 年瑞士数学家欧拉在假定地球是刚性球体的前提下，最先

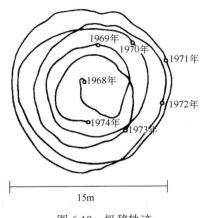

图 6.18　极移轨迹

预言极移的存在。现代人通过观测北极星的高度可定出观测地点的纬度。或对相隔 180° 的两地精密地测定它们的纬度，发现一地的纬度增加，则相对的另一地纬度有同量的减少，这表明地极产生了移动。不过极移范围很小，不会超过 ±0″.4，相当地表面积 15m×15m 左右，如图 6.18 所示。我们把这个小的极移区域近似地看成一个平面，它与地球表面的切点，就是极移轨迹线的中心，该中心称为平均极点 P_0，地球的瞬时轴与地球表面的交点，叫做地球的瞬时极 P。如果把地球作为绝对刚性球体看待，则瞬时极 P 绕着平均极 P_0 作圆周运动，运动的周期是 305 个恒星日，即欧拉周期。但事实上，地球并不是绝对刚性球体，液体和其固体表面都有潮汐现象，而且地球内部的地质活动也不停进行着。1891 年，美国天文学家张德勒分析了 1872～1891 年世界上 17 个天文台站的 3 万多次纬度实测值，结果表明：瞬时极的轨迹是一组弯曲的螺旋曲线，它要由两种周期组成，一种周期为一年的，变幅约为 0″.1；另一种周期为 432 天（近于 14 个月）左右的，变幅约为 0″.2，还有一些短周期的变化。其中，周期近于 14 个月的地极摆动现象，称为张德勒摆动，相应的周期称为张德勒周期。张德勒周期比欧拉周期约延长 40%，这种延长与地球的内部构造、物理性质、地球表面的物质运动有密切关系。因此，为了深入研究张德勒摆动，便在国际上成立了纬度服务机构，这个机构于 1899 年开始工作，参加的天文台站都位于北纬 39°08′。国际极移服务部门是 1962 年成立的，我国的天津纬度站于 1964 年开始极移服务工作。通过观测北极星的高度可定出观测地点的纬度。

地球的瞬时轴永远指向天北极，因此，从空间看出，瞬时极在地面上是固定不动的，平均极绕着瞬时极转动。但从地球上看去，由于观测者与平均极都固定在地球上，所以认为平均极是固定不动的，而瞬时极围绕着平均极转动。这种瞬时极的运动，实际上是一种视运动，它是由于平均极的转动造成的。其结果是，天极的高度、当地地理纬度的数值在发生微小的变化，伴随而来的是地理经度和方位角也发生微小的变化。

地极除上述长周期的（还有一些小周期的）移动之外，科学工作者还测出它有长期向西移动的现象。苏联科学家根据观测资料（图 6.19）得出地球北极以每年 0″.004 的速度向 69°W 方向移动，中国科学院国家天文台天津纬度站测得的结果是每年 0″.0035 速度向 75°W 方向移动，二者相差不大，如果地极确实是长期朝一个方向移动，则可推算过 5000 万年左右北极将移于美国大西洋岸，5000 万年前，北极就应在我国的华北，目前发现在印度、南非和巴西等热带地区，有大面积的二叠纪、石炭纪冰川沉积，而北冰洋在侏罗纪是温带软体动物繁殖之地，这些现象是否说明地极向一个方向长期移动？这个问题已引起了古地理学家和相关科学工作者的注意。

6.4.3　地 轴 进 动

1. 地轴进动或岁差的成因

地轴进动的原理与陀螺的进动类似（图 6.20）。它的发生同地球形状、黄赤交角和地球自转有关。地球具有椭球体的形状，即两极稍扁，赤道略鼓。月球和太阳对在赤道面鼓的部分施加引力，同时地球又在自转，这样便产生了地轴进动（图 6.21）。

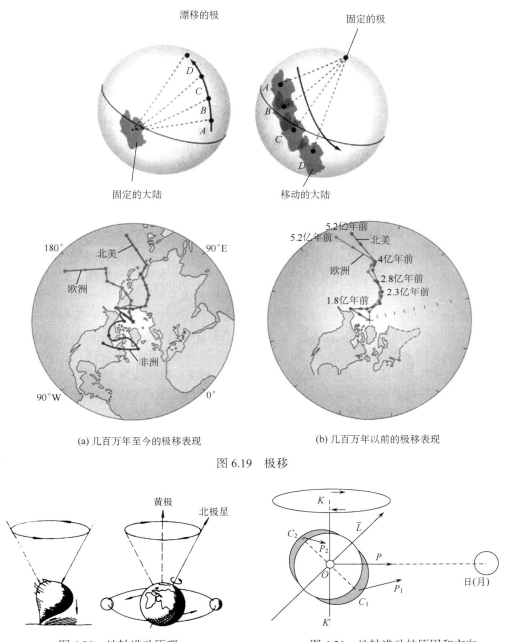

(a) 几百万年至今的极移表现

(b) 几百万年以前的极移表现

图 6.19 极移

图 6.20 地轴进动原理

图 6.21 地轴进动的原因和方向

假如把地球分为三部分，中间的圆球部分质量中心在地球中心 O，而 C_1 和 C_2 是赤道上多余物质的质量中心。假定月球位于黄道上，显然，月球对较近部分 C_1 的吸引力 P_1 比对较远部分 C_2 的吸引力 P_2 要大些。P_1 将产生一个以 O 为中心的力矩 M_1，它使地轴和黄轴相重合；P_2 也产生一个力矩 M_2，它使地轴倒向黄道面。

但是因为 P_1 大于 P_2，而 $OC_1=OC_2$，所以 M_1 大于 M_2。如果地球没有自转运动，则这个合力矩就使地轴和黄轴重合。然而，地球是具有自转运动的，那么，这个合力矩就使地轴朝着垂直于合力矩的方向移动，如图 6.21 所示，地轴产生顺时针的移动。这种现象可以从一个侧身旋转的陀螺观察到，它在地心引力的作用下产生合力矩，使其轴线围绕着垂直于地面的直线画出一个圆锥体的表面，地轴的这种运动，称为地轴进动。

不仅月球对地球的作用力矩使地轴发生进动，同样，太阳对地球的作用力矩也会使地轴发生进动。但是，因为月球离地球比太阳离地球近得多，所以在地轴进动上，月球的引力作用要比太阳大得多。理论上，其他行星也都应对地球有作用力矩，但是，因为它们离地球较远，质量又较小，以致它们的作用力矩在实际上对地轴的进动不起任何作用。因此，可以得出结论：地轴的进动首先是月球，其次是太阳对地球赤道隆起部分产生的力矩造成的，没有地球的自转运动，地轴进动也是不可能发生的。因此，地轴进动也可以作为地球自转的证据之一。

2. 地轴进动的周期

地轴的延长线指向天极，由于地轴进动，天极和天赤道在恒星间的位置不停地发生改变，天赤道与黄道的交点——二分点将不停地按顺时针方向沿着黄道向西移动，如图 6.22（a）和（b）所示，若以春分点作为参考点的回归年每年就有差值，即岁差。

图 6.22（a）中心是黄北极 K，天北极 P 方向轴以 23°26′ 为半径按顺时针方向围绕黄北极转动。假定黄道在恒星间的位置不改变，当天北极在 P_1 的位置时，天赤道和黄道交于春分点 γ_1 和秋分点 Ω_1 两点；当它在 P_2 位置时，相交于春分点 γ_2 和秋分点 Ω_2 两点，就是说，北天极的移动，春分点从 γ_1 移到 γ_2，秋分点从 Ω_1 移到 Ω_2，弧 $\gamma_1\gamma_2$ 的数值为 50″.42，称为日月岁差。

行星的引力作用对地轴进动虽不起作用，但对地球公转运动有摄动的影响，使地球轨道平面即黄道面的位置有所改变，这也会使春分点的位置发生移动，这叫行星岁差，其数值仅有 0″.13，而且移动方向是向东的。在日月岁差 50″.42 中减去行星岁差 0″.13，剩下的 50″.29 是春分点每年向西移动的数值，称为周年总岁差。

春分点和秋分点每年沿黄道西移 50″.29，大约 71 年向西移动 1°，或者需要经过约 25800 年在黄道上移动一周，这个周期就是地轴进动的周期。

公元 330 年前后，晋朝虞喜发现岁差，测定冬至点每 50 年西移 1°，他的发现虽然晚于希腊天文学家喜帕恰斯于公元前 125 年的发现，但却比其估计的春分点每 100 年西移 1° 要精确。隋朝刘焯确定岁差为 75 年西移 1°，更接近于实际数值，而当时西方仍有采用喜帕恰斯的数值。

事实上，月球在白道上运行，黄白交角平均为 5°9′，月球经常运行在黄道的上面或者下面，这就使得岁差现象变得复杂。由于这个原因，天北极在绕着黄北极转动时，不断在其平均位置的上下做周期性的微小摆动，振幅约 9″，这种微小摆动叫章动，周期1806 年。

3. 地轴进动的影响

地轴进动首先造成天极的周期性圆运动。在北半球看，北天极以黄北极为圆心，以 23°26′ 为半径，自东向西做圆周运动，每年移动 50″.29，完成一周约 25800 年。

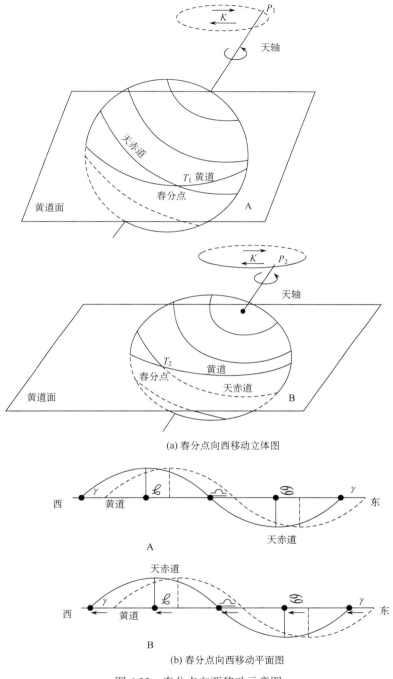

(a) 春分点向西移动立体图

A

B

(b) 春分点向西移动平面图

图 6.22　春分点向西移动示意图

　　地轴进动还造成北极星的变迁，如图 6.23 所示。这是因为北极星是北天极附近的亮星，它必然因为天北极的移动而有更替的现象，北极星在公元前 3000 年曾经是天龙座α，目前是小熊座α，到公元 14000 年将是天琴座α（今织女星），可以预计，天龙座α将在公元 22800 年再度成为北极星，公元 27800 年时的小熊α同天北极的关系将同目前一样。今天，天南极附近没有明亮的恒星，但是到公元 16000 年时，船底座α（老人星）则将成为明亮的南极星。

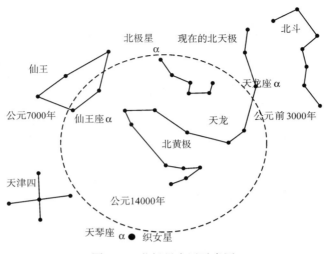

图 6.23　北极星变迁示意图

地轴的进动还造成地球赤道平面和天赤道的空间位置的系统性变化。这是因为地球赤道平面永远垂直于地轴，随着地轴进动而进动，周期同样是 25800 年。

地轴进动还表现为二分点和二至点在黄道上以每年 50″.29 的速度向西移动，历经 25800 年完成一周。这是因为二分点是黄道同天赤道的交点，二至点是黄道上距天赤道最远的两点，它们都随着天赤道平面的移动而移动。如图 6.22 所示。

地轴进动使得地球上的季节变化周期（即回归年），稍短于太阳沿黄道运行一周的时间（即恒星年）。这是因为回归年的度量是以春分点为参考点的，而春分点因地轴进动而持续西移。由于地轴进动产生的这种现象，我国天文学界将其称为岁差。

因为春分点是第二赤道坐标系和黄道坐标系的原点，由于其向西移动，在赤道坐标系中恒星的赤经和赤纬，都经常在改变着；对于黄道坐标系，只有恒星的黄经每年增加 50″.29，而黄纬则不变。

6.4.4　极移和岁差的区别

极移和岁差都是地球自转轴的运动，但是它们的运动形式、运动周期和运动结果不同，不能互相混淆。

极移是在不受外力作用下，自转轴在地球体内的自由摆动，瞬时极 P 围绕着平均极 P_0 运动，运动轨迹很复杂，是一条弯曲的非闭合曲线，主要周期是近 14 个月的张德勒周期。瞬时极 P 的运动实质上是一种视运动，是地球本体相对于自转轴运动造成的，因此，极移不改变天极和天赤道在恒星间的位置，对天体的赤道坐标和黄道坐标没有影响，只能使地理坐标产生微小的变化。

岁差是在外力矩作用下，自转轴的空间受迫运动，天极围绕着黄极，以 23°26′ 为半径作圆周运动，周期约为 25800 年。天极的运动是真实的运动，使得天极、天赤道和春分点在恒星间的位置都不固定，结果造成回归年的长度稍短于恒星年，天体的赤经、赤纬和黄经都要受到影响，但却不能改变地理坐标中经度和纬度数值。

总之，变是绝对的，不变是相对的，"变"达到一定的程度，我们定义的地理坐标或天球坐标体系就要变换，若"变"只在限定的范围内，则可以当成不变，目前定义的坐标体系还是可以适用的。

本章思考与练习题

1. 地球的宇宙环境如何？
2. 简述地球的内部结构和外部结构，地球的大气圈是如何分层的？
3. 地球的自转有哪些特点？
4. 地球主要运动有几种？
5. 地球的自转产生哪些后果？
6. 什么叫恒星日？什么叫太阳日？它们之间有何区别？
7. 视太阳日长短为何不等？何时最长？何时最短？为什么？
8. 地球自转线速度和角速度的分布有何规律？
9. 地球的自转线速度有哪些变化？是怎样产生的？
10. 地面上物体水平运动的方向为何能够偏转？有何规律？
11. 什么叫地球公转？有何特点？
12. 地球公转产生哪些后果？
13. 什么叫极移？产生什么后果？
14. 什么叫地轴进动？是怎样产生的？产生哪些结果？
15. 极移和地轴进动有何区别和联系？

进一步讨论题

1. 地球自转速度变慢，将对人类带来哪些影响？
2. 黄赤交角目前是 23°26′，如果变大或变小，对地球气候有何影响？

实验内容

1. 利用三球仪演示地球的自转、公转以及四季的产生。
2. 利用日晷测量当地不同季节的太阳影子长度及太阳高度。
3. 将望远镜对准北极跟踪半小时曝光拍摄因地球自转产生天体周日运动现象（选做）。

第 7 章 地球物理特征及演化

本章导读：

  了解地球，旨在建立了解其他行星的框架。20世纪，地球科学逐渐形成体系，并得到了发展。人类已经从地球的一般特征——如形状、大小、结构与物质组成，深化到了了解地球在太阳系中诞生、发展、演化到目前状态的历史。对地球的物理、化学、地质作用过程的研究，也取得一定的进展。本章首次对地球的现状进行介绍，其次追溯地球过去以及演化。

7.1 地球物理特征

  行星地球是人类的家园。关于地球的物理特征及现状可以从质量、大小、形状、重力、磁场、结构、生命等方面说明。

7.1.1 地球质量、大小和形状

  在本书第4章，曾讨论过太阳系中地球的质量是适中的。根据万有引力定律测定出地球质量为 5.976×10^{27}g，它的平均密度为 5.52g/cm^3。地球是个球体，但不是一个正球体。现代地球测量得出其大小的数据是：赤道半径 a=6378.140km，极半径 b=6356.755km，扁率（e）表达式为

$$e = \frac{a-b}{a} = \frac{1}{298.257} \tag{7.1}$$

人造地球卫星的观测结果表明，地球赤道是一个近椭圆，可认为地球是一个三轴椭圆球体，或更精确些表述为地球是一个不规则的扁球体。

  人类对于大地形状的认识，有十分悠久的历史。在古代科学不发达的年代，人们只能猜测，或者仅仅根据表面现象提出见解，例如我国春秋时期的"盖天说"认为"天圆地方"，随后，人们又登高望远又认识到地面是曲面。又如，生活在海边的人经常看到远去的船先是船身看不见，最后是船的桅杆看不见；驶来的船则相反，先是桅杆露出水面，最后是船身。他们必然会联想到大地不可能是平的，否则，就不会出现这种现象。再根据月食时看到月球面上地影是个圆，所以古人早有论证地球是个球体。1522年，葡萄牙航海家麦哲伦通过环球航行，确证地球为球形。后来，科学家牛顿根据地球自转和万有引力理论，提出地球实际上是一个赤道稍隆起、两极略扁平的椭球体。现代人利用人造地球卫星精确测出它的赤道半径为 6378.140km，极半径比赤道半径短约 21km。登上月球的宇航员眺望地球，看到的是美丽的蓝色星球。

　　长期以来，人们对地球形状的认识常描述为球体、椭球体、不规则的椭球体、具有高低起伏的扁球体。究竟如何表达地球形状，这与人们所要求的精度相关。

　　自然地面实际呈高低起伏，最高处为珠穆朗玛峰顶，海拔 8848.86m，最低处为马里亚纳海沟底，海拔约为-11000 多米，但两者相差 20km，若与地球的赤道半径 6378.140km 和极半径 6356.755km 相比，或与地球的平均半径 6371.004km 对比，悬殊较大。若用相同的比例尺缩小来反映地球，则难以表达地表 20km 的起伏变化。如人们把地球视为"圆球体"，如地球仪。所以在研究地球形状时，主要视精度的需求而定。人们或用规则的椭球体来模拟地球，或用规则的球体来模拟地球，或用大地水准面来模拟真实的地面（图 7.1），或用数字化构建地球（第 8 章介绍）。

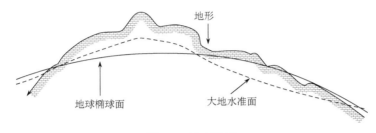

图 7.1　地表形状

7.1.2　地球的重力及其特征

　　重力在地球物理学中简称为重力加速度，即指地球对其附近物体所吸引的力。同一物体在地球上不同地点，所受的重力稍有不同，离地面越远的物体，所受的重力越小。广义上说，宇宙间任何天体使某物体向该天体表面降落的力，均称为"重力"，这样不仅有地球重力，还有月球重力，金星重力、火星重力等。

　　通俗地说，地球上的任何质点，既受到地球引力作用，又受到地球自转所产生的惯性离心力的影响。这两个力的方向和大小是互不相同的，两者的合力，称为重力。在精度要求不高的情况下，地球的重力基本等同于地球引力。由于引力的作用，要把卫星或探测器送出地球应达到一定的速度。如果火箭的任务只是把一个绕地球运动的人造卫星送上天去，它就应该至少有 7.9km/s 的速度，这叫第一宇宙速度；如果火箭或者宇宙飞船想脱离地球，飞到其他天体上去，它的速度就不能低于 11.2km/s，即第二宇宙速度，也叫逃逸速度；所谓第三宇宙速度，指的是从地球表面出发的火箭或其他任何物体，想脱离太阳系或飞出太阳系所必须具备的最低速度，即为 16.7km/s。

　　地面重力因纬度而不同。赤道与两极的重力比约为 189∶190，也就是说，同一物体如果在赤道上重 189kg，那么，到两极将是 190kg。

　　地面重力不仅因纬度而不同，还因地点而不同。如果某些地点的重力大小，同所在地区的正常值比较起来，存在着明显的差异，称为重力异常。其原因是地内物质分布不均，也往往同地质构造和矿床的存在有关。因此，重力异常的研究，有助于对地质构造的了解和矿床的勘探。

　　此外，重力还因高度和深度而不同。重力与高度的关系比较简单，即引力大小同距离平方成反比，惯性离心力可以忽略。重力同深度的关系，一般认为，从地面到地下 2900km 深处，重力大体上随深度而增加，但变化不大，并且在地下 2900km 深处达到最大值；从地面下 2900km 到地球质心，重力急剧减小，在地球质心处重力为零。

7.1.3　地球的磁场及辐射带

地球是一个磁化球体，地球和近地空间都存在磁场，有磁力线，有南、北两个磁极，连结南北两磁极的直线称为地磁轴。现代磁北极位于北半球高纬地区，地磁轴与地球自转轴并不重合，有 11°左右的交角。磁针在地球上受到磁力的作用，指向磁力线方向，磁力线方向因地点而不同。图 7.2 是理论的地球磁场示意图。理论上，磁北极、磁南极与磁赤道成 90°，地磁两极所在的地理子午线，称为**无偏线**，分全球东偏半球和西偏半球。地磁强度和地磁倾角都随地磁纬度的增高而增大，构成理论偶极磁场。然而地球实际磁场与理论磁场有偏差，表现为磁北极和磁南极并不互为对跖点，磁赤道也不是大圆，无偏线与子午线并不重合，只分出东偏和西偏两大部分，而不是两个半球。

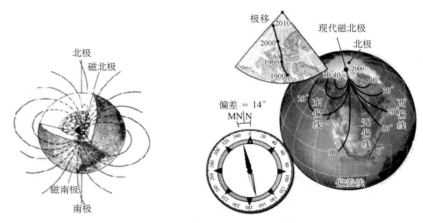

图 7.2　理论的地球磁场和地磁偏线

由于地球不是均匀的磁化球体，个别地区的地磁要素的量值，可以大大不同于周围地区的正常数值，这种现象，称为**地磁异常**。造成这种异常情形的原因是地下蕴藏着丰富的磁铁矿，所以地磁异常的研究，对矿藏的勘探工作具有重要意义。

在高空太阳风的影响下，地磁场的磁力线都向后弯曲，在朝太阳方向的最前沿形成一个包层，在背太阳方向延伸到很远的空间，这个被太阳风包围的、彗星状的地磁场区域叫做**地球磁层**。如图 7.3 所示。

理论计算及卫星观测表明，在朝向太阳的一面，磁层边界——磁层顶离地心约 8~11 个地球半径，当太阳激烈活动时，太阳风增强，磁层顶被压缩到距地心 5~7 个地球半径，背着太阳的一面，磁层在空间上可以延伸到几百个甚至 1000 个地球半径以外，形成一个磁尾，磁尾截面宽约 40 个地球半径。在磁尾中，磁力线被拉得很长，反方向的磁力线取平行走向，波阵面与磁层顶之间的过渡区域，称为**磁鞘**，厚度为 3~4 个地球半径。

地球磁场俘获的带电粒子带，称为**地球辐射带**或**范·爱伦辐射带**。这些高能粒子在地磁场作用下，被地球磁场拘留在大气的一定区域中，沿磁力线做螺旋运动并不断辐射出电磁波，辐射带分为内辐射带和外辐射带。内辐射带中心在离地心 1.5 个地球半径处，主要是高能质

图 7.3　地球磁层

子和高能电子；外辐射带中心在离地心约 3.5 个地球半径处，主要是能量较低的质子和电子，外辐射带比内辐射带宽得多。

辐射带的形状和范围受地磁场的制约，也与太阳活动有关，辐射带内的带电粒子数目与太阳活动也有关系。

7.1.4　地球结构及其特征

1. 圈层结构

地球是一个非均质体，内、外部具有分层结构，各层物质的成分、密度、温度各不相同。即地球结构的第一个重要特点，就是地球物质分布形成同心圈层，这种以地心为中心的若干球形圈层所组成的圈层结构的特点是地球长期运动和物质分异的结果，是一种全局性特征。

地球的圈层结构表现为地球内部由里向外分为地核、地幔和地壳；地球的外部主要有岩石圈、水圈、大气圈、生物圈，还有磁场层。

地球表面由岩石圈构成，其上还有一层具有肥力、能生长植物的土壤层。在地表及地表以下一定深度还有不同形态的水，构成一层水圈。在岩石圈和水圈之上，整个地球被一层大气所包围，构成大气圈。岩石圈、水圈和大气圈，既是彼此分离和独立的，又是相互渗透和作用的。这样，地球上就出现了一个既有矿物质、又有空气和水分的地带，加上适宜的温度条件，就形成了生物衍生的地带圈，称为生物圈。它包含岩石圈的上部、大气圈的底部和水圈的全部，是地球上一个独特的圈层。

由于地球内外不同层次的形态差别，同心圈层结构并不严格地呈“球对称”。一般认为，400km 深度以下的地球内部或一部分高空大气层，结构较规则，更接近于球对称结构，其余部分，包括地球表面在内，虽然总体上都是“近球体”的环球圈层或曲面，但它们较不规则，相对于球对称结构的偏离或横向不均匀程度要明显一些。

在地球表面附近（包括岩石圈上部、大气圈下部、水圈和生物圈全部在内的地球表层），不仅横向不均匀，而且还相互重叠。除大气圈和岩石圈之间明确以不规则的地表为分界外，各圈层之间没有明显的界线。这一部分地球表层，就是一般所说的“地理圈”。

由于上述特征，造成人们对地球不同层次结构的研究和处理方法不同。对横向差异较小的地球内部一般看成"球对称结构"，对那些横向或水平向差异较大的层次，海陆差异、区域特征等问题就要重点考察。地理圈是地理学考察的主要对象，且与人类活动关系密切，对这部分结构，是地球科学研究的重要内容（如大气环流带，气候、植被、土壤带，土地利用和覆盖带等），它们分别是地理学各分支学科所探讨和研究的内容。

2. 地球的内部结构

与地球外部相比，地球内部的研究要困难些，只能局限于间接的方法，即通过对内部有关的各种外部现象的观测来获取地球内部的信息。目前关于地球内部的结构，主要是借助地震波。地震波是一种弹性波，主要以面波和体波（纵波和横波）形式在地球内部传播。了解地球内部主要是通过体波在地球内部不同深度地带的传播特点、传播速度来划分的。在地震学里，把地球深处地震波传播速度发生急剧变化的地方，称为不连续面。根据地内三大不连续面，把地球内部分成三个圈层，如图 7.4 所示。各层物质的成分、密度、温度是不同的。地震波波速一般随深度增大而增加，而且这种随深度的增加通常是逐渐而缓慢的。

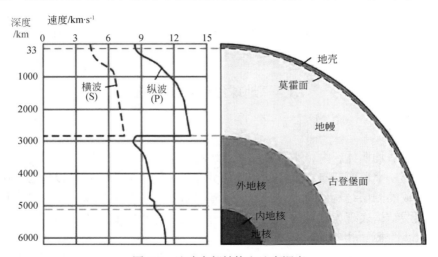

图 7.4　地球内部结构和地内深度

（1）地壳：是地球固体地表构造的最外层，平均厚度 17km，但陆上地壳比海洋地壳厚，平均厚度约 30 多公里。地壳物质的主要成分是花岗岩和玄武岩。地壳与地幔的界面叫**莫霍面**，在那里，横波和纵波的传播速度都急剧增大。

（2）地幔：由地表向下 30～2900km 深的范围称地幔，地幔的平均密度由近地壳处的 $3.3g/cm^3$ 增至 $5.6g/cm^3$，地幔物质的主要成分可能是同橄榄岩相类似的超基性岩。地幔与地核之间的界面叫**古登堡面**，在那里，纵波波速急剧下降，横波停滞不前，突然消失。

（3）地核：古登堡面以下直到地球中心的圈层称为地核。地核又分为外核和内核，中间的界面叫利曼面，在这个界面上，纵波波速又急剧加速，横波重又出现（由纵波转化而来）。因此，地下 2900～5150km 的范围，称为**外核**，由地下 5150km 直到地心，则称为**内核**。地核虽只占地球体积的 16.2%，但其密度相当高（地核中心物质密度达 $13g/cm^3$，压力超过 370 万个大气压），它的质量超过地球总质量的 31%。地核主要由铁和镍为主的金属物质组成。内地核是固态的，外地核可能是液态的。

地球内部压力、温度均随深度而增加（图 7.5 和图 7.6）。一般地下 100km 处温度为 1300℃，地下 300km 处温度为 2000℃。据最近估计，地核边缘温度为 4000℃，地心的温度为 5500～6000℃。地球内部热能主要来源于地球天然放射性元素的衰变。

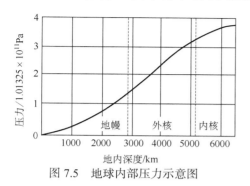

图 7.5　地球内部压力示意图

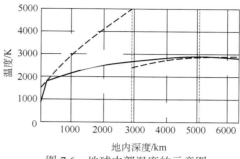

图 7.6　地球内部温度的示意图

地球内部的分层性和圈层中的不均匀性，是 20 世纪地球科学所取得的重大认识之一。

3. 地球的表面结构

虽然太阳系类地行星的表面呈固态或主要呈固态，且都是近球形的，但它们又有一定的横向差异，即表面各点的高度或深度不仅差异大，而且分布很不规则。地球水圈的主要部分——"海洋"和地壳露出水面的部分——"陆地"构成地球表面的基本轮廓，即**海陆分布是地球表面结构的基本形态**。

月球等天体的"表面"仅指其固态表面，而地球"表面"则包括固态地球表面（即由陆地地表和海洋底部构成）和地球自然表面（即陆地表面和海面之和）。

海陆分布大势的主要特征：海洋面积大于陆地面积（70.8% 为海洋所覆盖，陆地面积约占 29.2%）；海洋不仅面积大，而且相互连通，而陆地是相互隔离的。所以，地球上有统一的世界大洋（包括太平洋、大西洋、印度洋和北冰洋），却无统一的世界大陆（世界陆地主要由欧亚大陆、非洲大陆、美洲大陆、澳洲大陆、南极大陆以及大大小小的岛屿构成）。

固态地表由各种尺度、各种形态的起伏和地形构成，较小的起伏和地形叠加在较大规模的起伏和地形之上，较大的起伏和地形又是更大尺度的起伏和地形的组成部分。例如固态地表最大或最高一级的地形单元就是陆地和海洋；按高度和起伏形态，陆地又划分为平原、高原、山地、丘陵和盆地等各种地貌单元。不管内、外营力的作用如何，地球形状总是近球形的。

7.1.5　地球上的生命及成因探讨

尽管宇宙中有亿万颗恒星，但像太阳这样孤星系统是不多的。绕着太阳运动的行星虽然也不只是地球一个，但到目前为止，只发现地球上存在着生命。地球，是人类的摇篮；地球，是人类的家园。那么，为什么地球能成为人类的家园？能成为太阳系的绿洲？这是由适宜的日地距离、适中的地球质量、近球形的地球形状、特定的运动速度与方式决定的。这些问题在本书第 4 章分析过。本节从日地距离、地球形状、黄赤交角以及地球运动等方面再加以探讨。

1. 日地距离与地面温度

地球距离太阳约 1.49 亿 km，这样的距离不近也不远，因而地球表面接受的太阳辐射比较适中，使地表的平均温度高于水的冰点、低于水的沸点，使得大部分水以液态存在，为生命的孕育创造了有利条件。研究表明，如果日地距离缩短 5%，地表温度就会过高，从而影响生物的遗传，且地表不会有液态水。如果地球离太阳再远 1%，地表温度就会偏低，水就会彻底冻结，生命活动的化学过程就难以进行。

2. 地球的形状及黄赤交角

研究表明，地球为一旋转椭球体。地球的形状具有非常重要的地理意义。太阳辐射是地球表面最主要的能量来源，而太阳到地球的距离约为 1.496 亿 km。这样远的距离，可以将太阳光线视为平行光线。当平行光线照射到地球表面时，不同纬度地区正午的太阳高度角将各不相同。由于黄赤交角的存在，决定了正午太阳高度角由南、北纬 23°26′向两极地区减小。因此，太阳辐射使地表增暖的程度也按同样的方向降低，从而造成地球上热量的带状分布和所有与地表热量状况相关的自然现象（如气候、土壤、植被等）以及生态环境的地带性分布和季节变化特点。

3. 地球运动及其效应

由于宇宙天体，尤其是太阳与太阳系行星的引力作用，使地球沿着自身固有的轨道运行，具有特定的运行周期与速度。这是地球表层环境形成的基础与背景。

由于太阳与月亮引力的作用，地球上产生了的潮汐现象，包括海洋潮汐、大气潮汐、固体潮汐。潮汐作用对于地球表层环境的形成具有重要的意义。由于潮汐摩擦作用，导致了地球自转速度变慢，每天的持续时间逐步变长；大气潮汐导致了大气气压周期性的变化，从而对高层大气气流、台风或飓风以及大气降水产生一定的影响；固体潮汐不仅周期性地改变着地球表面的形状，而且还会引起地壳应力的不平衡，从而导致地震的发生。潮汐作用，与波浪、海流都是海水的主要形式运动。海水的运动，不仅使海水对于地表热量的调节能力加强，而且使海水在更大的深度与范围内富含氧气，使生物的分布更加广泛。由于潮汐的作用，产生了周期性被海水淹没的潮间带。也许由于潮间带的存在，促进了海洋生物向陆地生物的进化，为两栖动物的产生以及地球上生物的进化创造了条件。由于潮汐的作用，使海陆相互作用的范围变大，海陆相沉积分布范围变广，塑造了丰富的海岸带地貌类型。

7.1.6　地球的危机及防范

地球是太阳系的一颗普通的行星，按离太阳由近及远的次序为第三颗行星。它有一天然卫星——月球，现代地球上空还有许多各种用途的人造卫星和探测器。太阳系是银河系的一个成员，银河系也只是无数星系中的一个。地球在已知宇宙中是渺小的，然而对我们来说，地球是人类赖以生存、发展的家园，是人类谋求进一步向宇宙进军的"大本营"。虽然地球宇宙环境比太阳系其他行星条件优越，但是，从目前来看，地球的内部环境和外部环境都有恶化，或面临着严重的危机。

地球在宇宙中不停地运动着，它必受邻近天体的影响，尤其是受到太阳、月球的作用。日月引潮力，引起海水周期性的涨落，潮汐摩擦影响地球自转速度的变化，日月地三系统产生日月食现象等。太阳的光和热是地球上万物生长的能量源泉。地球表面在得到太阳能量的恩惠的同时，还时常受到太阳活动的其他影响。来自太阳的高能带电粒子流与地球磁场作用，地球磁场俘获了来自太阳的部分带电物质，并把它们"关"在地球高空的特定区域里，经过地球的部分太阳粒子流在闯入地磁场后，粒子沿着磁力线做螺旋运动，其中有许多粒子可由地球极区上空向地表运动，它们与大气中的分子或原子相互作用（碰撞）而产生光辉，形成五彩缤纷的极光现象。此外，太阳的演化后期对地球有影响，宇宙小天体，尤其是近地小行星、彗星对地球具有潜在威胁（详见第 3、4 章），人类不能掉以轻心。

除了需要认识行星地球发展的规律以外，人类面对地理环境恶化问题（如温室效应加剧、土地沙漠化、酸雨、水体污染、空气污染、能源危机、臭氧洞出现、野生生物惨遭危害或灭绝等）一定要采取措施加以遏制。特别是，人类发展了核武器使地表具有潜在的放射性，废弃、未坠落地球的人造飞行器造成太空垃圾等威胁着人类的生存。保护现在地球环境势在必行，人类在开发利用地球资源的同时要坚持可持续发展的观点。

从现在起，人类必须全球协作，采取有效的措施保护我们共有的家园，必须更加关心这个值得我们珍爱的世界。因为，人类现在只有一个地球。

7.2　地球的形成与演化

地球是太阳系的一个成员，地球的形成和演化与太阳系的形成和演化关系密切。对于地球未来的演化，人们则要从现有太阳系观测资料出发，再依据一定的假说，并通过观测检验，补充修正，不断完善，再提升成为新的理论。

7.2.1　太阳系的形成与演化

随着科学技术的发展，人类在太阳系的探索过程中，已有许多的发现和启示。各种太阳系起源的假说也相继提出，据不完全统计，至今已有 4000 余种，但还没有一种学说是比较完整和能被普遍接受的。因为研究太阳系的演化要比研究恒星的演化更加困难，至今能直接观测到的行星系统只有太阳系这么一个"样品"，不像恒星世界中有亿万颗处于不同的演化阶段的恒星供我们研究。目前人类研究太阳系的演化，只能根据现有的资料，推测过去近 50 亿年的演化过程，尤其要加强对行星物质的来源和行星的形成方式的探讨。根据对行星物质来源的看法，可以把各种学说分为三类：①灾变说认为，行星物质是因某一偶然的巨变事件从太阳中分出的。②俘获说认为，太阳从星际空间俘获物质形成原始星云，后来星云演变成行星。③共同形成说认为，整个太阳系所有天体都是由同一个原始星云形成的。星云中心部分的物质形成太阳，外围部分的物质形成行星等其他天体。

上述俘获说和共同形成说常合称为"星云说"。

图 7.7　星云假说示意图

星云说认为太阳系是太阳形成的副产品。即太阳形成时遗留的物质成了行星从中生成的物质（图 7.7）。其中最有代表性的是"康德-拉普拉斯星云说"和"戴文赛星云说"。对行星形成方式问题概括起来，大致有五种看法：①先形成环体，然后由环体形成行星；②先形成很大的原行星，然后演化成行星；③先形成中介天体，然后由中介天体结合成行星；④先形成湍流的规则排列，在次级旋涡流中形成行星；⑤先凝聚成大大小小的固体块——星子，星子再聚集成行星。

1. 康德-拉普拉斯星云说

康德于 1755 年在《自然通史和天体论》中发表了关于太阳系起源的星云说。这是最早的天体演化论。在人类历史上第一次提出了一个关于自然界不断发展变化的学说。

自从哥白尼的日心说被确立后，唯物主义的宇宙观得到了科学的论证，这是认识论上的一次飞跃。但是这个时期对宇宙的认识还存在严重的形而上学的观点，认为太阳系行星、卫星等的运动，自古以来就是如此，不发生变化，而且理解为只是机械运动。按照牛顿力学定律，无法解释行星绕太阳运动的初始原因。根据牛顿力学体系，没有一个外力的推动，行星是不可能运转起来的。于是，牛顿就引入了"第一次推动"的概念，公然宣称："引力可以使行星运动，但是没有神的力量就绝不能使它们作现在这样绕太阳而转的运动"。不幸的伟大，最终又滑到了唯心主义的一边。这样，在 17、18 世纪，自然科学可以说都具有了机械论的性质，与之相适应的是一个僵化的、形而上学的自然观。在这僵化的自然观面前，康德星云说能阐明"地球和整个太阳系表现为某种在时代进程中逐渐生成的东西"是不简单的，可以说"在这个僵化的自然观上，打开了一个缺口"。

康德认为：太阳系的所有天体是从一团由大小不等的固体尘埃微粒所构成的弥漫物质形成的。万有引力使得微粒互相接近，天体在吸引力最强的地方开始形成，较大质点把较小的质点吸引过去，逐渐形成大的团块。团块在运动中互相碰撞，有的碰碎了，有的则合成更大的团块。在引力最强的中心部分吸引的物质最多，先形成中心天体——太阳。外面的微粒在太阳吸引下，向中心下落时与其他微粒碰撞，便斜着下落，绕太阳转动起来。开始有不同的转动方向。后来，有一个方向占了上风。于是在太阳周围形成了一个转动着的固体微粒云。这些转动着的微粒又逐渐形成几个引力中心，这些引力中心最后形成了朝同一方向绕太阳公转的行星。行星的自转是由于落在行星上面的微粒把角动量加到行星上而产生的。卫星的形成过程与行星类似。同时康德还认为：离太阳越远的行星，密度越小，因为重的质点比较容易克服下落时遇到的阻力，所以越靠近太阳质点越重。康德对行星轨道偏心率和倾角的起源、行星的质量分布、卫星的形成、彗星的形成、土星的光环的形成等，都提出了看法，例如他认为土星光环是由于土星过近日点时，太阳的热使其轻物质上升，后来这些轻物质形成了土星环。

在康德时代，人类所掌握的太阳系的知识是有限的，对太阳系的起源和演化推测有局限性。当时只发现了六颗大行星，小的卫星、小行星都还没有发现。离太阳越远的行星，密度越小，这在当时只发现前六颗行星时比较符合，但在远日行星发现之后，事实与结论就有出入了。对中心天体太阳，还不知道能源来自氢核聚变，只认为它是一团火。一些看法根据不足，现在看显然也是错误的。但在当时有限知识的基础上，康德能得出这样的太阳系起源假说是很不容易的。就康德星云说的主要观点来看，认为太阳和整个太阳系是由一团弥漫物质遵循力学规律，由内部的矛盾运动逐渐形成的，这个基本观点是正确的。在今天看来仍是一个有科学根据的设想，仍然是今天天体演化学说的出发点，但康德对行星公转成因的论点则是错误的。由于碰撞的随机性，很难出现公转一个方向占优势的倾向。即使有一个方向占一些优势，获得的速度也一定很小。它的离心力不足以克服中心吸引力，而这个问题在拉普拉斯的星云学说中解决得比较理想。

　　法国数学家、力学家拉普拉斯于 1896 年发表《宇宙体系论》，其中提出了他的太阳系起源的星云假说。拉普拉斯认为：太阳系是一个气体星云收缩形成的。星云最初体积比现在太阳系所占的空间大得多，大致呈球状。温度很高，缓慢地自转着。由于冷却，星云逐渐收缩，根据角动量守恒定律可知，星云收缩时转动速度加快。在中心引力和离心力的联合作用下，星云越来越扁。当星云赤道面边缘处气体质点的惯性离心力等于星云对它的吸引力时，这部分气体物质便停止收缩。停留在原处，形成一个旋转气体环。随着星云的继续冷却和收缩。分离过程一次又一次地重演。逐渐形成了和行星数目相等的多个气体环。各环的位置大致就是今天行星的位置。这样，星云的中心部分凝聚成太阳。各环内，由于物质分布不均匀，密度较大的部分把密度较小的部分吸引过去。逐渐形成了一些气团。由于相互吸引，小气团又聚成大气团，最后结合成行星。刚形成的行星还是相当热的气体球，后来才逐渐冷却、收缩、凝固成固态的行星。较大的行星在冷却收缩时又可能如上述那样分出一些气体环，形成卫星系统。土星光环是由未结合成卫星的许多碎屑构成的。

　　拉普拉斯在发表他的星云学说时，并不知道康德已于 41 年前提出过一个类似的学说。尽管康德的学说侧重于哲理，而拉普拉斯学说则从数学、力学上加以论述，但它与康德的星云假说基本观点是一致的，都认为太阳系所有天体都是由同一原始星云按照客观规律逐步演变形成的。在拉普拉斯发表了他的星云说以后，康德的星云说才得到再版和广泛流传。后来，人们往往把两个学说并提，称为"康德-拉普拉斯星云假说"。

　　由于拉普拉斯的论述加上他当时在学术界的威望，使星云说在 19 世纪被人们普遍接受。由于时代的局限，他们的观点也有不少的缺点和错误。他们都没有说明太阳系角动量分布异常的问题。另外，拉普拉斯假定星云开始是热的也与现在的观测事实不符。今天，知道星际云并不热，温度只有 10～100K 左右，因而星云的收缩不是由于冷却，而是由于自引力所发生的。按照当今人类认识宇宙的水平认知，从星云到太阳系的过程，首先是在银河星云中产生太阳星云，然后太阳星云变成星云盘，最后是星云盘中产生太阳和行星（图7.8）。太阳系的整个图像表明，它的结构具有某些统一的特征，这些特征符合星云学说的推测：

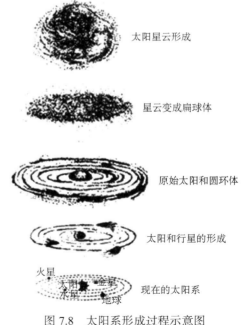

太阳星云形成

星云变成扁球体

原始太阳和圆环体

太阳和行星的形成

火星
太阳　　金星
水星　　　　地球　　现在的太阳系

图 7.8　太阳系形成过程示意图

　　（1）共面性：行星绕太阳运动的轨道平面，都很接近黄道面；卫星的轨道平面，也都接近各自行星的赤道面。就整体来说，太阳系是很"扁"的。

　　（2）同向性：太阳系的天体大致朝同一方向运动。

（3）近圆性：行星轨道形状都接近圆形。

2. 戴文赛关于太阳系起源的学说

我国已故的著名天文学家戴文赛教授，在 20 世纪 50 年代就开始研究太阳系起源演化问题，并收集了大量的太阳系演化资料，对外国 40 多种星云学说进行了分析和评价，对太阳系起源问题做了较全面系统的研究，并提出了一种新的星云说。主要内容如下：

1）原始星云

戴文赛认为，远在 47 亿年前一个质量比太阳大几千倍的气体尘埃云——银河星云，靠自引力而收缩，收缩到 $10^{-15}g/cm^3$ 时，内部出现了旋涡流，便使这个原始的星云碎成上千个小云，其中的一个就是形成我们太阳系的原始星云——太阳星云。因为太阳星云在旋涡中产生的，所以一开始就自转着。

据观测，在银河系内有许多温度和密度都很低的气体和尘埃云，还观测到许多从云到星的过渡性天体，现已经发现不少恒星周围有气体尘埃盘，说明那里可能正在形成行星系统。另外，根据测定，太阳、地球和其他行星的放射性元素的相对含量基本一致。这说明整个太阳系是由同一星云形成的。

2）星云盘

原始星云一面自转，一面因自吸引而收缩，在收缩过程中由于角动量守恒，自转逐渐加快，使星云逐渐变扁，当原始星云赤道处自转速度大到惯性离心力等于中心部分的引力时，这部分物质便不再收缩，而留在该距离处绕中心部分转动，原始星云的其他部分继续收缩，不断有物质留在赤道附近，于是形成了扁扁的，内薄外厚的连续的星云盘。原始星云在收缩中密度变大，最后演化为太阳，并且发出辐射，如图 7.9 和图 7.10 所示。

图 7.9　原始星云的收缩和扁化　　　　　图 7.10　星云盘的垂直截面

原始星云的前期收缩很快，后来由于星云物质的引力势能转化为热能，物质的热运动产生压力，使收缩逐渐变慢，同时星云物质的温度也逐渐升高。太阳形成以后，星云盘内边缘约为 2000K，外边缘约为 10K。

关于星云盘的化学组成，从碳质球粒陨石分析得出，它们的重元素相对含量与太阳大气基本相同，这表明星云盘初期物质混合比较均一。因此，可以认为，星云盘初期的化学组成，与今天太阳大气的化学组成基本相同，可以把星云盘的物质分为三类：一类叫"土物质"，主要由铁、硅、镁及其氧化物组成，质量约占 0.4%；第二类叫"冰物质"，主要由碳、氮、氧及其氢化物（如水、甲烷、氨）等组成，质量约占 1.4%；第三类叫"气物质"，主要是氢、氦等，气物质量多，质量约占 98.2%。

3）行星的形成

当星云盘中的固体微粒很小时，随着气体分子一起作布朗运动，相互碰撞，结合成较大的颗粒，这个过程叫碰撞吸积，作用在颗粒上的力主要有太阳引力、惯性离心力、气体压力和气体阻力，这些力可以分解为平行于赤道面的径向和垂直于赤道面的法向分力。在径向上，太阳的引力的径向分力与惯性离心力平衡,气体的压力和阻力的影响很小;在法向上,较大的颗粒在太阳引力的法向分力作用下,可以克服气体阻力向赤道沉降,如图 7.11(a)所示。经计算表明,颗粒向赤道面沉降大约要经过 1 万～100 万年,才可以在星云盘内形成薄薄的尘层,尘层也是内薄外厚,厚度只有 100 万～1 亿 cm,颗粒大小为 0.01～3mm,与陨石球粒大小一致,如图 7.10(b)。

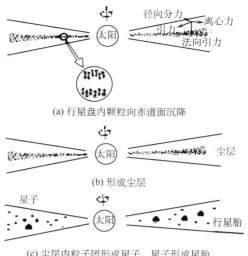

(a) 行星盘内颗粒向赤道面沉降

(b) 形成尘层

(c) 尘层内粒子团形成星子,星子形成星胎

图 7.11　行星形成示意图

当尘层物质密度增加到足够大时,就会出现引力不稳定性,尘层分裂瓦解为许多粒子团,粒子团可以经过自吸引而收缩,很快形成星子。星子的质量为 10^{18}～10^{20}g,星子吸取周围物质而继续长大,大小不同的星子因彼此引力相互作用,使星子绕太阳转的轨道改变而互相交叉,这又增加了碰撞机会,当星子之间相对速度很大时,彼此碰撞破碎,速度较小时,星子结合成大的星子,最大星子就成为行星胎,再进一步吸积小星子及残余物质而形成行星,如图 7.11(c)所示。近年来,人们在水星、火星以及火星卫星上发现许多相同于月球上的环形坑,该理论解释就是行星形成晚期经历星子碰撞的痕迹。

4)对太阳系主要特征的说明

(1)行星轨道运动和自转　行星绕太阳公转轨道的共面性,同向性和近圆性是它们在转动着的茫茫的尘层中形成的必然结果。在尘层内刚形成的星子,起初绕太阳在近圆形的轨道上作开普勒运动。后来,由于星子自引力摄动和碰撞。使星子轨道改变,偏心率 e 和倾角 i 变大,由于星子集聚成行星胎的过程是随机的,根据必然的统计规律性,行星胎在生长过程中轨道 e 和 i 被平均化,e 和 i 本应等于零;然而,由于偶然性,平均化不会很彻底,仍保留下来很小的 e 和 i 值,一般说来,质量大的行星是由更多的星子集聚而成的,平均化较好,因而 e 和 i 值更小些;而质量小的水星和冥王星 e 和 i 值较大。

因太阳和行星是由同一星云组成的,所以太阳自转与行星公转方向必然相同。但太阳的赤道面与不变平面有 5°56′的交角,这是因为太阳形成早期曾有过一个不稳定阶段,即:大量抛射物质。计算表明,只要有千分之一太阳质量的物质是非径向抛射的,其反冲力距就足以使太阳赤道面改变上述角度。

行星自转起源于星子的撞击,即:星子把角动量带给行星,一般说来,许多星子撞击的统计结果是行星顺向自转。但是,如果行星形成晚期,有质量为金星 3%的大星子,从金星原自转的反方向掠碰它的赤道面,就可使金星产生逆向自转,对于天王星,若有质量为其 5%的大星子在它形成晚期掠撞它,就可使其变为侧向自转。

(2)行星的大小,质量和密度的分布　三类行星,即:类地行星,巨行星和远日行星的特征,反映了它们形成条件上的差别。类地行星靠近太阳,温度高、星云盘中冰物质都挥发了,只有土物质凝聚,因此该区形成的行星密度大,质量小。巨行星区温度比较低,只有一部分气物质挥发,土物质和冰物质都凝聚,固体核吸积周围大量的气物质,由于形成巨行星的原料多，且行星区宽度大，因此其密度最小。远日行星区离太阳最远，温度低，气体逃逸速度小，气物质很容易跑掉，导致远日行星的主要是土物质和冰物质，所以它们的质量和密度都属于中等。

（3）太阳系角动量分布的说明　　戴文赛认为沙兹曼机制说明太阳角动量分布比较有利。太阳在慢引力收缩阶段大量抛射带电粒子，这些物质在原太阳质量中虽占小部分，然而却能带走绝大部分角动量。太阳抛射出的物质，绝大部分并未进入星云盘，此外，磁耦合机制对太阳角动量的损失也可能有些作用。

（4）距离规律的说明　　在说明星子聚集成行星的论点，戴文赛教授认为：星子集聚形成行星过程中，星云盘内某区域的星子聚集成该区的行星，这区域叫做行星区。由于星云盘的面密度自内向外减小，所以外边的行星区的宽度要比里边大才能有足够的物质来形成行星。这与提丢斯-波得所述的"行星卫星分布遵距性经验法则"较一致。戴文赛教授还认为行星区的边界应当选取两邻近行星的起潮力相等处为边界。行星引力范围的含意是，在这个范围处，太阳引力影响大于行星的引力影响。计算表明，行星的引力范围半径为

$$X = \left(\frac{m}{3M} \right)^{1/3r} \qquad (7.2)$$

式中，r 表示行星到太阳的距离，m 和 M 分别为行星和太阳的质量。星子被行星胎吸积，就是它从太阳引力为主的范围进入以行星胎引力为主的范围，从绕太阳公转到绕行星转动，最后落到行星胎上。因为星子间被此引力摄动而改变其轨道 e、i 值，使更大范围的星子进入行星胎引力范围，所以行星胎的吸积范围即行星区宽度是引力范围的 10 倍左右。此外，行星区的宽度还与行星质量有关，不仅仅取决于 r 值，当相邻两个行星的质量相差不大时，符合提丢斯-波得定则；但当相邻两行星的质量相差较大时，如海王星和冥王星，就不符合提丢斯-波得定则了。这样，用星子聚集成行星的论点就能较满意地说明行星与太阳的分布规律。

有关卫星和行星环的形成，小行星的起源等问题，戴文赛教授都做了较详细的讨论，这里就不多叙述。

7.2.2　地球的形成和演化

地球以某种方式在原始太阳星云中吸积了物质而产生。足够多的物质聚在一起所产生的引力阻止了大部分物质逃逸。随着质点向中央的核心运动，它们相互靠近，所以引力势能减少。这意味着它们的动能增大。动能又被用于加热这颗正在形成的行星。另外，元素钾、钍、铀等的放射性衰变也提供了热量。这些衰变起加热作用，是因为周围的岩石吸收了高能的 α 粒子、β 粒子、γ 粒子。尤其是较重的 α 粒子在这个过程中起了很重要的作用。

加热导致了内部成为液体，即熔融状态。因为物质在液体中能自由运动，所以较重的元素，如铁、镍等沉到中央去了，而较轻的元素，如铝、硅、钠、钾等则浮到了表面。这个过程被称为分化。铁和镍构成了现在的地核。由于地球捕捉了太多的热量，以至于现在的地核仍是液体的。钍和铀则被从地核中挤了出来，以晶体的形式出现在地表。这些放射性物质向靠近地表的地层提供了热量。

液体核是地球存在磁场的原因。地球的高速旋转引起了发电机过程。在这个过程中，一个小的磁场和对流产生了一股流过流体的电流，这股电流产生了一个较大的磁场，如此进行

下去。这个过程的能量取自地球自转。地磁场并不固定，磁场在不规则地摆动着（图 7.12）。另外地层记录表明，磁场方向每几十万年倒转一次。目前的倒转用了几十年的时间，且有一个时期地磁场非常微弱（图 7.13）。至于磁场方向倒转的原因至今还是个谜。

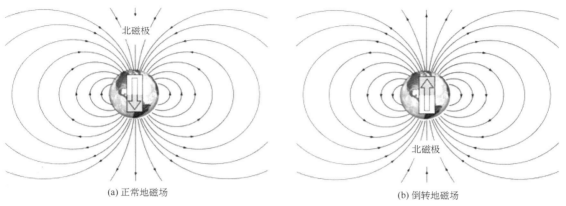

(a) 正常地磁场　　　　　　　　　　(b) 倒转地磁场

图 7.12　地磁场示意图

　　地壳上层是由几种不同类型的岩石组成的，如岩浆岩、沉积岩和变质岩。火山活动为我们提供了地球内部的重要信息。

　　地壳加热，生成了熔融物质，引起了火山活动。火山活动在造山过程中非常重要，它提供了一种把地球内部物质运送到地表的方式，尤其是像二氧化碳、甲烷、水以及大气中含硫的气体的来源。

　　当水蒸气被喷射到大气中时，外界温度较低，水蒸气凝结成水。而其他气体则溶解于水中，与从地表岩石中溶解到水中的钙和镁结合。这对消除地球上的大部分二氧化碳起着很重要的作用。今天大气中的氧是植物生命活动的结果。今天地球大气的主要成分与地球形成的初期相比，已是更新换代了。

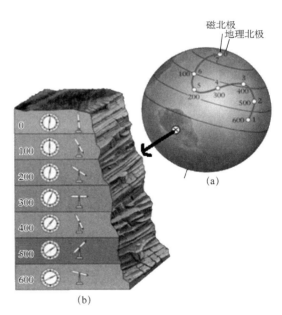

1. 地球的演化进程

图 7.13　地层（a）和地表记录磁层变化（b）

　　地球是一个天体，它一定也遵循量子物理定律，也有"生死问题"。人类目前对太阳系天体的演化问题研究比较多，认为行星地球的演化受太阳这颗恒星演化的影响。作为恒星的太阳目前正处在中壮年时期，太阳正常发光、发热从现在起至少还有 50 亿年的时间。一旦太阳演化到晚年红巨星阶段，可能就要占据地球的轨道，那是地球也将走向晚年。但人类不必过分的担忧。随着科学技术的不断发展以及太空计划的实施，人类登陆别的恒星系的天体完全是可能的，但这是很遥远的事。人们普遍关注的探索地外文明信息的努力始于 20 世纪 60 年代初期。大多数科学家相信宇宙其他地方还有各种智能生命存在，至于他们是否到过地球，则存在不同看法，但至今尚无可靠的科学依据能予以证实外星人的到来。尽管如此，地球人还在努力寻找地外文明。

原始地球形成后，就处于不断的运动发展中，而发展表现在时间上有阶段性，空间上有地域性。

地球在宇宙中，既受邻近天体的影响，又与周围天体构成天体系统。在地球形成早期，小天体对它的陨击作用，不仅其地质作用显著，而尤其是彗星陨落带来大量的水及有机物，对地球大气和海洋的演变乃至生物起源至关重要。虽然天体大撞击地球是小概率事件，但其危害很大，甚至会造成全球性的灾难。

人们在夜空中时常会看到一闪而过的流星或流星雨，它们原本是太阳系中的流星体，这些碎块在经过地球附近时，受地球引力作用下，坠入地球大气层，因与空气摩擦生热而燃烧发光。据统计，每年陨落到地球的宇宙尘埃也有 1 万多吨，它们在大气中的燃蚀物可以成为水汽凝结核而影响降水。一些较大的、未燃尽的碎块撞到地上成为"陨石"，而在地表出现陨坑。据科学家计算，直径 1000m 的小行星对地球产生的撞击就足以产生宇宙浩劫。对近地小天体的潜在威胁，人类不能掉以轻心。

太阳系位于银河系的一个旋臂中，在不停地运动着。我们知道天体吸引、天体碰撞在宇宙中是时常发生的，而我们的太阳系在银河系中的环境对地球的作用有长期的效应。据专家研究表明：地球上地质时期的冰期与间冰期变化可能与太阳系在银河系中的运动有关。

2. 地球年龄估算

现在科学界所公认的测定地球年龄的方法是放射性同位素半衰期法。其方法是测定古老岩石中放射性衰变的母元素和一些子元素的含量关系（所谓的等时线）来推断地球的年龄。这个方法的假设主要有三条：一是地球最初是由星际气体汇聚而成，慢慢冷却后形成现在发现的古岩石；二是这些古岩石中的矿物质或结晶基本是与外界隔绝的，也就是自其形成以来没有与外界发生物质交换；三是用于测定年龄的岩石中的放射性同位素半衰期在漫长的时间里是基本恒定不变的。用这种方法测定地球上最古老的岩石得到的地球的年龄约是 38 亿～39 亿年，月球上的岩石更古老一些，约是 45 亿年。现在科学界所认为的地球年龄 45.4 亿年实际上是从太阳系中的最古老的陨石年龄推断的，因为科学家认为它们应当有相同年龄。但是用这种方法得到的地球年龄严格来说只是构成地球的岩石年龄。如果地球并不是现在科学家们认为的是从星际气体汇聚而成，而是由太空中的大块岩石通过某种机制聚合而成，那么岩石的年龄就可能与地球年龄大相径庭。这就好比我们用测定房子的基石年龄来推断一座房子的年龄一样，得到结果肯定比房子的实际年龄要大得多。更好方法也许是通过观测房子横梁上集灰的厚度或房子被侵蚀的程度来推断房子的年龄。对于地球年龄也一样。实际上，历史上的确有不少人从地球上沉积物的厚度来推断地球的年龄而且得到的年龄比放射性同位素法得到的结果普遍要小得多。比较有影响的如 A.凯基（A.Keikie）在 1868 年，1899 年和 T.H.赫胥黎（T. H. Huxley）在 1869 年得到的结果为 1 亿年；J.乔力（J. Joly，1908）和 W.J.苏勒士（W.J.Sullas，1909）的 8000 万年；T.M.李德（T.M.Reade，1893）的 9500 万年；以及查尔斯 D.沃尔科特（Charles D. Walcott，1893）的 3000 万～8000 万年。在现代同位素半衰期法测定地球年龄占主导以后这些方法就逐渐被人们遗忘。主要原因是这些结果比同位素半衰期法得到的结果小很多，科学家们认为地球的年龄应该和地球上的岩石年龄一样，还有这些方法涉及一些复杂的地球地质演化过程，有些数据难于精确估算等。

　　总之，地球演化的地质年代确定主要有三种方法：①利用同位素测定获得地球物质形成的绝对年龄；②利用沉积成因的岩石中的古生物演化特征，确定沉积地层形成的相对时间；③利用地层叠置关系和各种地质、构造交切关系确定相对时间顺序。根据这些方法，研究者可以在一个时间——空间坐标系通过保存在地球物质中的"显"特征（如结构、变形、地质关系）和"隐"特征（如化学组成等）做成因分析，建立地质和地球化学演化模式，进而推演整个地球的演化。一般地质演化历史主要纪年方法是应用同位素地质年代学。这样，根据太阳系陨石的同位素年代学的研究成果，地球的形成年龄约 46 亿年。一般将地球演化划分为冥古宙（距今 46 亿～40 亿年）、太古宙（距今 40 亿～25 亿年）、元古宙（距今 25 亿～5.7 亿年）、显生宙（距今 5.7 亿年至今），如表 7.1 所示。人类比较了解的主要是显生宙的演化历史，目前发现的最老生命遗迹是距今 38 亿年的藻类所形成的叠层石化石。真核细胞生物出现在元古宙中期。甲壳生物出现在距今 6 亿年前后，如三叶虫。鸟类和哺乳动物如恐龙，出现在中生代的侏罗纪即距今 2 亿～3 亿年。人类的出现则是距今 240 万年以后的事情。

　　地球演化除时间上具有阶段性和非均变性外，在空间上还有明显的地域性和复杂性。据专家学者研究，40 亿年前的冥古宙，由于是地球形成初期，大量的陨石撞击作用，使地球表面出现大量的陨石坑，这种陨击作用一方面促进了地壳上层的演化，另一方面也摧毁了早期地球演化的许多证据。以至于这一段时期地球演化的许多细节难以恢复。目前，有关专家主要是根据类地行星的早期演化特征的探索，以及同位素年代学研究等进行推测地球早期地表可能存在花岗岩性地壳。

　　太古宙时期地壳构造特征的识别标志如今也不易寻找和分辨，有学者认为当时大陆地壳发育大片的绿岩型地壳和酸性硅铝质地壳，有酸性海水，但没有演化成现今的大洋，大气圈主要以 CO_2 成分为主，呈强还原性，因此，当时地球上不能发育像我国南方现今分布的红层。

　　至元古宙，一方面，由于游离的氧出现在大气圈和水圈中，地表化学环境出现大的变化，壳类生物开始出现，CO_2 与 Ca、Mg、Fe 结合形成大量的碳酸盐沉积，海水逐渐向中性演化。另一方面，由于地球内部中、短寿命的放射性元素消亡，地球内部核转变能降低，因此，元古宙时期，大陆地壳逐渐变冷，构造活动性降低，相对稳定。

表 7.1　地球演化的主要阶段

地质时代			距今时间/Ma
宙	代	纪	
显生宙	新生代	第四纪	2.48
		古近纪—新近纪	23.3
	中生代	白垩纪	
		侏罗纪	65～208
		三叠纪	
	古生代	二叠纪	
		石炭纪	
		泥盆纪	250～500
		志留纪	
		奥陶纪	
		寒武纪	
隐生宙	元古代	震旦纪	570～2300
	太古代		2500～3600
			4000～

在显生宙时期，随着大洋盆地的增多，洋、陆之间或槽、台之间的古全球构造逐渐进入板块构造体系而频繁地转化，形成了规模巨大的山系，如欧亚大陆上的乌拉尔山脉、阿尔卑斯——喜马拉雅山脉等。但对于显生宙时期大洋盆地如何在地球表面获得 2/3 的空间至今还是谜。

地球的一些演变过程常表现出一定的周期性韵律或旋回，它们虽受综合因素的影响，但与天文因素有关。如表 7.2 所示。

如果地球的年龄约是 45 亿年，同时据推算太阳大约可以稳定约 100 亿年，现在太阳约是 50 亿岁，那么我们的地球就正好是在自己的中壮年时期。这也将是地球相对稳定的时期。目前，地球总体还是比较稳定的，但是从它形成到现在运动的速度、地轴的倾斜度、地球内部等也是有变化的，所以这些变化对地球环境的演变也是有影响的。

例如，2 亿多年的周期相应于太阳绕银河系中心转动的周期（银河年），3300 万年的周期相应于太阳两次穿越银道面的时间，太阳经过银河系物质密聚区可以使太阳系的引力场变化，导致更多的小天体陨击地球，造成大气、水圈、生物圈和岩石圈的剧烈变化，如最近银河年对应地质的中、新生代，往前一银河年对应古生代。地球绕日公转轨道长轴旋进，近日点进动平均周期约 2.17 万年，黄赤交角变化在 22°00'～24°30'、周期约 4.1 万年，轨道偏心率变化（日地距离最大达 5.7%）周期约 9.5 万年，对应有沉积旋回、海平面升降、冰期与间冰期周期，造成生态迁移及气候环境变化等，但很多相关的机制还有待深入研究。

表 7.2　地球演变的天文周期

周期	天文因素	其他因素				
		气温（气候）	地磁场	海面升降（海水温度）	生物圈	岩石圈
（28000±2500）万年	银河年、太阳系引力场变化，大陨击	√	√		√	√
（3300±300）万年	太阳穿越银道面，太阳系引力场变化，大陨击					
2.17、4.1、9.5 万年	地球近日点进动，黄赤交角，轨道偏心率					
1000～1400 年	八大行星会聚长周期					
140～180 年	八大行星会聚短周期					
60 年	轨道半径变化					
29.8 年	自转速率、极移		√			
11 年	太阳黑子活动自转速率	√				
1 年	地球公转	√		√		
13.1～14.76 年	月球半月潮			√		
1 天	自转	√		√		

3. 大陆漂移和板块活动

关于地表构造演化，目前大多用大陆漂移和板块活动（构造）学说来解释。

薄薄地壳下面的一层仍旧被放射性衰变持续地加热。衰变产生的热量不足以把所有的物质完全熔化，但也使它们不能完全成为固体，可以称为"塑性层"。塑性层上面的固体层称为"岩石圈"，岩石圈破碎成板块漂浮在塑性层上。

因为板块是漂浮着、慢慢地移动。在它们移动的同时，又带着大陆一起运动，所以可以称这种运动为"大陆漂移"或"板块活动（构造）"。板块之间的一些狭缝内的物质从下向上地挤压，驱动了它们的运动。随着板块渐渐地远离中脊，海底扩张，新的物质通过中脊出现在海盆上，如大西洋中脊及海盆。板块间的连接处以强烈的地质活动为标志，如太平洋海沟。当一个板块受到另一个板块从下面推挤时，由此产生的向上压力能造成范围很大的山区，如喜马拉雅山脉。高频率的火山喷发和地震也能显示板块分界。物质受到向上的推挤形成火山。地震则是由板块相对滑动的不平稳引起的。断层是板块压力积累到一定的程度时所发生的突发性运动，如加利福尼亚州的圣安德列斯断层。

在太阳系的类地行星中，唯有地球发生板块构造运动。我们可用板块构造运动的理论来解释地表的演化。

目前地质地球物理研究成果都支持了大陆漂移、海底扩张及板块大地构造理论，特别是近年涌现出的空间技术（表 7.3）的应用，使得人类对地球的宇宙环境以及作为整体的地球认识更加深刻。

表 7.3　空间技术应用地球研究部分成果

技术	成果
甚长基线干涉测量（Very Long Baseline Interferometry，简称 VLBI）技术	用河外射电源干涉测量地表逾公里距离误差仅达几个厘米
激光测卫（Satellite Laser Ranging，简称 SLR）技术	利用在轨卫星上的激光直接测量从地面站到卫星、月球的距离
全球卫星定位（Global Positioning System，简称 GPS）技术	作全球性的精密定位、研究极移、测定地球自转速度等
卫星遥感（Remote Sensing，简称 RS）技术	实时获取地球的信息
地理信息系统（Geography Information System，简称 GIS）技术	建模、虚拟地球

地球是个整体，应作全球性考察，但地球又是由不同部分（纵向、横向）组成的，且各部分是普遍联系的，而不是孤立的构成地球系统。所以，板块大地构造理论将地球表面的海陆按岩石层板块作统一划分，并对其运动全过程加以考察和认识。岩石层板块具有刚体性质，其间的相对运动主要表现在裂谷、海沟和转换断层上。它们都是地球深部作用的结果，并有地震、火山和岩浆活动为证。而地球外部的多种作用，尽管也可以起到某种作用，但相对较小。

地球是永恒发展的，是运动而不是静止的，其发展是有规律的。从而，地球演化既是可以认识，又是可以预测的。板块构造理论提到的岩石层板块之间的相对运动导致大洋启闭与大陆离合，从而在时间上和空间上出现的阶段性和地域性的地质演化史。岩石层板块的运动机制有如传送带，新的岩石层产生于洋脊，老的岩石层消亡于海沟，表现出新陈代谢的演化旋回。所以，研究地球必须在运动中对其加以考察和认识。

本章思考与练习题

1. 简述人类对地球形状的认识。描述地球形状的模型有哪些？

2. 如何表述地球重力？地表重力分布有何规律？

3. 简述地球的结构特征和表现。

4. 到目前为止，关于地球内部知识的获悉主要来自什么？地球内部结构有何特点？

5. 目前太阳系成因有哪些重要的假说？试加以评价。

6. 康德-拉普拉斯星云学说的要点是什么？现代人如何评价？

7. 戴文赛的新星云学说与其他解释太阳系的星云学说不同点有哪些？

8. 在宇宙中的地球上孕育生命有哪些优越的条件？

9. 为什么说"地球的演化过程与太阳的演化进程是息息相关的"？

10. 如何估算地球的年龄？

11. 大陆漂移与板块构造理论要点有哪些？试用例子说明。

进一步讨论题

1. 你怎样看待地球的年龄？

2. 你对太阳系的起源假说是怎样看待的？

3. 地球今后有可能遇到什么问题？

4. 地球重力及磁场变化对人类有何影响？

实验内容

收集与地球相关的数据（自然数据、人文数据、经济数据等等），构建数据库。

第8章 数字地球及其应用

本章导读：

21世纪是信息时代，一个突出的标志是人类开始脱离地球从太空观测地球，并将得到的数据和信息在计算机网络以地理信息系统形式存储、管理、分发、流通和应用。通过航天航测遥感（包括可见光、红外、微波和合成孔径雷达）、声呐、地磁、重力、地震、深海机器人、卫星导航、激光测距和干涉测量等探测手段，获得了有关地球的大量地形图、专题图、影像图和其他相关数据，加深了对地球形状及其物理化学性质的了解和对固体地球、大气、海洋环流的动力学机理的认识。传统定量为主研究地球结构、特征及演变的手段逐渐已被现代定量的建模及模拟为主所代替，数字信息化时代的地球信息管理突飞猛进。数字地球是一个以地球坐标为依据的、具有多分辨率的海量数据和多维显示的地球虚拟系统。数字地球概念从提出到发展，从早期单模式到目前全球科技合作新模式，人类正利用数字地球技术深入地认识地球、理解地球，进而合理开发和利用人类赖以生存的地球资源及空间资源。

8.1 数字地球

人类为实现信息化、数字化、虚拟化管理地球，除了要遵循天体演化的自然规律外，需要掌握先进手段以及各种新技术（如对地观测技术、GIS、网络技术、虚拟技术等）。

8.1.1 数字地球概念及发展

"数字地球"是继地理大发现和哥白尼日心说之后，人类认识地球的又一次大飞跃。"数字地球"是一个与GIS、网络、虚拟现实、人工智能等高新技术密切相关的系统。数字地球就是数字化地球，是一个地球的数字模型。从数字地球技术框架（图8.1）来看，要有认知科学、地球科学和信息科学为基础，要有关键技术来支撑，才能在各领域得到应用，才能从区域到国家到全球得到实现。目前，人类虽能做到了全天候监测地球，但离控制地球的目标还很远，而"数字地球"的构建将有助于人类全面了解地球。

1998年，时任美国副总统的戈尔提出的数字地球，是关于整个地球、全方位的GIS与虚拟现实技术、网络技术相结合的产物。他的报告《数字地球：认识21世纪我们所居住的星球》标志着其发展的开始。"一个以地理坐标为依据，具备多分辨率的、由海量数据组成的，能立体表达的虚拟地球概念"（图8.2）。利用数字化技术和方法将地球及其上的活动和环境的时空变化数据，按地理的坐标加以整理，存入全球分布的计算机中，构成一个全球的数字模型，在高速网络上进行快速流通，这样就可以使人们快速、直观、完整地了解人类的家园——地球。数字地球不仅是建设信息化时代的目标，还是紧密联系政治、科学、经济的重要创新和大胆设想。数字地球所需要的高性能计算、大规模存储、多源高分辨率遥感、宽带网络、互操作协议、元数据等关键技术，伴随着更深入的科学研究获得的重大突破，或在发展的基础上形成新的研究方向，或更加实用地走进人类生活。数字地球在保护生态多样性、预报气候变化、增加农业生产力等方面产生也有许多实际应用，为资源的可持续发展带来广泛的社会效益和经济效益，为人类面对自然灾害时提供科学的响应机制和应急预案，并积极解决地球环境变化带来的挑战。在政府、研究机构、公司、社会团体的共同努力下，数字地球帮助人类更深入地认识地球、理解地球，进而合理开发和利用地球资源，科学构建人类的共同家园。

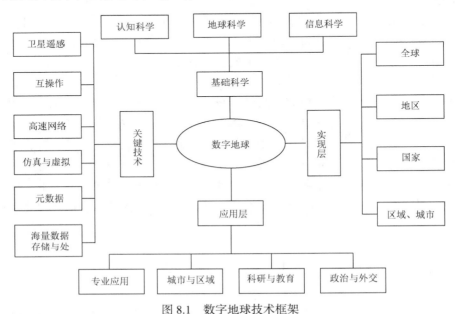

图 8.1　数字地球技术框架

图 8.2　数字化地球

如果说戈尔提出的数字地球理念拉开了空间地球信息化社会建设的序幕，那么近 20 年来的发展让这个理念走向了全球化。《1999 数字地球北京宣言》和《2009 数字地球北京宣言》的问世发出了数字地球领域内专家学者、研究团体和企业的心声，代表了全球范围对数字地球重要性的共同认识，提出了数字地球建设的奋斗目标；2012 年发表的"新一代数字地球"一文，检验了当时提出数字地球发展预期成果，并针对当今数字地球的发展态势，结合地球空间信息的最新成果，以更广阔的视角提出"面向 21 世纪的数字地球理念"，为未来数字地球的发展指明方向。

21 世纪是一个以信息和空间技术为支撑的全球知识经济的时代，强调综合全球对地观测系统、全球空间数据基础设施、全球导航与定位系统、地球空间信息基础设施及动态过程监控的重要性；认识到数字地球有助于回应人类面临的诸方面的挑战；倡议政府、科技界、企业等共同推动数字地球的发展；建议实施数字地球过程中，应优先考虑环境、灾害、资源、可持续发展与人类生活质量等方面。

　　中国对数字地球带来的挑战是积极的、主动的，且是引领性的，并且卓有成效。尤其对数字地球基础框架和关键技术有重大的贡献。相关国家也在开展多样的数字地球研究，无论是美国国家宇航局开发的 World Wind 平台，还是澳大利亚"玻璃地球"计划，以及 Google Earth、Skyline、GeoGlobe 等商业平台的推广，都使数字地球得到越来越多的重视。数字地球的研究工作得以从新的深度和广度展开，为数字地球研究和数字地球理念创新提供基础。

　　随着数字地球发展的不断深入，以数字地球为研究对象的国内外科研机构也在不断增多。中科院对地观测与数字地球科学中心的创建和中科院数字地球重点实验室的成立，在国际上起到了引领数字地球发展的作用。欧盟联合实验室环境与可持续发展研究所空间数据基础设施部门将其名字改为以"数字地球"命名的部门，美国数字地球教育中心、日本中部大学成立"国际数字地球应用科学研究中心"，欧盟成立"数字地球教育"机构。数字地球作为一门新兴的学科在探索和发展中成长和壮大。

　　数字地球历经 20 多年的发展，戈尔提出的数字地球理念已经基本实现。21 世纪，大数据时代的到来，加速了数字地球新技术、新方法、新领域的产生，同时数字地球理念也在不断充实和完善。技术进步使得数字地球可视化及可操作化成为可能，但同时对数据的高效利用、信息的准确表达、模型的科学预测、可视化技术应用都提出新的要求。到 2022 年，伴随世界经济的增长，全球人口总数将创新高，能源、食品及水等战略资源将面临空前压力；气候变化、生物多样性下降、水资源短缺以及化学品和碳排放对空气质量与公众健康的影响等仍将是全球所共同面对的重大威胁。新一代数字地球将为实现信息的全球共享，支持区域与人口之间稀缺资源的可持续使用和公平分配，提供科学的总体框架。在科学研究领域，新一代数字地球将为全球可持续发展提供可靠的理论基础和有效的技术支撑；它将不是单一系统，其研究也不仅局限于自然科学，将建成自然科学与社会科学结合的，多系统、跨平台、实时的地球神经网络。未来的数字地球将利用带有地理要素的物联网、云服务和云数据管理、视频和音频等多媒体智能手段和移动互联设备等关键技术，其应用和服务将会在注重功能的科学性和注重实际需求的方便性上找到一个折中的解决方案。另外，新地理（NewGeography）概念为新一代数字地球提供了新的思维。定位系统、基于位置的服务和手机通讯等技术使公众扮演着地理信息使用者和提供者的双重角色。专业用户和普通用户之间的距离不断被缩小，普通用户也能制作和使用符合自身要求的地理产品和服务。所以新一代数字地球中，公众不仅是地理信息的发现者、还是科学的受益者，也是数字地球未来的实现者。新一代数字地球将会拉近大众和科学之间的距离，使得科学真正地造福于社会。

　　新一代数字地球特征概括如下：

　　（1）未来"数字地球"将是一个功能强大的可视化"球体"，一种科学的地球信息组织形式。可以通过三维、四维乃至 N 维的方式，洞悉建筑物内部、地下或水下的信息。

　　（2）它将基于历史数据和综合模型，以时间为维度呈现地球过去、现在和未来的数据和特征。

　　（3）它将是对来自传感器和人类的信息流动态地、交互地开发与利用的过程，并具备数据输入输出的科学标准。

　　（4）它不只提供数据，而且在数据解译、科学论证和政策制定等方面将赋予人们更大的主动权。由此将改进对地球运转机理的理解及对自然与社会协同响应的认识。

（5）它不仅包含空间要素，而且包含覆盖地理空间和虚拟空间的地点、文化和身份等属性要素。因而，它既注重传统的空间分析，又强调网络和不同地点之间关系的理解。

（6）它将使不同功能的应用更简便、更有效，让使用者发现位置、事件或模型参数等更多信息。

8.1.2　对地观测技术及系统

所谓对地观测技术，是指包括对大气圈、水圈、陆地圈的观测，以及对生态系统、各种灾害的观测技术。对地观测系统（earth observing system，简称 EOS）则在 20 世纪 80 年代由美国地球科学界和宇航局提出并得到欧洲空间局及一些国家支持的巨大的国际综合性空间计划。核心是把地球作为一个复杂的集合体，从地圈、水圈、大气圈、冰雪圈和生物圈等多学科领域，采用先进的对地观测技术，分析研究和解决地球系统的重大科学问题。该系统计划由三大部分组成：

（1）EOS 科学研究计划：主要是地球系统科学的研究，以图解释地球系统中发生的一些现象的原因及其发展变化规律，建立地球系统模型。

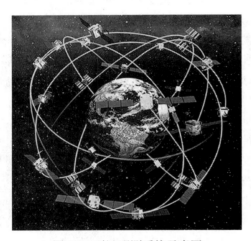

图 8.3　对地观测系统示意图

（2）EOS 航天观测系统：EOS 航天观测系统主要由大型极轨平台 EOS-a，EOS-b 组成，分别约于 1998 年，2000 年用大力神 IV 火箭发射到极地轨道上。另外，欧空局有一个平台，日本有一个平台和载人太空站。由于各个平台是按 5 年寿命设计的，为了完成 15 年的连续观测计划，美国的平台由三组 6 座平台组成。中途采用任务舱的置换等技术来完成。这类平台都是搭载多种遥感器的组合平台。突出的遥感器为高光谱分辨率成像光谱仪、合成孔径雷达、高空间分辨率微波辐射计等等。一般一个组合平台搭载 20 多种遥感器。各遥感器之间尚有互为修正，不同的观测周期互补等特点。如图 8.3 所示。

（3）数据信息系统：信息系统是由计算机硬件、网络和通信设备、计算机软件、信息资源、信息用户和规章制度组成的以处理信息流为目的的人机一体化系统。EOS 的数据信息系统 EOSDIS（EOS Data and Information System）与一般的信息系统概念上有如下区别：①极轨平台的运营管制；②EOS 数据的处理和深加工；③EOS 有关搭载设备的运营管制；④数据的保存、分配；⑤信息管理；⑥网络；⑦数据的长期保存；⑧数据算法的交换。

人类生活在地球的四大圈层之中。人类及其生存的地球正面临严峻的挑战，这需要我们对此进行适时的检测。而且，这个对地观测是国防建设与国家安全的需要，例如制空权、制海权、制天权、制信息权。全球对地观测系统的目的是通过更深刻地了解地球的各种情况、现象及其相互作用，认识地球系统，并了解地球系统变化的规律。全球对地观测系统各种平台相互配合使用，能够实现对全球陆地、大气、海洋等多个角落的立体观测和动态监测。世界上许多国家和国际组织都在积极推动建立一个全球性的、综合协调的对地观测系统，整合地球观测技术与科技信息，共同提高对地观测的能力和效率，为在航天领域对全球变化研究计划做出贡献。为全球的可持续发展服务。

2004 年，中国加入了全球对地观测系统。并在 2020 年前发射 100 多颗卫星，服务于国土资源、测绘、水利、森林、农业和城市建设等社会发展的各个领域。它们不仅将形成中国自己的对地观测网，还将和其他国家的对地观测平台一起，组成全球对地观测系统。

8.1.3　地理信息系统

地理信息系统（geographic information system，简称 GIS）源自地图又超越地图，源自地图数据库，有超越地图数据库。GIS 指的是在计算机软硬件支持下，对整个或部分地球表层空间中的有关地理分布数据进行采集、存储、管理、运算、分析、显示和描述的技术系统，主要由硬件、软件、数据、人员及方法等组成（图 8.4）。

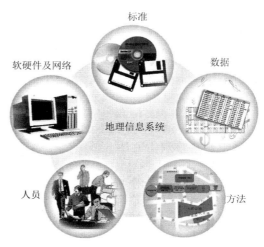

图 8.4　GIS 的组成

GIS 基本功能包括：空间数据采集、空间数据存储和管理、空间数据分析、空间数据输出及二次开发和编程。其中查询和检索管理、统计计算是 GIS 以及许多数据信息系统应具备的分析功能，而空间分析功能则是 GIS 的核心功能，也是 GIS 与其他系统区别的重要标志。只要研究对象与空间有关，就可以利用 GIS 去解决相关问题。GIS 基本功能所提供的方法能解决定位、查询、趋势、模式和模拟等方面的应用问题。GIS 除基本功能外，若与实际应用领域的复杂问题结合研究，还有很强的应用功能。GIS 应用模型分析则是面向领域应用需求的 GIS 支持下处理和分析问题的方法体现，也是 GIS 应用深化的重要体现。目前，GIS 已广泛应用于经济、交通、国防、资源、环境、教育、科研、军事等诸多领域。

GIS 在过去 60 多年的发展过程中，其应用领域得到极大的拓展，数据资源不断增加，功能不断扩充和深化；体系结构不断演进；系统开发模式不断进步（表 8.1）；目前由地理信息系统到地理信息服务已成现实，智能化水平越来越高。

表 8.1　GIS 发展过程

项目	过去	现在及未来
数据源	结构化数据	结构化、半结构化和非结构化数据（大数据）
功能	管理为主	分析及决策为主
体系结构	单机、二维、封闭、桌面、	主机、多维、开发、网络、云服务
系统开发	功能包、集成模块包	组件式、Web/Grid 服务封装组件

GIS 已在地球科学中得到广泛应用（图 8.5）。同时，GIS 又以前所未有的速度和规模向前发展，这给对地观测技术带来机遇和挑战，给地球科学研究提供全新的手段。

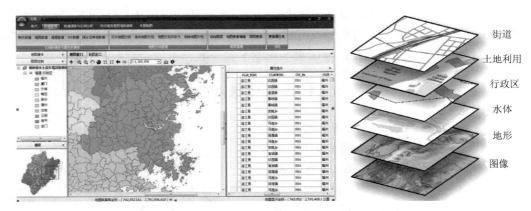

图 8.5　GIS 系统构建及应用案例

8.2　数字地球的应用

数字地球的核心思想：一是用数字化手段统一处理地球问题；二是最大限度地利用信息资源。人类组织、传输和显示各类与地理坐标有关的海量信息的观念与方式在发生翻天覆地的变化，人们设想有关地球海量的、多分辨率的、三维的、动态的数据按地理坐标集成起来，构建起一个"数字地球"。例如，谷歌地球是一款谷歌公司开发的虚拟地球软件，它把卫星照片、航空照相和 GIS 布置在一个地球的三维模型上，用户可以通过一个下载到自己电脑上的客户端软件，浏览全球各地的高清晰度卫星图片。也就是说人们不论走到哪里，都可以按地理坐标了解地球上任何一处、任何方面的信息，从而实现全球信息传递的数字化和网络化。

数字地球实现后，科学家可方便地获得地形、土壤类型、气候、植被、土地利用变化、矿产、森林、资源等方面的信息，应用空间分析与虚拟现实技术，模拟人类活动对生产和环境的影响，制定可持续发展的对策。

数字地球的建立，人们可以从全球角度研究可持续发展问题；数字地球可为国家大型工程决策提供重要的参考数据；数字地球也能为政府对城市的管理提供依据；对于普通百姓而言，数字地球更是提供了前所未有的方便。我们坐在家里，就可接受远程教育，进行网上购物；参加交互娱乐项目，还可轻松游览各国的风景名胜，逛遍各国的博物馆、美术馆、艺术画廊等。总之，数字地球与百姓的生活有着千丝万缕的联系，可以这样说，只要是我们能够想到的方面，数字地球就能提供帮助。

1. 数字地球对全球变化与社会可持续发展的作用

全球变化与社会可持续发展已成为当今世界人们关注的重要问题，数字化表示的地球为我们研究这一问题提供了非常有利的条件。在计算机中利用数字地球可以对全球变化的过程、规律、影响以及对策进行各种模拟和仿真，从而提高人类应付全球变化的能力。数字地球可以广泛地应用于对全球气候变化、海平面变化、荒漠化、生态与环境变化、土地利用变化的监测。与此同时，利用数字地球，还可以对社会可持续发展的许多问题进行综合分析与预测，如：自然资源与经济发展、人口增长与社会发展、灾害预测与防御等。

我国是一个人口多、土地资源有限、自然灾害频繁的发展中国家，十几亿人口的吃饭问题一直是至关重要的。经过 20 年的高速发展，资源与环境的矛盾越来越突出。1998 年的洪灾，黄河断流，耕地减少，荒漠化加剧，已经引起了社会各界的广泛关注。必须采取有效措施，从宏观的角度加强土地资源和水资源的监测和保护，加强自然灾害特别是洪涝灾害的预测、监测和防御，避免第三世界国家和一些发达国家发展过程中走过的弯路。数字地球在这方面可以发挥更大的作用。

2. 数字地球对社会经济和生活的影响

数字地球将容纳大量行业部门、企业和私人添加的信息，进行大量数据在空间和时间分布上的研究和分析。例如国家基础设施建设的规划，全国铁路、交通运输的规划，城市发展的规划，海岸带开发，西部开发。从贴近人们的生活看，房地产公司可以将房地产信息链接到数字地球上；旅游公司可以将酒店、旅游景点，包括它们的风景照片和录像放入这个公用的数字地球上；世界著名的博物馆和图书馆可以将其收藏以图像、声音、文字形式放入数字地球中；甚至商店也可以将货架上的商店制作成多媒体或虚拟产品放入数字地球中，让用户任意挑选。另外在相关技术研究和基础设施方面也将会起推动作用。因此，数字地球进程的推进必将对社会经济发展与人民生活产生巨大的影响。

3. 数字地球与精细农业

21 世纪农业要走节约化的道路，实现节水农业、优质高产无污染农业。这就要依托数字地球，每隔 3～5 天给农民送去他们庄稼地的高分辨率卫星影像，农民在计算机网络终端上可以从影像图中获得他的农田的长势征兆，通过 GIS 作分析，制订出行动计划，然后在车载 GPS 和电子地图指引下，实施农田作业，及时预防病虫害，把杀虫剂、化肥和水用到必须用的地方，而不致使化学残留物污染土地、粮食和种子，实现真正的绿色农业。这样一来，农民也成了电脑的重要用户，数字地球就这样飞入了农民家。到那时农民也需要有组织，有文化，掌握高科技。

4. 数字地球与智能化交通

能运输系统是基于数字地球建立国家和省市、自治区的路面管理系统、桥梁管理系统、交通阻塞、交通安全以及高速公路监控系统，并将先进的信息技术、数据通信传输技术、电子传感技术、电子控制技术以及计算机处理技术等有效地集成运用于整个地面运输管理体系，而建立起的一种在大范围内、全方位发挥作用的，实时、准确、高效的综合运输和管理系统，实现运输工具在道路上的运行功能智能化。从而，使公众能够高效地使用公路交通设施和能源。具体地说，该系统将采集到的各种道路交通及服务信息经交通管理中心集中处理后，传输到公路运输系统的各个用户（驾驶员、居民、警察局、停车场、运输公司、医院、救护排障等部门），出行者可实时选择交通方式和交通路线；交通管理部门可自动进行合理的交通疏导、控制和事故处理；运输部门可随时掌握车辆的运行情况，进行合理调度。从而，使路网上的交通流运行处于最佳状态，改善交通拥挤和阻塞，最大限度地提高路网的通行能力，提高整个公路运输系统的机动性、安全性和生产效率。

5. 数字地球与智慧城市

基于高分辨率正射影像、城市地理信息系统、建筑 CAD，建立虚拟城市和数字化城市，实现真三维和多时相的城市漫游、查询分析和可视化。数字地球服务于城市规划、市政管理、城市环境、城市通讯与交通、公安消防、保险与银行、旅游与娱乐等，为城市的可持续发展和提高市民的生活质量等。

6. 数字地球为专家服务

数字地球是用数字方式为研究地球及其环境的科学家服务的重要手段。地壳运动、地质现象、地震预报、气象预报、土地动态监测、资源调查、灾害预测和防治、环境保护等无不需要利用数字地球。而且数据的不断积累，最终将有可能使人类能够更好地认识和了解我们生存和生活的这个星球，运用海量地球信息对地球进行多分辨率、多时空和多种类的三维描述将不再是幻想。

7. 数字地球与现代化战争

数字地球是后冷战时期"星球大战"计划的继续和发展，在美国眼里数字地球的另一种提法是星球大战，是美国全球战略的继续和发展。显然，在现代化战争和国防建设中，数字地球具有十分重大意义。建立服务于战略、战术和战役的各种军事地理信息系统，并运用虚拟现实技术建立数字化战场，这是数字地球在国防建设中的应用。这其中包括了地形地貌侦察、军事目标跟踪监视、飞行器定位、导航、武器制导、打击效果侦察、战场仿真、作战指挥等方面，对空间信息的采集、处理、更新提出了极高的要求。在战争开始之前需要建立战区及其周围地区的军事地理信息系统；战时利用 GNSS、RS 和 GIS 进行战场侦察，信息的更新，军事指挥与调度，武器精确制导；战时与战后的军事打击效果评估等。而且，数字地球是一个典型的平战结合，军民结合的系统工程，建设中国的数字地球工程符合我国国防建设的发展方向。

总之，随着地球信息科学及相关技术的发展，数字地球将对社会生活的各个方面产生巨大的影响。数字地球再与虚拟天文台结合，人类对于地球的研究、天体的研究以及宇宙的研究一定会更上一个台阶。

本章思考与练习题

1. 何谓"数字地球"？它的核心思想？
2. 简述 GIS 概念、组成、功能及发展趋势。
3. 绘图说明数字地球技术框架并说明数字地球助力发展的例子。
4. 简述新一代数字地球特征。

进一步讨论题

信息时代地球科学的发展趋势。

实验内容

1. 利用"谷歌地球"软件操作及应用。
2. 利用 GIS 软件完成相关空间分析（选做）。

参 考 文 献

艾萨克·阿西莫夫. 1998. 宇宙指南. 刘长海等译. 南京: 江苏人民出版社.

冯克嘉, 杜升云, 堵锦生. 1993. 中国业余天文学家手册. 北京: 高等教育出版社.

何香涛. 2002. 观测宇宙学. 北京: 科学出版社.

何香涛. 2005. 蟹状星云和她的明珠, 长沙: 湖南科学技术出版社.

洪韵芳. 1997. 天文爱好者手册. 成都: 四川辞书出版社.

胡善美, 余明等. 2002. 少年课外知识小百科——天文瞭望. 福州: 福建科学技术出版社.

胡中为, 徐伟彪. 1998. 行星科学导论. 南京: 南京大学出版社.

胡中为. 2003. 普通天文学. 南京: 南京大学出版社.

金祖孟, 陈自悟. 1997. 地球概论(第三版). 北京: 高等教育出版社.

卡尔·萨根. 1998. 宇宙. 周秋麟等译. 长春: 吉林人民出版社.

肯·克罗斯韦尔. 1999. 银河系的起源和演化. 黄磷译. 海南: 海南出版社.

李宗伟, 肖兴华. 2000. 天体物理学. 北京: 高等教育出版社.

刘光鼎. 2005. 地球物理引论. 上海: 上海科学技术出版社.

刘南. 1987. 地球概论. 北京: 高等教育出版社.

刘南威. 2014. 自然地理学(第三版). 北京: 科学出版社.

刘学富. 2004. 基础天文学. 北京: 高等教育出版社.

马骃, 陈秉乾. 1993. 星系世界. 长沙: 湖南教育出版社.

宋礼庭. 1994. 从太阳到地球. 长沙: 湖南教育出版社.

唐汉良, 舒英发. 1984. 历法漫谈. 西安: 陕西科学技术出版社.

王绶琯, 周又元. 1999. X射线天体物理学. 北京: 科学出版社.

吴鑫基, 温学诗. 2005. 现代天文学十五讲. 北京: 北京大学出版社.

谢献春, 余明. 2007. 地球概论实验课程的改革与探索. 广州大学学报(社会科学版), (增刊): 17-19.

徐振韬. 1978. 日历漫谈. 北京: 科学出版社.

叶叔华. 1986. 简明天文学辞典. 上海: 上海辞书出版社.

余明. 1995. 《地球概论》课程计算机辅助考试管理系统的设计与实现. 福建师范大学学报(自然科学版), 11(2): 97-102.

余明. 1997. 多媒体计算机技术在《地球概论》教学中的应用研究. 福建地理, 12(2): 71-79.

余明. 1999a. 福州、漠河两地海尔—波普彗星观测比较. 福建师范大学学报(自然科学版), 15(1): 106-111.

余明. 1999b. 提高大众的科学意识, 推广普及天文教育. 河北师范大学学报(自然科学版), 23(专刊): 53-56.

余明. 2003. "数字福建"及"数字闽东南"的构建与应用. 地球信息科学, (02): 32-35.

余明. 2005. 流星雨观测及其研究意义. 北京师范大学学报(自然科学版), 41(3): 312-314.

余明. 2008. 生态环境信息图谱的生成与应用. 北京: 测绘出版社.

余明. 2011. 遥感影像的城市热环境综合信息图谱研究. 北京: 测绘出版社.

余明. 2021. 简明天文学教程(第四版). 北京: 科学出版社.

余明, 艾廷华. 2021. 地理信息系统导论(第三版). 北京: 清华大学出版社.

余明, 张林海, 2014. 福建省地球概论/基础天文学科发展研究报告. 海峡科学, 85(1): 16-21.

余明, 郑云开. 2003. 基于Dreamweaver环境下的"简明天文学教程"设计及实现. 福建师范大学学报(自然科学版), 19(1): 112-116.

喻传赞, 王海兴、罗葆荣. 1990. 天文学及其应用. 昆明: 云南大学出版社.

约翰·D巴罗. 1995. 宇宙的起源. 卞毓麟译. 上海: 上海科学技术出版社.

赵世英. 1983. 时间历法. 北京: 民族出版社.

郑庆璋, 崔世治. 1998. 相对论与时空. 太原: 山西科技出版社.

Comins N F , Kaufmann W J. 2008. III. Discovering the Universe (Eight Edition). New York: W H Freeman and Company.

David M, David S, Catharine K et al. 2008. The Good Earth: Introduction to Earth Science. New York: McGraw Hill Companies.

Dinah L. Moche. 2004. Astronomy (Sixth Edition). New York：John Wiley & Sons Inc.

Marshak Stephen. 2008. Earth: Portrait of a Planet (Third Edition). New York: W W Norton & Company, Inc.

附录 A 课程实验内容与指导

A.1 仪器原理和操作

A.1.1 天球仪的原理和使用操作

天球仪是用来模拟各种天体坐标和演示天体视运动的天球模型，它将主要天体的视位置投影到球面上，而使其与实际星空相吻合，因此，天球仪可视为缩小了的星空立体星图。用天球仪可以演示天体的视运动和任意日期与时刻的星空，帮助初学者认星，了解星空变化的规律。在上面还可以直接读取各种天球坐标值，进行不同坐标系统之间的换算，并求解其他有关球面天文学的问题。天球仪用途非常广泛，是开展地球概论课程教学和普及天文知识必备的科教仪器。

1. 天球仪的构造

天球仪主要由天球、子午圈、地平圈和支架四部分组成，如图 A.1 所示。

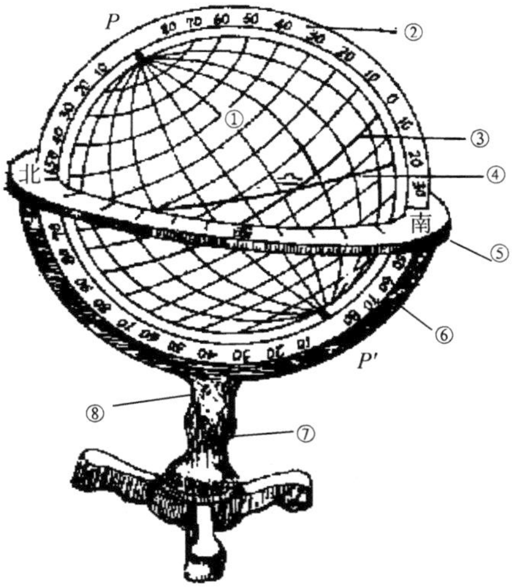

代表天球的球体是天球仪的主体部分，球体的直径根据需要而定。大型天球仪观测者可以进入球内进行观察，通常使用的天球仪直径约 30cm，只能从球外向里观察。球面上绘有国际通用的星座和 4 等以上的主要亮星，其中著名的亮星注有中文专名。除此之外，球面上还绘有天赤道、赤纬圈、赤经圈和黄道。天球正中的大圆是天赤道，每隔 1 时（即 15°）有一条赤经线与天赤道垂直，赤经线的经度值标注在天赤道上。和天赤道平行的小圆是赤纬圈，间距为 10°。和天赤道斜交约 23°26′的大圆为黄道，二者的交点分别是春分点和秋分点。黄道上标有黄经和日期，表示一年中太阳在黄道上的位置，黄北极和黄南极在天球上也有标注。因此，可在天球仪上读取任一天体的赤道坐标和黄道坐标。

图 A.1 天球仪示意图
①天球；②子午圈；③天赤道；④黄道；⑤地平圈；⑥竖环；⑦底座；⑧螺旋

天球子午圈是通过天极固定在天球上并与天赤道垂直的大圆，上面刻有从天赤道到两极即 0°～90°的刻度，刻度数值与赤纬圈的度数相对应，可以在子午圈上读取任一天体的赤纬。子午圈为地平坐标和赤道坐标所共有，据此可进行两种坐标之间的换算。

天球仪上宽边的水平圆环代表地平圈，固定在支架的竖环上，并和竖环垂直。地平圈与子午圈交于南北两点，与天赤道交于东西两点，合称四方点，代表地平的四个方位。地平圈上自南点起，由东向西标有从 0°～360°的刻度，表示地平经度（方位角）。

支架包括竖环和底座两部分。半圆竖环是支架的中间部分，它既固定地平圈，又支持子午圈，并且还与支架的底座相连，从而使天球仪连成一个整体。底座支点向上延伸的方向线即是观测点的沿垂线，它与天球面交于天底和天顶两点。

2. 天球仪的使用

在使用天球仪认识星空时，首先要作纬度、方位和时间 3 项校正。校正后，显示在天球仪地平圈之上的部分就是当时当地所见的实际星空，就可以按图索骥，进行观测。

（1）纬度校正　因为天极（仰极）的地平高度等于观测点的地理纬度，所以只要转动子午圈，使仰极在北点（或南点）的高度等于当地的地理纬度，这就能使天球仪正确显示地面上某点的观测者所见的星空。

（2）方位校正　对天球仪进行纬度校正后，移动天球仪，使天球仪上的方位与当地的实际方位相重合。这样，天球仪上所显示的星空就与当地的实际星空相一致。

（3）时间校正　由于星空除随观测地点而异外，还随观测时间而变化。如果要使天球仪上的星空与观测时间的星空相符合，先在黄道上找到当日视太阳的位置，并将当日视太阳置于午圈下（此时即显示该日正午的星空），然后按照正午前一小时向东转 15°，正午后一小时向西转 15°的比例，转动天球仪，调整到观测时刻。此时，出现在地平圈以上的星空，就是当地可观测的星空。①如果观测时刻是地方恒星时，先将春分点置于午圈之下，在天赤道上找到与给定的观测时刻相对应的赤经数，然后按天球仪转动到该时刻经线与午圈重合即可。②如果观测时刻是地方视时，先在黄道上确定当日太阳的位置，然后将太阳置于午圈之下。假如地方视时小于 12^h，向东转动天球仪，转动的时间角度等于 12^h 减地方视时；假如地方视时大于 12^h，向西转动天球仪，转动的时间角度等于地方视时减 12^h 的差值。③如果观测的时刻是地方平时，那么要根据时差订正视时，再按照上面的方法校正。如果是"北京时间"，那么要根据经度差订正为地方平时，再订正为视时，最后按照上述方法订正。

A.1.2　活动星图的原理和使用操作

活动星图（图 A.2）是观测星空常使用到的方便、快捷的工具，它能够帮助初学者认星，是天文爱好者进行文天观测最基本的辅助工具之一。活动星图是根据太阳的周年视运动和天球的周日旋转，把赤道坐标系和地平坐标系联系在一起，并使前者绕着天北极相对于后者转动而制作的。

活动星图的构造：星盘（底盘）是一幅天球的极投影展示图。盘心为天北极，盘上绘有赤经、赤纬网。盘的周边有以时间为单位的赤经标度和月份、日期的刻度。主要绘有赤纬在 -65°～+90°范围的国际通用星座 60 个，星点的大小表示星的视星等。星盘上还标有中国传统的二十八宿的名称和位置，以及太阳的周年视运动轨迹——黄道，并注明了太阳在黄道上的日期。盘上两条点线所划定的区域，表示银河分布的大致范围。

图 A.2　活动星图

　　地盘（上盘）绘有指定地理纬度的地平坐标网（透明的）图，注有方位和高度（每隔 10° 一条）。它有一个透明的椭圆形窗口，即为观测者所见的天空范围。盘的周边绘有时间刻度（表示观测点的地方视时）。因而，在选用活动星图范围时，使用者应注意观测地的纬度。

　　使用时，旋转底盘，使底盘上的日期和上盘时间正好与观测的日期和时刻相吻合，则上盘地平圈透明窗口内显露出来的部分星象就是当时可见的星空。把活动星图举过头顶，使星图上的南北方向同大自然的南北方向一致，这样就可以按图所示去辨认星座了。此外，活动星图还可以帮助我们了解星座出现的时间和位置，或者是太阳出没的时刻及方位等。

　　例如，春季星空的主要星座是狮子座，一般在 4 月 15 日 21 时左右位于我们头顶上方。首先把星图置于头顶，进行方位校正，使图上标明的方位和实际方位相同，转动外圈找到 4 月 15 日，然后转动里圈，对准 21 时，在椭圆窗口找到对应的观测地理纬度，在此区域内的即为能够观测到的星空。我们可以看到，狮子星座就在我们的头顶上方，还可以看到牧夫星座（有很壮观的大角星）、大熊星座以及黄道星座室女座。

A.1.3　光学望远镜原理和类型

　　天文光学望远镜主要由物镜和目镜两组镜头及其他配件组成。通常按照物镜的不同，可把光学望远镜分为三类，即：折射望远镜、反射望远镜和折反射望远镜。

1. 折射望远镜

　　折射望远镜的物镜由透镜组成折射系统。早期的望远镜物镜由一块单透镜制成。由于物点发射的光线与透镜主轴有较大的夹角，玻璃对不同颜色的光的折射率不同，会造成球差和色差，严重影响成像质量（图 A.3）。为了克服这一缺点，人们使用了近轴光线，因为近轴光线几乎没有球差和色差，所以在制造折射望远镜时，尽量制造长焦距透镜，但又不能太长。例如，在 1722 年，希拉德雷测定金星直径的望远镜，物镜焦距长达 65m，用起来非常不便，跟踪天体时甚至需很多人推动。

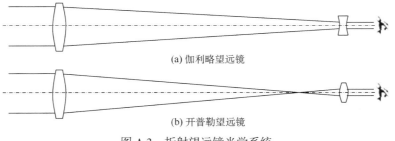

(a) 伽利略望远镜

(b) 开普勒望远镜

图 A.3　折射望远镜光学系统

　　为解决上述缺点，后来人们用不同玻璃制成的一块凸透镜和一块凹透镜组成复合物镜。所以，现代的折射望远镜的物镜，都是由两片或多片透镜组成折射系统（双透镜组或三合透镜组等），如图 A.4。这样，可使望远镜口径增大，镜身缩短。1897 年安装在美国叶凯士天文台的折射望远镜，口径 1.02m，焦距 19.4m，仅物镜就重达 230kg，至今仍是世界上最大的折射望远镜（图 A.5）。

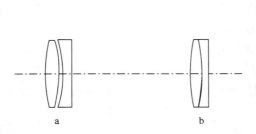

图 A.4　折射望远镜的消色差透镜　　　　　图 A.5　叶凯士折射望远镜

　　从理论上说，望远镜越大，收集到的光越多，自然威力也越大。但巨大物镜对光学玻璃的质量要求极高，制作困难；镜身太大，支撑结构的刚性难以保证，大气抖动影响明显，其观测效果反倒不佳。这就限制了折射望远镜向更大口径发展。现在天文学家们发展了一种新技术，可以在望远镜镜面背后加上一套微调装置，根据大气的抖动情况，随时调整望远镜的镜面，把大气的抖动影响矫正过来，这套技术叫做主动光学。这样一来，折射望远镜口径问题有望突破。

　　2. 反射望远镜

　　反射望远镜的物镜，不需要笨重的玻璃透镜，而是制成抛物面反射镜。其光学性能，既没有色差，又削弱了球差。

　　反射望远镜物镜表面有一层金属反光膜，通常用铝或银，反光性能相当理想，且镜筒大大缩短。由于抛物面反射可做得很轻薄，于是就可以增大望远镜的口径。现代世界上大型光学望远镜都是反射望远镜。

　　反射望远镜需在镜筒里面装有口径较小的反射镜，称为副镜，以改变由主镜反射后的光线行进方向和焦平面的位置。反射望远镜有几种类型，通常使用的主要有牛顿式，副镜为平面镜；卡塞格林式，副镜是凸双曲面镜，它可把主物镜的焦距延长，并从主镜的光孔中射出（图 A.6）。

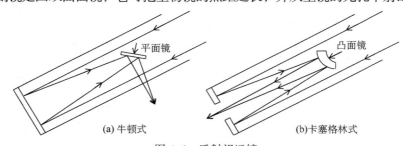

图 A.6　反射望远镜

　　20 世纪中期以后，很多著名天文台都安装有大口径的反射望远镜。例如，1948 年由美国制造的口径 5.08m 的反射望远镜，安装在帕洛玛山天文台，曾居世界领先地位。1976 年，苏联制造了口径 6m 的望远镜，安装在高加索山天体物理天文台。我国自己研制生产的 2.16m 反射望远镜，于 1989 年安装在国家天文台兴隆观测站上。

　　3. 折反射望远镜

　　折反射望远镜的物镜用透镜和反射镜组装而成。目前使用最广泛的型号有施密特型和马克苏托夫型（图 A.7 和图 A.8）。前者于 1931 年由德国光学家施密特所发明，它在球面反射镜前，加一个非球面改正透镜，以消除球差。后者是 1940 年由苏联光学家马克苏托夫发明，它的改正镜是一个弯月形透镜，结构简单。折反射望远镜的特点是：视场大，光力强，像差小，适于观测流星、彗星和人造卫星等天体。目前最大的施密特望远镜安装在德国陶登堡天文台，主镜 2.03m，改正镜 1.34m。

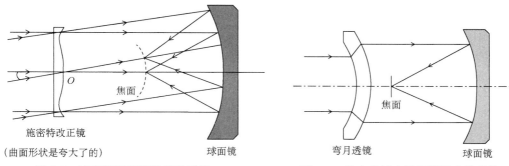

图 A.7　施密特望远镜的光学系统　　　　　　图 A.8　马克苏托夫望远镜的光学系统

　　由上所述，反射、折射和折反射望远镜各有特点。理论上反射望远镜口径越大越好，但实际上反射望远镜并非任意增大。这是由于太大，包括主镜玻璃、可转动机械部分等的总重量会达数百吨，在观测跟踪中难以保持极高的精确度。为解决上述问题，可采用拼接技术。20 世纪 90 年代以后，用多镜面拼合的反射镜来收集星光。美国建成的两台 10m 镜的凯克Ⅰ和凯克Ⅱ，各由 36 面六角形镜面（每块镜面口径 1.8m，厚度仅为 10cm）拼合而成。其性能提高，而重量减小，用计算机调节其支撑结构的压力。该镜安装在夏威夷的莫纳克亚天文台，在 1994 年彗星撞木星时，曾拍下了世界上最好的照片。凯克Ⅰ和凯克Ⅱ可以通过光学干涉的原理，联合起来变成一台超大型的望远镜。关于**多镜面组合望远镜**的光路（图 A.9），它们同时对准同一目标，在共同的焦点聚集成像，使合成口径大大加大。2000 年建成的欧洲南方天文台 NTT 望远镜，则由 4 台 8m 镜组成一个直线阵，等效口径达 16m。

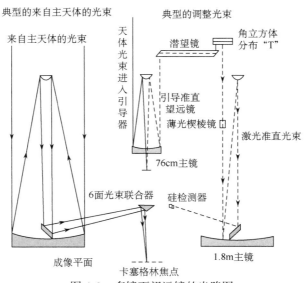

图 A.9　多镜面望远镜的光路图

4. 光学天文望远镜的几个重要参数

1) 物镜的口径（D）

望远镜的物镜口径是指其有效口径，即没有被镜框遮蔽的物镜部分的直径，用 D 表示。它是望远镜聚光本领的主要指标。望远镜口径越大，看到的星就越亮，且能看到更暗弱的星也越多。由于口径大，大大增加了聚光本领。例如，人眼瞳孔直径为 6mm，若用 6m 望远镜观测，增加的光流比人眼增大了 100 万倍［即：（6000mm/6mm）^{2}=100 万］。但在光害特别严重的市区，大口径不一定有效，要在城区拍摄天体，一些有经验的人士认为：口径有 15mm 就可满足拍摄条件了。

2) 相对口径（A）

指有效口径 D 和焦距 F 的比值，用 A 表示。即

$$A = \frac{D}{F}$$

在望远镜中呈现一定视面的天体叫延伸天体，如月球、太阳、行星等。延伸天体在望远镜里的亮度与 A^2 成正比，即相对口径越大，延伸天体就越亮，也意味着它观测延伸天体的本领就越高。因此，作天体摄影时要注意选择合适的相对口径（相机上的光圈号就是相对口径的表示）。

3) 焦距（F）

望远镜一般有两个有限焦距的系统组成，一个是物镜焦距，用 F 表示；一个是目镜焦距，用 f 表示。两个系统的焦点相重合。利用传统胶片感光后成像，物镜焦距则是天体摄影时底片比例尺的主要标志。对同一天体，焦距越长，天体在焦平面上的影像尺寸就越大。由图 A.10 可知，$d = f\tan\theta$，式中 d 为天体成像直径大小；f 为望远镜物镜的焦距；θ 为天体的视象（视直径）。由于天体距离一般非常遥远，θ 很小，$\tan\theta \approx 0$，故 $d \approx f \times \theta$（$\theta$ 为弧度）。例如，对金星拍摄时，其视直径为 61″，则在焦平面上成一个 0.7mm 的像。

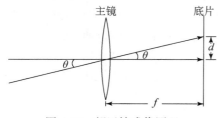

图 A.10　望远镜成像原理

4) 放大率（G）和底片比例尺

目视望远镜的放大率（G）与物镜的焦距成正比，与目镜的焦距成反比，即

$$G = \frac{F}{f}$$

望远镜的物镜都是一定的，只要配备几个焦距不同的目镜，就可以得到几种不同的放大率。照相望远镜不需目镜，星空现象直接拍在照相底片上，天球上的角距离变成底片上的线距离。天球上的角距离与底片上的线距离之间的关系，一般用底片比例尺来表示，即天球的一个角分相当底片上多少毫米，底片比例尺与焦距成正比。

5) 分辨角（δ）

指刚刚能被望远镜分辨开的天球上两点间的角距离，用 δ 表示。分辨角的倒数为分辨本领，即分辨角越小，其分辨本领越大。理论上根据光的衍射原理，望远镜的极限分辨角为

$$\delta = 1.22\frac{\lambda}{D}$$

式中，λ为入射光波长，D 为望远镜有效口径，λ 和 D 都以毫米为单位。人眼瞳孔直径在 8～2mm，计算得知人眼分辨角的理想值是 18″～70″（60″=1′）；如果用口径 6m 望远镜观测，其分辨角最小为 0.02″，比肉眼分辨本领高 1000～3000 倍。

6）视场角（ω）

指用望远镜所能观测到的天区的角直径叫视场角，用 ω 表示。视场与放大率成反比，放大率越大，所观测到的天区就越小。视场的大小可由物镜的视面角设计大小和照相机底片二者相约束，对于一个折反射望远镜或反射望远镜，由于副镜挡光原因，视场角设计有一定大小，而折射望远镜往往是成像质量的限制。例如，若用 120 型望远镜接单反相机拍摄天体，约束视场大小是 120 型本身（59′）。一般来说，望远镜焦距越短，拍摄视场越大，照相机镜头直接拍摄天体情况也是这样。

7）贯穿本领

晴朗的夜晚用望远镜观测天顶附近所能看到的最暗弱恒星的星等，称作望远镜的贯穿本领或极限星等。它与望远镜的口径有密切的关系，口径越大，就能够观测到越暗弱的天体。要是口径为 5cm，可以观测到 10 等星；口径 5m，可以观测到 21 等星。

由于恒星太遥远，且望远镜的分辨本领不够高，恒星在望远镜中的像仍呈光点状，通常称这些在望远镜呈点像的天体为点光源天体。另一类天体在望远镜能够分辨出其表面，则称它们为有视面天体，包括太阳、月球、行星、彗星、星云、黄道光等。天文爱好者对有视面天体照相颇感兴趣，因为它们既是很好的展示和观赏的天文资料，更重要的它们也是科学研究的部分信息。读者在学会使用光学望远镜的同时，进行天体观测与天体摄影实践一定会其乐无穷。

A.2　天　文　观　测

A.2.1　认星（重要星座、亮星、著名星系和星云）

1. 国际通行的星空区划——88 个星座

在晴朗无月的夜晚，我们仰望天空，斗转星移，繁星闪烁，给人无限的遐想。除了几个大行星之外，其他星的相对位置几乎是不变的，古人称恒星。其实恒星不恒，只是它们距离太遥远了，我们肉眼无法分辨。为了辨认这些密布的群星，人们用想象的线条将星星连接起来，并构成各种各样的图形，或把某一块星空划分成几个区域，取上名字。这样一来，可以讲述和记录，认识星星就容易多了。这些图形连同它们所在的天空区域，就叫做**星座**。在西方，大约起源于公元前 3000 年左右，到公元 2 世纪，北天星座的雏形已由古希腊天文学家大体确定了下来，并以许多神话、传说给这些星座命名。1922 年国际天文学会把星座的名称作了统一的界定，规定全天有 88 个星座，星座里的恒星用希腊字母和数字标出。

1）北天星座的雏形

在现伊拉克境内的底格里斯河和幼发拉底河流域，希腊语称"美索不达米亚"，意即两河之间的地方，是人类文明最早的发源地之一。历史上在公元前 4000～公元前 2000 年左右，苏美尔人和阿卡德人在此定居并奠定了这一区域的文化基础，史称苏美尔—阿卡德时期；从公元前 1894～公元前 1595 年，这里是古巴比伦帝国，其间它的第六代国王汉谟拉比在位时，成为两河流域文化最兴盛的时代。后来由于赫梯帝国和亚述帝国的相继入侵，这里先后成了赫悌帝国和亚述帝国的一部分；公元前 626～公元前 539 年，迦勒底人消灭了亚述，在此建立了新巴比伦帝国，公元前 539 年又为波斯帝国所灭。在长达几千年的历史时期内，这一地区占统治地位的民族，虽经多次更迭，但始终使用楔形文字，他们创造了灿烂的古代文化与科学。美索不达米亚文化被认为是西方文化的源泉，它的天文学也被认为是西方天文学的鼻祖。

苏美尔人很早就开始认真地观察星空了，他们将星星组合成群，可惜的是他们划分星群的方法已无据可考。后来迦勒底人从东阿拉伯来到两河流域，他们以牧羊为生，热衷占星术，把星星看作是放牧在"天上的羊"。他们用想象的线条将天上的亮星连接起来，构成各种动物和人物的图像，每幅图像都取一个名字，这就是早期星座。在公元前 650 年前后出现的《创世语录》中，就已有 36 个，其中北天、黄道带和南天各 12 个。

在美索不达米亚确定下来的星座经腓尼基人传入希腊，古希腊人在此基础上又创立了许多新的星座。他们把星座的名称和美丽的神话传说联系起来，既给人以丰富的想象，又有助于认识和记忆星座。欧多克斯（公元前 400～公元前 350 年）所著的《现象论》中，把当时认定的星座都记了下来，但该书失传。不过，公元前 270 年左右，希腊诗人阿拉图斯把星座写成诗歌——《天象诗》，诗中共提到了 44 个星座。其中北天 19 个（小熊座、大熊座、牧夫座、天龙座、仙王座、仙后座、仙女座、英仙座、三角座、飞马座、海豚座、御夫座、武仙座、天琴座、天鹅座、天箭座、北冕座、蛇夫座等）；黄道带 13 个星座（白羊座、金牛座、双子座、巨蟹座、狮子座、室女座、螯座、天蝎座、人马座、摩羯座、宝瓶座、双鱼座、驶座）；南天 12 个星座（猎户座、小犬座、波江座、天兔座、鲸鱼座、南船座、半人马座、天坛座、长蛇座、巨爵座、乌鸦座等）。

之后，希腊著名的天文学家喜帕恰斯（伊巴谷）编制了一份含星数 850 颗的星表，他把蛇夫座分为长蛇座与蛇夫座，把半人马座的东部分出来称为豺狼座，把黄道带上的驶座并入金牛座，后来才划归蛇夫座。

公元 2 世纪，希腊天文学家托勒密总结了古代天文学成就，写成了巨著《天文学大成》，他把黄道带的螯座改为天秤座，把犬座分为大犬座和小犬座，并增设小马座和南冕座。到此合计有 48 个星座，北天星座的名称基本上就确定下来了，并由此构成了当今国际通用的 88 个星座的基础。

2）88 个星座的确定

到 17 世纪初，德国的天文学家拜尔（1572—1625 年）从航海学家西奥图的记录中得知南天的一些星座，他在《星辰观测》一书中，除了上述谈及的 48 个星座之外，又增写了南天极附近的 12 个星座：蜜蜂座（后改为苍蝇座）、天鸟座（后改为天燕座）、蝘蜓座、剑鱼座、天鹤座、水蛇座、印第安座、孔雀座、凤凰座、飞鱼座、杜鹃座、南海座。这样，就有了 60 个星座。此外，北天的后发座之名早已有了，只是喜帕恰斯和托勒密的著作中一直没有把它列进去。

1624 年天文学家巴尔茨斯在北天增设鹿豹座、麒麟座和天鸽座 3 个星座，并在南天增设菱形网座（后称网罟座）；1669 年，洛耶尔从南天的人马座中分离出南十字座；1690 年，波兰天文学家在他编制的星表里又增加了 7 个北天星座：猎犬座、蜥蜴座（后改为蝎虎座）、小狮座、天猫座、六分仪座、盾牌座和狐鹅座（后改为狐狸座）。至 17 世纪中期，已确定星座 73 个。

18 世纪 50 年代，法国天文学家拉卡伊利到好望角作了四年（1750～1754 年）的天文观测，并于 1763 年出版了包括 3000 颗星的星表。在表中，他命名了 13 个新星座，例如：玉作座（后改为玉夫座）、化学炉座（后为天炉座）、时钟座、抽气唧筒座（后为唧筒座）、南极座、矩尺座、望远镜座、显微镜座、山案座、绘架座和罗盘座。至此计有 86 个星座。

之后，有些天文学家为了迎合统治者的心意或出于自己的爱好，竟随心所欲地乱设星座，如有的因爱猫而设"母猫"星座。因此，当时星座的名称曾达到 109 个。

最初，星座只指星群。随着科学的发展，人们研究的天体越来越多，对这些天体位置的确定，需要对星空进行区划。于是，在星座的概念中又增加了区域的含义，星座不只代表星群，而且还代表了这些星群所在的天区。最初星座的界线是随意确定的，没有规律可循，只要将星座的亮星全部纳入其中就行了，如英国天文学家弗兰姆斯蒂所绘制的星座界线便是如此。1841 年，英国天文学家威廉·赫歇尔提出星座用赤经线和赤纬线来划分，这一建议后来被国际天文组织所采纳，所以现在星空的界线虽然曲折和不规则，但线条是平直的。

1922 年国际天文学大会根据近代天文观测成果，对历史上沿用的星座名称和范围作了整合，取消了一些星座，最后确定全天星座为 88 个（除了上述 86 个之外，又把南船座拆为船帆座、船底座、船尾座 3 个星座，故总数为 88 个），其中北天 29 个，黄道 12 个，南天 47 个。并在 1928 年的国际天文联合会上正式公布了这 88 个星座，同时规定以 1875 年的春分点和赤道为基准的赤经线和赤纬线作为划分星座范围的界线，从此，88 个星座成为全球通用的星空区划系统。

现行 88 个星座的名称中，只有 5 个星座是 1922 年国际天文学大会命名的，其他皆是沿用过去的名称，其中，46 个是古代命名的，有 37 个是 17 世纪以后命名的。所有星座的名称中约有一半是动物的名字，既有希腊神话中的动物，又有地理大发现以后新发现的动物；另有 1/4 是神话人物的名字，其余 1/4 则是仪器和用具的名字。由于历史的原因，星座的排列很不规则，范围亦不等，甚至差别悬殊。

星座内恒星的命名，一般采用星座名称加上拉丁字母（希腊字母），拉丁字母的顺序与星座内恒星的亮度相对应（如天瓶座 α 星、大熊座 β 星等），但也有少数例外情况（如双子座中的 β 星反而比 α 星亮，可能古代的情况与现代不一样）。当 24 个拉丁（希腊）字母用完之后，就用数字代替字母，通常数字是按恒星的赤经依次排列，如大熊座 80 星，等等。

在历史上，不同的民族和地区都先后发展了自己的星空区划，特别是对亮星各有一套专有名称，甚至是地方性的俗称。因此，对同一颗亮星，不同的国家和民族叫法不一。

上述 88 个星座的拉丁名、符号、面积和星数在附录 B 的表 B.5 中可以查到，在此，将 88 个星座按北天 29 个，黄道 12 个，南天 47 个的顺序列出。

北天星座：小熊座、天龙座、仙王座、仙后座、鹿豹座、大熊座、猎犬座、牧夫座、北冕座、武仙座、天琴座、天鹅座、蝎虎座、仙女座、英仙座、御夫座、天猫座、小狮座、后发座、巨蛇座、盾牌座、天鹰座、天箭座、狐狸座、海豚座、小马座、三角座、飞马座、蛇夫座。

黄道带星座：双鱼座、白羊座、金牛座、双子座、巨蟹座、狮子座、室女座、天秤座、天蝎座、人马座、摩羯座、宝瓶座。

南天星座：鲸鱼座、波江座、猎户座、麒麟座、小犬座、长蛇座、六分仪座、巨爵座、乌鸦座、豺狼座、南冕座、显微镜座、天坛座、望远镜座、印第安座、天燕座、凤凰座、时钟座、绘架座、船帆座、南冕座、圆规座、南三角座、孔雀座、南鱼座、玉夫座、天炉座、雕具座、天兔座、天鸽座、大犬座、船尾座、罗盘座、唧筒座、半人马座、矩尺座、杜鹃座、网罟座、剑鱼座、飞鱼座、船底座、苍蝇座、南极座、水蛇座、山案座、蝘蜓座、天鹤座。

古代天文学家为了表达太阳在黄道上所处的位置而将黄道这个大圆划分为 12 段，称为黄道 12 宫，每宫占 30°，又将黄道 12 宫和黄道附近的 12 个星座联系起来，如白羊座所在的那个宫称为白羊宫。由于岁差运动，黄道 12 宫和 12 个黄道星座渐渐错开，如今白羊宫已和双鱼座重合在一起。

对待星座的态度上，天文学和占星学各行其道，天文学是观测和研究天体、探索宇宙奥妙的一门科学；占星学是利用星座和天象来决定人的命运的神秘信仰。

2. 中国古代的星空区划——星官

中国古代的星空区划历史悠久，在方法上也自成一体，早在殷周之际就有了将赤道附近的恒星划分为二十八宿的方法。春秋战国时期还有较为详细地对亮星的分群和命名，但当时列国割据，各成一体。到西汉时，才趋向统一，并形成较完整的系统。《史记·天官书》就反映了当时的区划情况。中国古代划分星空的基本单位是"星官"，也就是把相邻的恒星组合在一起，构成各种图案，并分别取一个名字，称为星官。若干小星官又可合成大星官。后来，星官不仅指星群，同时也指天区。主要的大星官就是三垣和二十八宿，在唐代《步天歌》中，三垣和二十八宿发展成为中国古代的星空区划体系。三垣指北天极附近的三个较大的天区：**紫微垣、太微垣和天市垣**。紫微垣包括天北极周围天区，大体相当于拱极星座；太微垣包括紫微垣与二十八宿之间的狮子座、后发座、室女座、猎犬座等天区；天市垣包括相应的蛇夫座、巨蛇座、天鹰座、武仙座、北冕座等天区；**二十八宿**主要位于黄道区域，之间跨度大小不均，且分为四大星区，称为**四象**。

1）三垣

三垣是北天极及周围三个较大的天空区域，即紫微垣、太微垣和天市垣。每垣内含若干星官，都有东、西两藩的星，左右环列，其形如墙垣，故称之为"垣"。唐代《开元星经》辑录的《石氏星经》中就有紫微垣和天市垣，说明这两垣在春秋战国时就有了。而太微垣之名则出现较晚，《史记》中虽有此相当的星官，但未命名"太微垣"，直到隋唐才正式有"太微垣"之名。

紫微垣是三垣的中垣，位居北天中央，故又称中官或紫微宫。紫微宫即皇宫的意思，我国古代天文学家把它看作天上的皇宫。各星多数以帝族和朝官的名称命名。除天帝、天帝内座、太子等居中外，其余以天北极为中枢，东、西两藩共有主要亮星 15 颗，状如两弓相合，环抱成垣。东藩八星由南起，称左枢、上宰、少宰、上弼、少弼、上卫、少卫、少丞；西藩七星由南起，名右枢、少尉、上辅、少辅、上卫、少卫、上丞。但这些名称常因各朝代官制不同而改变。紫微垣所占天区相当于拱极星区，大致包括现今的小熊座、大熊座、天龙座、猎犬座、牧夫座、武仙座、仙王座、仙后座、英仙座、鹿豹座等星座。

太微垣是三垣的上垣，位居于紫微垣之下的东北方。太微即政府的意思，星名亦多用官名命名。它以五帝座（五帝即"三皇五帝"中的五帝）为中枢，东藩四星由南起为：东上相、东次相、东次将、东上将；西藩四星由南起为：西上将、西次将、西次相、西上相。南藩二星东为左执法，西为右执法。太微垣所占天区包括室女座、后发座、狮子座等星座的一部分。

中、上两垣俨然是一个天上的小朝廷，将、相、宰、辅、尉、丞、执法等文武官职无所不有。

天市垣是三垣的下垣，位居紫微垣之下的东南方向。天市即天上的集贸市场，星名多用货物、量具、市场等命名，地名也用得特别多：东有宋、南海、燕、东海、徐、吴越、齐、中山、九河、赵、魏；西有韩、楚、梁、巴、蜀、秦、周、郑、齐、河间、河中，简直就像一幅天上的地图。天市垣相对更接近夏秋的银河区域，包括武仙座、巨蛇座、蛇夫座等星座的一部分。

2）四象二十八宿

二十八宿是中国古代星空区划体系的主要组成部分，最初它是古人为了比较日、月、五星的运动在黄道和天赤道之间选择的 28 个星官，作为观测的标志。后来，以 28 个星官为基础，又将黄道附近的星空划分为 28 个区域，也称二十八宿。"宿"有停留的意思，特别是月球，它绕地球公转的恒星周期是 27.32185 日，因此它大致每天停留一宿。1978 年，在湖北省隋县擂鼓墩发掘的战国早期的曾侯乙墓中，有一个涂了漆的箱盖，上面就绘有二十八宿。这说明战国早期就已有二十八宿的名称了。后来，我国古人又将二十八宿分作四组，每组七宿，分别与四个地平方位、四种颜色和四种动物相匹配，称为四象或四陆。以春分前后的黄昏为准，四象二十八宿为：东方苍龙（青色），角、亢、氐、房、心、尾、箕；北方玄武（黑色），斗、牛、女、虚、危、室、壁；西方白虎（白色），奎、娄、胃、昴、毕、觜、参；南方朱雀（红色），井、鬼、柳、星、张、翼、轸。

二十八宿的范围有大有小，其中最大的为井宿，赤经跨度约为 33° 左右，而最小的觜宿和鬼宿，仅有 2°～4°。它们与 88 星座大致的对应关系见表 A.1。

表 A.1　二十八宿与 88 星座的大致对应关系

东方苍龙		北方玄武		西方白虎		南方朱雀	
星宿	对应星座	星宿	对应星座	星宿	对应星座	星宿	对应星座
角	室女座	斗	人马座	奎	仙女座、双鱼座	井	双子座
亢	室女座	牛	摩羯座	娄	白羊座	鬼	巨蟹座
氐	天秤座	女	宝瓶座	胃	白羊座	柳	长蛇座
房	天蝎座	虚	宝瓶座、小马座	昴	金牛座	星	长蛇座
心	天蝎座	危	飞马座、宝瓶座	毕	金牛座	张	长蛇座
尾	天蝎座	室	飞马座	觜	猎户座	翼	巨爵座
箕	人马座	壁	仙女座、飞马座	参	猎户座	轸	乌鸦座

二十八宿创设之后，在观象授时、制订历法等方面发挥了重要的作用，除此之外，还在归算、测定太阳、月亮、五大行星以及流星、彗星、新星乃至任意星辰的位置等方面起到了无法替代的作用，对我国天文学的发展起了促进作用。

3. 四大星区

为了对全天星座分布大势有一个全局性的认识，将星空按赤经分为"四大星区"。每一星区跨赤经 6^h，各以其拱极星座或著名星座命名，从 0^h 赤经线开始，自西向东依次为仙后星区、御夫星区、大熊星区、天琴星区，简称"后、御、熊、琴"。现将四大星区的主要星座和亮星的特征于表 A.2。

表 A.2　四大星区、主要星座、亮星及特征

星区	星座	亮星及主要特征
仙后星区（后）	仙后座	形似字母 W，利用它可找到北极星
	仙女座	三颗亮星排列成一条直线
	飞马座	呈一大四边形（东北一隅属仙女座），四边形的东边向北延伸，直指北极星
	南鱼座	南鱼座 α（中名北落师门）是本区唯一的一颗一等星，沿飞马座四边形的西边向南延伸，即可找到。它的位置偏南、离地平较低，附近星稀，西方有"海角孤星"之称
御夫星区（御）	御夫座	明显的五边形。我国古代称"五车"。主星 α（五车二）是北天主要亮星
	金牛座	著名黄道星座，有一簇呈 V 字形的星群（毕星团）、主星 α（毕宿五）位于 V 字一端是红色亮星。V 字的西北有的昴星团，俗称"七姊妹"（正常视力只能见六颗）
	猎户座	全天最壮丽的星座、横跨天赤道，世界各地都能见到。它由二颗一等星（参宿四和参宿七）和五颗二等星组成。有"参宿七星明烛宵、两肩两足三为腰"之说。中部三颗合称参宿三星，位于天赤道上。参宿三星东南有一肉眼可见亮星云（猎户大星云），距离 1500 光年
	大犬座	形如砍刀。主星 α（天狼）是全天最明亮的恒星
	小犬座	星数很少。主星 α（南河三）是著名的一等星。它同参宿四和天狼星构成一个等边三角形
	双子座	黄道星座。成两行排列。亮星有 α（北河二）和 β（北河三）、后者是一等星
大熊星座（熊）	大熊座	北天最著名星座。七颗亮星排成"熨斗"形状，故称"北斗"。可用它的两颗指极星（天枢、天璇）来找北极星。民谚："识得北斗，天下好走"
	牧夫座	形如风筝。也像一条倒挂的领带。主星 α（大角）是北天头等亮星。正处在北斗七星柄的自然延伸线上
	狮子座	黄道著名星座。形如雄狮。由头部的"镰刀"和尾部的三角形组成。主星 α（轩辕十四）是一等星，位于镰刀柄端，位于黄道上
	室女座	黄道星座。呈不规则的土字形。主星 α（角宿一）是一等星。南北两角（大角和角宿一）同轩辕十四，构成一个巨大的直角三角形
天琴星座（琴）	天琴座	范围很小，主星 α（织女）是北天头等亮星。织女有四颗暗星组成一个菱形，是传说中织女用以织布的"梭子"
	天鹰座	近天赤道和银河。主星 α（牛郎）中名河鼓二。它与西侧的二颗暗星组成"牛郎三星"。民间俗称"扁担星"。与织女星隔河相望
	天鹅座	呈一明显的"十字形"。整个星座位于银河中。主星 α（天津四）是一等星。我国古代称此星座为"天津"（意即渡船）
	天蝎座	著名黄道星座。形如张着两螯的巨蝎。主星 α（心宿二）是红色亮星，古称"大火"。心宿二与两侧的两颗暗星合称"心宿三星"
	人马座	位于银河最明亮部分。是银河中心方向所在。东部六星组成"南斗"

4. 四季星空

晴朗的夜晚，如果通宵不眠，就可巡视整个星空，就能看到恒星的东升西落，也就是天体的周日视运动现象，这是地球向东自转的缘故。星空每晚都在移动，某天午夜看到的星空图案要在整整一年以后才会完全重现，由于太阳周年视运动和天体周日视运动，在不同季节的同一时间所观测到的星空也不相同。人们把每一季节内各月份夜间所观测到约 3000 颗星的那一部分星空，即与太阳赤经相差 180°附近的星空称为该季节星空。随观测者所在纬度不同，所观测到的星空也不相同，四季星空，就是指不同季节的特定时刻所见到的星空，可用天球仪或活动星图或电子星图予以显示。

1）星空分布大势

我们已经清楚，任何时候，整个星空都被地平圈一分为二，其中，有一半显露在地平以上，是可见的；另一半则隐没在地平以下，是不可见的，二者相互交替变化。但是在地球上位于不同区域的人，观察到的天区是不同的。例如我们所处的位置有两个天区看不到：一是与太阳同升同落的天区，因被阳光所淹没；二是以南天极为中心的那块天区总是在地平面以下，所以看不到，这块天区被称为**恒隐星区**，简称恒隐区。在恒隐区内的星称恒隐星，恒隐区的边界称恒隐圈。相反，在此过程中以北天极为中心的那块天区都始终在地平面以上，这块天区被称为**恒显星区**，简称恒显区。在恒显区里的星叫恒显星，恒显区的边界称恒显圈。紫微垣基本上就是我国所处位置看到的恒显区。整个星空（天球）除恒隐区和恒显区外，就是**出没星区**，那里的星有隐有显。不过，纬度越高，恒隐星区和恒显星区越大。纬度越低，情况相反。如果在赤道上或两极地区，极端状况出现；两极只能看到恒显星，在赤道全部是出没星，则在一整夜里可以巡视整个星空，视力好的人可以看到 6000 多颗星星。当然，与太阳同升那块天区还是看不到的，若要看到那里的星辰，则要过一段时间，等太阳在黄道上移动一段路程（其实是地球在轨道上走过了一段路程）之后，我们就可以看到它了。由此亦可见，我们北半球的人是无缘看到南极地区上空的星辰的，如要看到，只能到南半球去（关于恒显区、恒隐区和出没星区在第 1 章已介绍）。

2）星空的季节变化

人们在地球上观测星空，总是要等到太阳落入地平线以后才能进行。因此，观测的时间和所看到的星象与太阳密切相关。恒星在天球上的位置是恒定不动的，但太阳则不同，它以 1 年为周期，在恒星间自西向东不断移动，每天大约东移 1°，这叫太阳的周年视运动，它是地球公转运动的反映。

太阳时是以太阳为参考点所确定的时间系统，也就是人们平常所使用的时间。星空的季节变化以太阳时来衡量，有两个方面的表现：①同一星象出现的太阳时刻逐日不同，如恒星出没或中天的太阳时刻每天提早约 4 分钟；②相同的太阳时刻出现的星象逐日不同，如北斗七星的斗柄在不同季节黄昏的时候指向不同。我国古代正是利用这种变化来定季节的，即"斗柄东指，天下皆春；斗柄南指，天下皆夏；斗柄西指，天下皆秋；斗柄北指，天下皆冬。"

3）星空变化的推算

星空的变化包括两个方面：一是由于地球自转所造成的周日变化，同一天，星空因时刻而不同；二是由于地球公转造成太阳的周年视运动所导致的周年变化，同一时刻，星空因季节而不同。星空变化的推算就是求知任何日期和任意时刻的星空状况。

恒星每天东升西落循环的周期是一个恒星日，如果用恒星时来表示，星空就只有周日变化而没有季节变化，也就是说每天同一时刻的星象是完全相同的。根据第 1 章恒星时定义

$$S = t_r = a_M + t_M$$

即

$$恒星时＝上中天恒星的赤经＝春分点的时角＋上点赤经$$

可是，人们平常所用的时间都是太阳时，太阳每日东升西落循环的周期是一个太阳日。由于太阳每天在黄道上东移约 1°，恒星则相对太阳每日西移约 1°，这样，一个月西移 30°，三个月西移 90°（一个星区的范围），一年后西移 360°，恒星又回到原来与太阳的相对位置上。如果以太阳时来表示，恒星出没和中天的时刻每天提早 4min，一个月提早 2h，三个月提早 6h。因此，月初 21^h 的星空，相当于月中 20^h 的星座，也相当于月末 19^h 的星空。

要推算任意日期和时刻的星空状况，只需求出该时刻（太阳时）所相当的恒星时即可。具体方法是：首先记住每年秋分日这一天太阳时和恒星时相等，其次秋分日之后，恒星时时刻每天比太阳时提早 4min。即

　　秋分日　　　　　　　恒星时＝太阳时
　　秋分日之后　　　　　恒星时＝太阳时＋秋分日后推的天数×4min
　　秋分日之前　　　　　恒星时＝太阳时－秋分日前推的天数×4min

以上方法是为了求得可见星区而粗略推算恒星时的简单方法，实际上太阳时还有视时和平时之分，这里的太阳时应该指视时（视时、平时概念参见第 1 章）。至于精确的计算，有现成的关于恒星时与太阳时时刻换算的公式可引用，本书就不再介绍了。

　　4）四季星空

我们了解了上述这些情况以后，只要有星图，就可以进行星空观测了。现将我们国家大部分地区所看到的四季星空简介如下。

　　a. 春夜星空

春夜的星空是迷人的，银河从南出发，蜿蜒流向北方，中部略向西弯，银河以西的几个冬夜星空的著名星座：金牛座、猎户座、大犬座由于接近西方地平面变得难以观测了。处于银河之中的仙后座，英仙座，御夫星座不易见到。

在天顶以北，大熊座正在子午圈上，北斗七星当空高悬，几乎靠近天顶，斗柄指向东方，沿着勺的两颗星向北约 5 倍远可以找到北极星，它是小熊座 α 星，中文名勾陈一。沿着斗柄连成的曲线延长出去，可以找到大角星；它是牧夫座的最亮的 α 星、在东方半空中闪耀着橙色的光辉。把斗柄的曲线从大角星再延长一倍，可以找到另一颗一等星角宿一，它是室女座的 α 星。这条始于斗柄，止于角宿一的大弧线，称为春季大曲线。牧夫座的东边还有一个半圆形的北冕座。

向南看去，雄伟的狮子座正在天空中，它是春夜星空的中心，头部像反写的问号，尾部像三角形，头西尾东，很像一只狮子。它的最亮 α 星叫轩辕十四，位于黄道上，月亮和行星经常运行到它的附近，狮子座的南面是横跨天空的长蛇座，头西尾东，已全部展现在天空中，在长蛇座的尾部，角宿一的西南方，有小而易见的乌鸦座，多亮星。

狮子座的西南是巨蟹座，是黄道十二星座之一，其中还有一个肉眼可见的"蜂巢星团"，也叫"鬼星团"（即 M_{44}）很著名。巨蟹座往西是黄道星座之一的双子座，几颗较亮的星组成长方形，最亮的两颗星是北河三（β）和北河二（α）。

天空的东边天际，夏夜星空的一些主要星座已经露头了。在东北方天空有天琴座、武仙座，在东南方天空的是黄道十二星座之一的天秤星座。

春季观星的对应时刻 4 月 5 日 23 时，4 月 20 日 22 时，5 月 5 日 21 时，5 月 20 日 20 时。

b. 夏夜星空

夏夜的星空，银河横贯南北，气势磅礴，最引人注目的是银河一带的几个星座，织女星和牛郎星在银河两"岸"放射光芒，织女星是天琴座α星，牛郎星也叫河鼓二，是天鹰座α星。在它们附近的银河中，有一个大而明显的天鹅座α星，中名叫天津四，它和牛郎星，织女星构成夏季大三角形。织女星的西邻是武仙座。武仙座η星和ε星之间有一个肉眼可见的球状星团（M_{13}）。武仙座的西边有 7 颗小星围成半圆形是美丽的北冕座，再往西就是牧夫座，牧夫座中的亮星α（大角）在高空中闪烁着橙色的光芒。

北天，大熊星座中的北斗七星正在西北方向的半空中，斗柄指南。用北斗二（β）和北斗一（α）两星的连线延长就可以找到北极星。北极星是小熊座α星，中名也叫勾陈一，四季星空出现的所有星座都年复一年地围绕着它转。小熊座的南面，是蜿蜒曲折的天龙座，它正在子午圈上。天龙座的头部由β、γ、υ、ξ四星组成，是一个小四方形，它的附近有明亮的织女星。

在南天正中是夏夜星空中的巨大而引人注目的天蝎座，也是夏季的代表星座。这个星座由十几颗亮组成了一个头朝西，尾朝东的蝎子形。最亮的一等星心宿二（α），中名也叫大火，有火红的颜色。心宿二也靠近黄道。天蝎座α、δ、τ三星和天鹰座α、β、τ三星（我国民间叫扁担星）在银河中遥遥相对，天蝎座的西边是天秤座，东边有著名的人马座。它们都是黄道星座。人马座位于银河最明亮的部分，它的ψ、φ、τ、ξ等六颗星叫南斗六星，与西北天空的北斗七星遥遥相对。人马座部分的银河最为宽阔和明亮，因为这是银河系中心的方向。人马座，天蝎座北面有面积广大的球状星团（ω星团），我国南方地区容易看到。

夏夜星空的西方，狮子座、乌鸦座等星座将要下沉。东方天际又迎来了秋季星空的仙女、飞马等主要星座。

夏季观星的对应时刻 7 月 5 日 23 时，7 月 20 日 22 时，8 月 5 日 21 时，8 月 20 日 20 时。

c. 秋夜星空

飞马当空，银河斜挂，这是秋夜星空的象征，北斗的斗柄指西，但接近北方的地平线，不易见到。

在东北地平线上的亮星是御夫座的五车二（α），顺着银河往上就是英仙座、仙后座和仙王座等星座。用仙后座ε、δ、γ 三亮星夹角的平分线延伸也可以找到北极星。英仙座β星，中文名大陵五，是一颗著名的食变星。仙王座δ星，中文名造父一，是一颗著名的造父型变星。西边天空中的牧夫座、蛇夫座等星座正在西沉。人马座在西南低空中正在和我们告别。那些夏夜明亮的星座，只有天琴座、天鹰座、天鹅座等星座仍然闪耀在高空中。天鹰座附近有两个小星座，靠东的是海豚座，靠西是天箭座。

秋夜星空中最引人注意的是出现在高空的飞马座，它的大四边形由α、β、γ和仙女座的α星组成著名的秋季四边形，是显而易见，十分著名的。飞马β和α和连线的向北延长，直指北极星，向南延长指向南鱼座的亮星北落师门（α）。南鱼座北面的摩羯、宝瓶座，均缺少亮星，不易辨认。用天鹰座的γ、α、β三星的连线往南延长，即可找到摩羯座的α、β星，宝瓶座的东北有双鱼和白羊座，它们都是黄道星座。双鱼座的南面是鲸鱼座，它的θ星，中名蒭藁增二，是一颗有名的变星。和飞马座的大四边形紧密相连的是仙女座，在仙女座β星的北面有一个肉眼能见的河外星系（M_{31}），也叫仙女座大星云。

再回顾东方地平，昴星团已经出现了，它将越升越高，在它后面升起来的将是冬夜星空中的灿烂星群。

秋季观星的对应时刻 10 月 5 日 23 时，10 月 20 日 22 时，11 月 5 日 21 时，11 月 20 日 20 时。

d. 冬夜星空

冬夜的星空是壮丽的！全天最著名的猎户座是冬夜星空的中心，它的周围有许多明亮的星座和它组成了一幅光彩夺目的星空形象。

冬夜银河的位置与秋夜的正好相反，由东南向西北斜挂天穹，著名的大犬座、猎户座、双子座、金牛座、御夫座、英仙座、仙后座星座均由东南向西北依次排列在银河的周围。

位于北方的北斗七星正在升起，斗柄朝下，指向北方，正是"斗柄北指，天下皆冬"。隔着北极星和北斗相对的是仙王座、仙后座。西北地平线上，天鹅座的大部分看不见了，只有天津四在低空中微露光芒。御夫座的一等星五车二（α），靠近天顶，在高空中放射着明亮的光辉。御夫座的τ、α、β、θ和金牛座β星组成一个大五边形，在银河中明显可见，飞马座的大四边形也渐渐转向西方低空，向南看去，壮丽的猎户座正是冬夜的中心。它由α、γ、β、κ四星组成一个长方形，被想象成一个勇敢的猎人，λ星为头，α、γ为肩，κ、β为两脚，中间有排列整齐的δ、ε、ξ三颗星，好像猎人的腰带，这三颗星我国民间把它叫做三星。在三星下方不远处，有一个肉眼可见的气体星云，就是著名的猎户座大星云。把三星连线向右上方延长，指向金牛座，这个星座中有一颗一等星叫毕宿五（α），和附近小星组成一个 V 形，叫毕星团，再往上有一簇明亮的小星叫昴星团，也叫七姐妹星团，现在肉眼只能看到六颗星。金牛座的东边是双子座，最亮的两颗星是北河三（β）和北河二（α），它们都属黄道上的星座和亮星。双子座的下方是小犬座，最亮的星叫南河三（α）。从三星连线向下方延长，那里有一颗全天最亮的天狼星（大犬座α星）闪耀着灿烂夺目的光辉。南河三、参宿四和天狼星构成冬季大三角。

冬季观星对应时刻 1 月 5 日 23 时，1 月 20 日 22 时，2 月 5 日 21 时，2 月 20 日 20 时。

提示：春夏秋冬四季星空认识可借助电子星图和转动星图

5）主要星座和主要亮星

一年中的任何季节都适宜观星，只是不同季节星座的出没情况不同。这里以北半球为例分述不同季节天空的主要星座（图 A.11）。

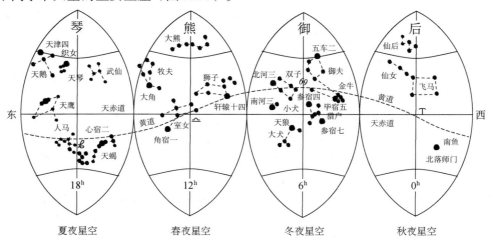

图 A.11　四瓣简明星图

（1）春季星空　春季出现的主要星座有：狮子座、御夫座、猎户座、牧夫座、室女座等星座。在天顶以北，大熊座正在子午圈上，北斗七星当空高悬，几乎靠近天顶，斗柄指向东方，沿着勺的两颗星向北约五倍远可以找到北极星，它是小熊座 α 星，中名勾陈一。沿着斗柄连成的曲线延长出去，可以找到大角星；它是牧夫座的最亮的 α 星、在东方半空中闪耀着橙色的光辉。把斗柄的曲线从大角星再延长一倍，可以找到另一颗一等星角宿一，它是室女座的 α 星。这条始于斗柄，止于角宿一的大弧线，称为春季大曲线。天顶附近有亮星北河三（双子座）南河三（小犬座 α）。狮子座最引人注目，初春的黄昏它便出现在东方。它的最亮 α 星叫轩辕十四，位于黄道上。

春季观星的对应时刻为 4 月 5 日 23 时，4 月 20 日 22 时，5 月 5 日 21 时，5 月 20 日 20 时。

（2）夏季星空　夏季出现的主要星座有：牧夫座、武仙座、天琴座、天鹰座、天鹅座、天蝎座、人马座、室女座等星座。夏夜的星空，银河横贯南北，气势磅礴，最引人注目的是银河一带的几个星座，织女星和牛郎星在银河两岸放射光芒，织女星是天琴座 α 星，牛郎星也叫河鼓二，是天鹰座 α 星。在它们附近的银河中，有一个大而明显的天鹅座 α 星，中名叫天津四，它和牛郎星，织女星构成夏季大三角形。从天琴座、武仙座传到南方是最注目的天蝎座，主星心宿二，是红色一等星，古称"大火"。在心宿二正东面黄道上，是人马座，它是银河坐标系的起始位置。辨认时，可先找银河，再找位于银河最密处的人马座。

夏季观星的对应时刻为 7 月 5 日 23 时，7 月 20 日 22 时，8 月 5 日 21 时，8 月 20 日 20 时。

（3）秋季星空　秋季星空出现的主要星座有：天琴座、天鹅座、仙女座、飞马座、仙后座、天鹰座、天蝎座、人马座、南鱼座等星座。秋夜星空亮星较少，星空相对寂寥，最引人注意的是出现在高空的飞马座，它的大四边形由 a、β、γ 和仙女座的 α 星组成著名的秋季四边形，是显而易见，十分著名的。

秋季观星的对应时刻为 10 月 5 日 23 时，10 月 20 日 22 时，11 月 5 日 21 时，11 月 20 日 20 时。

（4）冬季星空　冬季，明亮的恒星最多，主要有仙后座、英仙座、金牛座、御夫座、双子座、猎户座、大犬座、小犬座等星座。南面的天空要算猎户星座组最美丽，它外形如一长方框，中央斜列着三颗光星，三星排列成一直线，形如猎人的腰带，它的肩上为红色的参宿四，膝部为蓝色参宿七，腰带三星的南面有一暗光雾点象征着猎人的剑，其实是猎户座的一团星云。由猎户座的腰带三星直指东南部不远就是著名的大犬座的天狼星。天狼星、参宿四和南河三形成一个等边三角形，南河三在双子座两亮星的南面。

冬季观星对应时刻 1 月 5 日 23 时，1 月 20 日 22 时，2 月 5 日 21 时，2 月 20 日 20 时。

提示：为了有效地认星，可事先查阅天文年历。

天文年历是一种按年度出版、反映天体运动规律的历表。编算天文年历是历书天文学的任务之一。主要内容有：①太阳、月球、各大行星和千百颗基本恒星在一年内不同时刻的各种精确位置；②日食、月食、月掩星、行星动态、日月出没和晨昏蒙影等天象的预报；③用于天体各种坐标之间换算的必要数据，如岁差和章动、光行差等。此外，还有天体物理观测历表、天然卫星历表以及辅助性用表和资料等等。这些历表和数据直接用于天文大地测量（测定地面经、纬度和方位角）、天体测量和天体物理的一些观测和计算，也为天文、地理、气象、潮汐等科学研究工作提供必要的资料。

A.2.2　太阳黑子观测

黑子是光球上经常出没的暗黑斑点，一般由较暗的核（本影）和围绕它的较亮的部分（半影）构成。黑子看起来是暗黑的，但这只是明亮光球反射的结果。太阳黑子的多少是太阳活动强弱的重要标志。

1. 测前准备

（1）备好观测记录纸，在一张洁白而反照率较小的纸上画一适当直径的圆圈，过圆心画两条正交的细线，把圆分为四个象限。在细线顶端标上东、西、南、北的方位。注意观测记录的方向与实际方向的一致。

（2）安装望远镜，装好投影屏，在其上夹上观测记录纸。

（3）松开赤经、赤纬轴的止动螺旋，转动镜筒，当镜筒在投影屏上的黑影最小时，则镜筒基本上已对准太阳，固定止动螺旋，盖上寻星镜的镜罩，转动微动螺旋，调节目镜焦距，使投影屏上的日面轮廓清晰。

（4）调节投影屏的距离和移动记录纸的位置，使日轮恰好充满记录纸上的圆圈。

（5）望远镜不动，观察日面上一个显著黑子，看其视动方向是否与东西方向线平行，否则转动记录纸，直到平行时止。

（6）转动微动螺旋，检查日轮和记录纸上的圆圈是否完全重合，然后开启转仪钟，跟踪观测。

2. 描画黑子

（1）仔细观看黑子的形状和轮廓，先用硬铅笔描画黑子半影轮廓，再用软铅笔描画黑子本影轮廓。描画时要力求准确，尽量一次描好，并使图像清晰。

（2）先画西边的黑子，后画东边的；先描大黑子群，后描小黑子群和单个黑子。在描画过程中，可用一张白纸片在图上来回晃动，以增加像的反差，使小的黑子被看得清楚。

（3）记下描画前和描画后的时刻，以中间值作为观测时刻。

3. 计算黑子相对数

根据黑子的自然位置，分出黑子群（独立的单个也算一群），并自西向东编号，然后在每群中数出黑子个数，根据公式 $R=k(10g+f)$ 算出黑子相对数（式中，R 为黑子相对数、g 为观测时的黑子群数、f 为观测时的单个黑子总数）。

注意事项

对太阳黑子做仔细观测，需使用望远镜。但要特别注意，通过望远镜直接观看太阳是绝对不允许的，否则将烧坏眼睛致盲。必须在目镜上套上观测太阳用的滤光片，也可用黑胶片夹在薄铝片上，或罩上巴德膜才能直接观测，最好的办法是用投影法观测太阳黑子。

A.2.3　月面观测与拍摄

1. 月面观测

月球是离地球最近的星球，是地球的亲密伙伴。月相是人们最常见的、也是最熟悉的一种天象。通过望远镜观察月面，可以直接了解月面形态及其月海、山脉、环形山和辐射纹等结构特征。

观察月面的最好时机，是在上、下弦前后。因为此时对于月面中部，太阳光是斜射的，月面上的山地都有明显的阴影，我们就能看到月面上更细的形态结构。若观察月球的全貌，则满月时进行。观测前，应准备望远镜、月面图、电脑等。

（1）正确选择望远镜放大倍率。观察月面一般用较低的倍率放大镜（通常使用两倍分辨放大率的目镜）。如果倍率过高，光线就较暗，月面形态就不清楚了。

（2）记录观察日期、时间、地点和所用仪器，并注明月相的农历日期。

（3）画一直径为 10cm 的圆表示月面。在圆上画出它的明暗线，并标出月面的方位。要注意的是通过望远镜看到的往往是"倒像"，即看到的是下为北，上为南，左为西，右为东。分辨的办法是记住南极附近的是环形山密集的区域即可。

（4）用望远镜观察月面的形态特征（月海、环形山、辐射纹等），详细记录观察日期、时间、地点、使用仪器、放大倍率月相农历日期和分析月面的形态特征。

2. 月面摄影

月面摄影的目标是坑坑洼洼的环形山和月海。一般的天文望远镜都可以用于月面拍摄。早期对月相的照相观测关键是要弄清月亮在底片上成像的尺寸。这与所用望远镜的焦距有关。即有关系式：$d=3F\tan(\theta/2)$，d 为底片比例尺；F 为物镜焦距，以 mm 表示，为月亮在天球上的角直径，大约为 30 角分。若望远镜物镜焦距为 1000mm，则在焦平面处的月亮直径约 9mm。南京天文仪器厂生产的 120 折反射望远镜的物镜焦距为 1500mm，则月亮在底片上的直径约 13mm。

现在可以用数码相机（DC）和望远镜的配合来拍摄月面，最简单的方法是先用望远镜对准月亮并固定，然后用 DC 对准望远镜的目镜拍摄（即直焦摄影）。拍摄月面时，建议选用焦距较长的目镜（15～30mm），这样得到的放大倍数小，画面亮，容易得到质量好的照片。以下是用数码相机拍摄天体时的步骤。

（1）将望远镜镜筒固定在脚架上。

（2）DC 与望远镜稳固连接。

（3）将 DC 焦距缩至最短（这样视场较大，更容易对准月亮）。

（4）调整望远镜使其对准月亮，月亮的像出现在液晶显示屏中。

（5）将拍摄模式设为黑白（彩色模式会使月亮偏黄，并突显望远镜的色差，而黑白模式就不会有这样的问题，而且画质更细腻）。

（6）设为手动模式，光圈开至最大，设定合适快门（初始可以用 1/30s。然后根据拍摄效果再确定增减曝光量。如果碰上新月或残月，曝光时间可能还要更长，这时风吹就有可能影响系统的稳定，碰到类似情况，可以适当提高 ISO 值到 200，曝光时间就可以缩短）。

（7）调节 DC 变焦，使月亮大小符合画面要求。

（8）设定为自拍模式，按快门曝光。（使用自拍模式是为了保持系统的稳定，防止手按快门时产生的抖动）。

随着手机多功能的增强，手机拍月亮已成为潮流。例如：利用华为月亮拍摄专利授权按步骤操作，也可以拍到月亮照片。

A.2.4　行星观测与拍摄

1. 行星观测

1）行星辨认

除地球以外的八大行星中，肉眼可见的有水星、金星、火星和木星、土星，因水星距太阳太近，所以观测的时间很短，高度又很靠近地平线，很难观测。天王星、海王星和冥王星距地球较远，且较暗，肉眼看不见。识别行星与恒星，可以依据以下几个方面来判断。

（1）行星出现在黄道附近。由于行星与地球公转轨道的公面性，它们的公转轨道面与黄道的交角比较小，所以行星总是出现在黄道附近的天区，要找它们就必须在黄道范围。

（2）行星亮度比较大。它们虽然不发光，但一般比恒星（银河系中与太阳类似的天体）亮，它们的亮度（视星等）变化如表 A.3。

表 A.3　主要行星亮度变化范围

行星亮度	水星	金星	火星	木星	土星	天王星	海王星
最亮	−1.2	−4.3	−2.9	−2.5	−0.4	+5.7	+7.6
最暗	+2.5	−3.3	+1.5	−1.4	+1.2	+6.0	+7.7

（3）行星不闪烁，而恒星闪烁。由于行星离地球近，它们是面光源，光的稳定度要比恒星高，不会出现恒星的抖动现象。

（4）行星相对于恒星的视运动。行星的视运动是在黄道星座中的相对移动。特别是离地球近的火星和金星，表现得特别明显。

2）行星表面状况

行星在望远镜中是个可视圆面，能够显示不同形态。由于行星本身不发光，只是反射太阳光，所以内行星同月亮一样也有相位变化，也就是有圆有缺。地外行星有光环和卫星，这些都要注意记录。

（1）根据《天文年历》查出观测日期的行星赤经、赤纬值，如果用赤道式望远镜观察行星时，可以利用时角盘和赤纬盘摆好望远镜，然后调节目镜焦距，即可进行观测。

（2）由于行星很亮，通常可以松开止动螺旋使望远镜大致指向行星，利用寻星镜就可以比较容易使行星位于望远镜的视场内。

（3）注意清晰的影像比放大倍率更重要，所以观察行星最好不要选择太高的倍率。雨过天晴虽然天空的清晰度比较好，但是大气宁静度不高，这对于天体的摄影也有影响。

（4）用小望远镜观测金星，可以发现它的边缘是模糊的，有时金星表面会出现一些明亮的或稍暗的条纹。火星表面颜色是一片红黄色的，仔细观看可以发现火星的两极区域有白色斑点，就是极冠。再仔细观看，还可以看到在红色的圆面上有些暗黑色的斑纹，那是火星表面的低地或峡谷。木星，可发现其独特的扁球形的外貌，在赤道附近明显地鼓了起来。在木星南纬大约 20°的地方，有一个著名的蛋形红斑。在土星的赤道平面上围绕着一个美丽的光环，这是土星的最突出的特征。

2. 行星摄影

比较适合拍摄的行星有土星、金星、木星和火星，拍摄的目标是行星表面的细节。它们的大小看上去比太阳、月亮小得多。要把它放得更大，必须依赖物镜焦距长的望远镜。

由此可知，焦距长的望远镜表现更优秀，但是对系统的稳定性自然要求更高。一个带微调的赤道仪是比普通三脚架更好的选择，当然有电动跟踪更好。

拍摄要点：

（1）由于放大倍数较大，应选择大气宁静度好的时机拍摄。

（2）使用自拍模式或快门线防止抖动。

（3）曝光不要长于 1/4s，以免行星运动导致照片模糊。

（4）在行星摄影中，可以使用摄像头如 Webcam 拍摄行星视频文件，对视频中的帧加以挑选、排列、对齐、叠加、锐化等处理步骤，得到比原始单帧文件清晰得多的影像。这在行星摄影中有独到的效果。

A.2.5　特殊天象观测（日月食、金星凌日、流星雨等）与拍摄

1. 日食观测与摄影

1）日食的观测及注意事项

（1）日食来临前，先准备好日食观测纸（白色观测纸上画 10cm 的圆，表明方位，以 30 度为间隔，标出 0°～360°的度数），校对钟表。

（2）在初亏发生之前，在钟指某整分 00 秒时，记时者开启秒表；观测者戴好滤光镜，密切注意初亏的大致方位。当初亏到来时，观测者和记时者相互配合，并记录方位和时间（平时钟该整分时刻+秒表走时+钟差）。

（3）食既（日全食开始）和生光（日全食结束）。主要是通过观测贝利珠现象来决定在食既和生光到来的瞬间。食既时，贝利珠一般出现在太阳的东边缘，生光瞬间，它一般出现在太阳的西边缘。在食既和生光到来之前的整时整分 00 秒，记时者开启秒表；记录方位和时间同上。

（4）观测复圆时的方位和时刻，方法同（2）。

（5）从初亏开始每隔 10～15min 描绘一食相图（食甚时食相图必须包括在内）。所有食相图都应记录对应的时刻。

（6）观测色球日珥和日冕层。全日食时可以看到在暗黑日轮周围有一圈窄窄的亮环，有非常美丽的玫瑰红色的辉光。在色球上人们还能够看到许多腾起的火焰就是日珥。日珥的形状千变万化，要尽快数一下有几个日珥，并把它们的位置、形状、大小和颜色记录下来。日冕是太阳大气的最外层，日冕半径可达几个太阳半径。观测前，在白纸上画一个半径 2～3cm 的圆代表日面，和这个半径的 2 倍、3 倍、4 倍的同心圆，并以圆心为原点做直角坐标轴，把同心圆分为 4 个象限供作图用。在一次全食过程中，日冕形状基本保持不变，可以仔细观察，按不同颜色认真作图。

（7）观测完毕后，认真整理记录进行分析，绘出一套日食过程食相图，并根据自绘的食甚时的食相图，求出食分的数值。

注意事项

严禁肉眼直接观测太阳，以免对眼睛造成伤害。如果用肉眼观测日食，最简易的方法是找一块玻璃，涂上些墨或者用烟熏黑，颜色层要涂熏均匀，用它们来观测日食，以太阳呈古铜色为宜。或观察加点墨汁的水盆中的太阳反射像，以及通过电焊玻璃片等物品减光观测太阳。这样既可以达到观测的效果，眼睛也受到了保护。另外，直接将不加遮挡的望远镜对准太阳也是不允许的，否则将烧坏眼睛致盲。即使十分接近全食，也不要拿下望远镜前的滤光片（膜），因为即使是食分很大的偏食，太阳光依然很强烈，此时拿下滤光片（膜），同样会对视力造成损伤。

2）日食的摄影及注意事项

简单日食摄影并不是一件比较难的事，甚至不需要太多的器材和昂贵的设备就能完成。任何相机都可以用于日食摄影，只不过它们摄影的内容和影像的还原能力有不同罢了。一般来说，小型的数码相机可用于拍摄地景，而单反相机由于可以更换镜头以及接望远镜，对拍摄的范围和质量会有很大的帮助。因此，日食拍摄的第一步是先决定照片的拍摄形式，如，是拍摄大场面还是日冕、日珥之类的太阳结构的清晰特写，不同的拍摄形式决定了器材的选用情况。近年来，相机和电子学方面的新技术以及数码技术的发展使日食拍摄更加简单、质量也更好。

拍摄日食时应注意的事项：

（1）使用正确的太阳滤光片或巴德膜。任何日食的观测与摄影，在偏食阶段，必须持续使用太阳滤光片或巴德膜，在食甚时应该取下巴德膜或者滤镜，拍摄生光和复圆时要重新加上这些不可或缺的保护膜。

（2）选好胶卷或调试好拍摄参数。胶卷有反转片和负片之分，负片对曝光时间有比较好的宽容度，反转片保留了最精确的颜色信息。推荐使用 ISO400 或以上的胶卷感光速度，但不是越高越好，要注意寻找感光速度（ISO）和照片分辨率之间的平衡点。

（3）选好相机和镜头。太阳在底片上形成的大小与所使用的镜头或望远镜焦距密切相关（图 A.12）。通常可使用焦距（mm）/110 来估算太阳在底片上的直径大小，这里的底片通常指的是 35mm 底片（24mm×35mm）。因此，至少需要 500mm 的焦距才能使太阳在底片上成直径约 4.7mm 的像（这里的焦距指的是 135 相机焦距）。若使用数码单反相机，不同类型，镜头参数是不一样的。

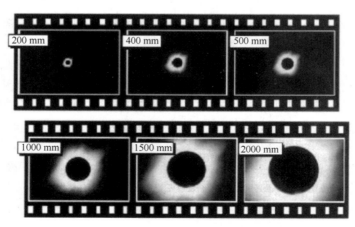

图 A.12　35mm 不同焦距下太阳像的大小

（4）极轴的调整。对于那些拥有赤道仪的观测者来说，使用赤道装置平衡地球自转将对成像质量有显著的提高（尤其是当镜头或望远镜的焦距比较长时），极轴需在观测之前校对完成。

（5）调焦。大部分相机镜头与望远镜在拍摄前都应进行一个较为烦琐的调焦过程，原因是相机的自动对焦并不一定十分准确，而调焦是否准确对照片的清晰与否起着决定性作用。从理论上说，日食拍摄时调焦应将镜头上的调焦环转至无穷远标志处。但是只有极少部分定焦镜头，其调焦环上的无穷远标记是比较准确的，对于大多数镜头，真正的无穷远位置，在无穷远标志前一些，因此需要在真正拍摄前进行多次调焦并拍摄，使得被摄物体边缘达到最清晰。只有经过准确的调焦，才有可能拍出最锐利的日全食图像。

（6）三脚架。三脚架不够稳固是日食摄影中照片模糊的主要原因。尽可能的带个稳重的三脚架，三脚架的腿不要超过一半的长度，高度应该能使观测者方便地操作相机。可以在三脚架的中央立柱下方悬挂重物以稳定三脚架。

不同日食阶段摄影：

（1）偏食阶段。根据滤光片的滤光比和镜头的情况进行曝光。如果相机有点测光或局部测光功能，而且测光区域范围小于日面，可以直接使用该功能对太阳进行测光并曝光。如果没有这功能，事先要在不同的天气情况下进行简单的曝光测试，记录当时拍摄时的参数——包括胶卷的 ISO 值、光圈值和快门速度等。

（2）全食阶段。对于日全食而言，当被月球完全遮住之后，亮度骤减。在这个过程中，必须充分考虑好太阳亮度的变化情况。因此若没有预先计算好曝光数据表，或者与预先计算存在较大的误差，建议采用包围式曝光。

全食阶段中，最让人激动人心的自然是贝利珠现象，而日冕和日珥也是全食最壮观的太阳结构。内、外冕亮度差距悬殊，相对而言，外冕是比较暗的，因此较长时间曝光能拍出较大的外冕，相反，内冕以及色球层上的日珥等细节，短曝光也许是不错的选择。而要拍出整个太阳的日冕，就必须通过后期的多张叠加处理。在全食阶段的具体曝光时间参见表 A.4～表 A.6。

表 A.4　日珥曝光数据表

F	ISO				
	32	64	100	200	400
2.8	1/500	1/1000	1/2000	1/4000	1/8000
4	1/250	1/500	1/1000	1/2000	1/4000
5.6	1/125	1/250	1/500	1/1000	1/2000
8	1/60	1/125	1/250	1/500	1/1000
11	1/30	1/60	1/125	1/250	1/500
16	1/15	1/30	1/60	1/125	1/250
22	1/8	1/15	1/30	1/60	1/125
32	1/4	1/8	1/15	1/30	1/60

注：光圈 F 值=镜头的焦距/镜头口径的直径，下同。

表 A.5　内冕曝光数据表

F	ISO				
	32	64	100	200	400
2.8	1/125	1/250	1/500	1/1000	1/2000
4	1/60	1/125	1/250	1/500	1/1000
5.6	1/30	1/60	1/125	1/250	1/500
8	1/15	1/30	1/60	1/125	1/250
11	1/8	1/15	1/30	1/60	1/125
16	1/4	1/8	1/15	1/30	1/60
22	1/2	1/4	1/8	1/15	1/30
32	1	1/2	1/4	1/8	1/15

表 A.6　外冕曝光数据表

F	ISO				
	32	64	100	200	400
2.8	1/2	1/4	1/8	1/15	1/30
4	1	1/2	1/4	1/8	1/15
5.6	2	1	1/2	1/4	1/8
8	4	2	1	1/2	1/4
11	8	4	2	1	1/2
16	15	8	4	2	1
22	30	15	8	4	2
32	60	30	15	8	4

注意事项

（1）部分摄影用的滤光片（膜）可能并不一定适用于肉眼观测，但选用滤光片观测一定要以直视太阳不刺眼为标准。

（2）对于一些较厚的目镜端太阳滤光片，一定要注意其标明的适用范围，千万不要将一些较小的太阳滤光片置于大口径的望远镜目镜中，以避免因高温灼烧而发生爆裂的危险。

（3）即使在太阳滤光膜上出现了非常小的一个穿孔，也应当立即停止使用并更换。

2. 月食观测与摄影

月食和日食的观测、记录方法类似。校正钟表，备好观测纸，每隔10～20min绘一次食相图，记下对应的时刻，得出一套月食全过程的食相图（图A.13），并求出食分值。需要注意的是，月食时月面仍可看到，月面会变成红铜色，但其明亮度则会有很大差别。月食初亏总是发生于月球东侧，而复圆总是发生于月球的西侧。这些都要详细记录。月食时亦可使用望远镜观测，方法与观测月面一样，同样作好观测记录。

拍摄月食与拍摄月球的方法类似。首先要注意的就是曝光。很多月球的拍摄中会把月球拍成一个大的亮面，无法看到具体细节，主要是使用了相机的平均测光，使曝光过度。这里推荐几种办法：

（1）设定正确的光圈。拍摄月亮不能使用很多相机默认的最大光圈（F2.8 或 F2.0），一般情况下应该使用 F5.6 或更高的光圈。

（2）使用点测光，对着月亮最亮的部分测光。这样可以尽量得到正确的曝光系数。

（3）曝光补偿。拍摄月亮通常需要减少曝光，一般应该减少 1、2 个档次。现在的数码相机可以按照不同的光圈和 EV 值拍摄，马上回放，根据结果进行调整再进行拍摄，使得拍摄的成功率大大提高。

（4）使用高快门速度。快门速度一般应该放在 1/125s 或者更快一点，这样可以防止曝光过度，而且月亮在天球上有较快的相对运动的，如果使用的快门速度太慢，容易拍糊。如果要长时间曝光的话，最好还要用赤道仪。

（5）ISO 感光值和变焦的选择。拍摄月亮一般选择最小的感光值，ISO50 或者 ISO100 都可以。在月全食阶段，则要使用较低的快门速度和较高的 ISO 值。另外，镜头焦距则是选择越长越好。

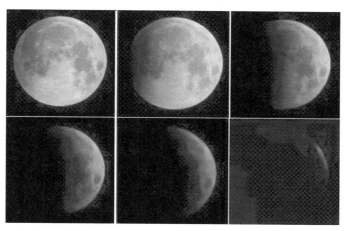

图 A.13　月全食照片（初亏—食甚）

3. 金星凌日观测

凌日和日食发生的原理相似，是指内行星在绕日运行时恰好处在太阳和地球之间，这时地球上的观测者可看到日面上有一小黑点缓缓移动。水星、金星都有可能发生凌日现象。水星比较小，不容易观测，下面以金星凌日观测为例。

（1）选择合适的天文望远镜。虽然说用肉眼也许也能看到，但效果总不会太好。倍率在 40～100 倍左右的观测最佳。最好要选择带有投影屏的天文望远镜。不要用眼睛直接观测，可以用烧电焊用的黑玻璃，也可以用 X 光底片或电脑软盘的磁片重叠起来，配合望远镜使用。

（2）正规的凌日观测要进行描图。在入凌前，要把表对得尽量准确，同时尽可能地调整好极轴，画好东西线，把太阳上的可见黑子描绘于观测用纸上。描图时，要注意手不要压屏幕，头不要碰屏幕，尽量保持屏幕稳定，增加准确度。

（3）注视日面的东边缘，当看到圆滑的边缘像日食似的刚开始缺了一小块时，意味着凌日开始了。应立刻记下时间，这便是入凌时的外切时间（日面东边缘与金星西边缘外切的时刻），并描出外切的位置。同样，也应记下入凌时的内切时间（日面东边缘与金星东边缘内切的时刻），描出内切的位置。这时，整个金星已经完全处于太阳的圆面之内了。从此刻开始，要每隔半个小时把金星的位置在同一张观测用纸上描绘一遍，在每个位置上注明时间，直至即将出凌（图 A.14）。

（4）整理数据，比较金星凌日现象和日食现象的区别和联系。实际上，虽然凌日和日食发生的原理相似，但是由于此时地内行星是下合，容易发生逆行，所以看到这小黑圆点是从日面东边最先进入，然后在日面上缓缓往西移动，最后在日面西边退出。入凌时的外切是日面东边缘与金星西边缘外切的时刻，这与日食初亏发生时日面西边缘与月球东边缘外切过程相反。金星出凌与日食复圆发生的情况也相反。

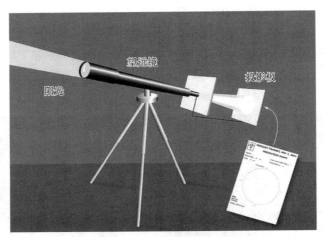

图 A.14　金星凌日观测

4. 流星雨的观测及摄影

1）流星雨的目视观测

（1）选择合适的场地和天空状况。视野范围要大，尽量没有地物遮挡，视野方向在一定的时间段内要固定，天区要高，如果大家一起观测，可以各自负责一块天区。要有专门的记录员。做好防寒保暖以及个人防护。

（2）发现流星时，观测者要判断流星数目和颜色、流星的归属（群内流星和群外流星）、流星的速度（快、中、慢）。同时报告星等、方位和仰角等特征。

（3）填写报表。经过了认真的目视观测，接下来要整理自己的记录，填写流星目视观测报表并上报。目前有几种流星观测的报表，最常采用的是国际流星组织（International Meteor Organization，简称 IMO）的格式。观测流星时，应填写两份表，一份是记录被观看到的每颗流星的具体情况的表，叫"流星细目表"，一份是记录观测环境、背景材料的表，叫"流星目视观测报表"。

2）流星雨的摄影

流星的摄影在很大程度上是要靠碰运气的，要"守株待兔"。曝光参数一般是 30s、F2.8 光圈、ISO3200～6400。如果有月光，可以适当减少 ISO。尽量用间隔拍摄，每拍 30s，间隔 1s，继续拍 30s……以便后期叠加处理。流星雨摄影的结果有着很高的科学研究价值。它能提供流星雨辐射点的精确位置、流星的持续时间、飞行速度和亮度等级等数据。这对于分析流星的组成、结构、流星雨的母彗星的演化、地球大气层的运动变化状况等都有及其重大的意义。

附件的选择。拍摄流星经常会被忽视的设备是一个牢固的三脚架和一个可以自由锁紧的快门线。很轻的三脚架不容易放稳，可以在上面挂一些重物使之牢固些。快门线有可以锁紧和不可锁的两种。拍摄流星时一定要挑选可锁的快门线，并事先试一试看它是否运动灵活，尤其是在寒冷霜冻的环境下也能运动灵活才行。

A.2.6　地理坐标的简易测定

地理坐标是学习地球概论乃至地理其他学科的基础，地理坐标的测定实验能增强学生对经纬度的认识和理解，能有效培养学生的探究学习、自主学习能力和实践能力。

1. 地理坐标测定原理

（1）因为北天极（仰极）的高度（h）等于观察点的纬度（φ），而北极星又十分靠近北天极，所以，测量北极星的地平高度，就可得到测站纬度的概值。

（2）根据正午太阳高度公式：$h=90°-|\varphi-\delta|$，先测出正午太阳高度，然后代入上式算出当地纬度。式中 δ 为太阳赤纬，可从天文年历中查得。

（3）根据同一瞬间两地的地方时之差的关系，只要知道了某地的经度和地方时，再测出另一地同一瞬间的地方时，就可算出当地的经度。

设观测的经度和地方时分别为 λ 和 m，当时的北京时间（120°E 的地方平时）为 T_S，则有

$$120°-\lambda=T_S-m$$

$$\lambda=120°+m-T_S$$

在正午，即垂直杆日影过南北线时，当地真太阳时为 12^h，则当地平时 $m=12^h-\eta$（时差）。所以，只要观测记录垂直杆过南北线时的北京时间 T_S，即可求得当地经度 λ：

$$\lambda=120°+12^h-\eta-T_S=20^h-T_S-\eta$$

式中，T_S 为垂直杆日影过南北线时的钟面时刻（为经校后的准确的北京时间）；η 为当地日时差，可从天文年历中查取。

2. 地理坐标测定步骤

准备经纬仪、标杆、皮尺、手电筒、《天文年历》、记录本、钟表等。

1）测定北极星高度定纬度

用简易测高仪测定。测高仪的高度计，实际上是一个半圆形量角器。圆心系一条小线，线下栓一锤球做成铅垂线，如图 A.15 所示。测量时，转量角器，使眼睛、量角器的直边和北极星在一条直线上，显然，铅垂线与量角器直边垂线的夹角 θ，就等于北极星的高度 h，亦即测站纬度的近似值。

2）立杆测影测定经、纬度

用立杆测影法测定太阳上中天（正午）时的

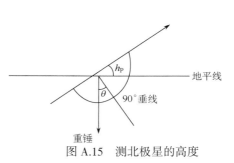

图 A.15　测北极星的高度

北京时间和高度，可同时求得观察点的经度（λ）和纬度（φ）。测定方法如图 A.16 所示。

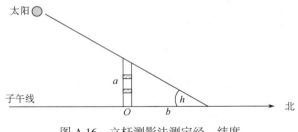

图 A.16　立杆测影法测定经、纬度

（1）将标杆垂直立于测站子午线上。

（2）将标杆阴影恰好与子午线重合时，立即在子午线记下阴影顶端的位置，与此同时，记下钟面时刻 T_8。

（3）分别测出标杆 a 和标杆阴影长 b（图 A.16）。由此可计算出正午日高 h

$$\text{tg}h=a/b$$

（4）根据上述正午太阳高度公式，即可求得当地纬度。根据 $\lambda=20^h-T_8-\eta$，代入上述②记下的 T_8，便可求得当地经度 λ。

A.3　相关软件使用及指导

随着计算机与网络技术的普及和不断发展，电子星图、天文软件的出现给天文爱好者开拓了一片崭新的空间。人们只要坐在电脑前便可以看到实时的星空、各种天象、了解各类天体的信息，还可以通过这些软件控制望远镜或 CCD 相机进行天文观测。表 A.7 是一些相关软件信息，可供爱好者查阅。与教材配合，下面重点介绍 SkyMap 和 Google Earth 软件。

表 A.7　相关软件信息

软件名称	软件简介
SkyGlobe	该软件属于电子星图，界面简化，使用方便，在 1993 年就广泛流行。它可以按用户指定的时间、地点、视场、方位和极限星等显示星空，可以模拟天体的各种视运动，可以在屏幕的星图中指出用户所要寻找的天体，并可得到该天体的信息。软件小于 1.00M，属共享软件
SkyMap pro 6～11	这是一个很有名的共享天文软件，数据更新快，目前最新版本是 11.0，可以提供详细的星图，行星/小行星/彗星的详细轨道图和星历表等。 如果你能得到光盘正式版，建议你使用 SkyMapPro 10 版，它可以联网更新数据，下载图片，而且光盘内带有很多张深空天体的照片，非常方便查看。 该软件也是专业电子星图 软件来源：http://www.skymap.com
Starry Night pro 5	一个有名的星空动态天文软件，可以向别人介绍和演示星空及各种天文现象。现在版本是 5 版，可以使用 OpenGL 来渲染星空，但对机器的要求比较高，速度有些慢。5 版使用 Tycho2 星表和精减到 14 等左右的 USNO 星表，带有更多的深空天体照片，可以在演示时方便地看到哪个星座里有些什么著名的深空天体。相对来说，原来 3 版本使用的是到 15 等左右的 GSC 星表，而且运行速度比较快。3 版和 4 版的功能差别不大，使用哪个版本就看个人的喜好 网页：http://www.starrynighteducation.com/

续表

软件名称	软件简介
Cybersky3.0.3	这套电子星图适用于中级的天文爱好者，除了电子星图的功能外，还介绍了一些天文知识及天文计算，软件大小约 970K，属共享软件 网页：http://www.cybersky.com
Sky charts（Cartes du ciel） StarCalc	都是星图软件，且是免费天文软件 Sky charts 下载：http://www.stargazing.net/astropc/ StarCalc 主页：http://homes.relex.ru/～zalex/main.htm
Maestro	是 NASA 向公众推出的火星考察软件。大小：39433KB。利用 Maestro 可以逼真模拟火星车的考察活动的操纵和控制 Maestro 主页：http://mars.telascience.org/
Lunar Phase2.3	Lunar Phase 能显示关于太阳及月亮的各种信息，如能够即时显示目前的月相、任何月份及年份的月相、日出日落、月升月落的时间、太阳、月亮目前的经纬度等等，Lunar Phase 也能以阴历的方式显示上面提到的信息。大小 2.7M，属共享软件
Planet Watch	该软件主要用于实时显示太阳系各大行星的运行状况，另外，还可在黄道上、下 40°的星图上实时显示行星、月球的运行及月相变化情况。软件大小约 673K，属共享软件
Virtual Moon Atlas 3.0	"虚拟月面图"软件，目前版本 3.0，通过该软件可以查看到详细的月面图，较大的环形山的名称，并附有 1040 张月面环形山的照片。新增赤道仪的 GOTO 功能，支持高分辨率纹理，显示更清晰的月面图。该软件支持多语言界面，是免费天文软件
Planetarium 2.4	掌上电脑 Palm 上使用的天文软件，版本 2.4，功能类似 SkyMap 软件，很实用。基本常用的功能都有，根据数据文件的大小不同，从 7 等到 11.5 等的完整 Tycho2 星表都有。设好当地的经纬度之后，可以方便地查看当地所能看到的星空情况。可以搜索恒星、行星、小行星、彗星、星座、深空天体和恒星，查看其资料，通过 Palm 同步资料，可以随时更新彗星/小行星的资料库，掌握最新的天象资料，还可记录观测日志。还可以通过 Palm 的串口控制常用的 Meade/Celestron 望远镜，自动找星。网页：http://www.aho.ch/pilotplanets/
Xephem	Xephem 是 Linux 环境下比较全面的电子星图。面向中、高级爱好者及专业天文学家的一套天文软件。它除了提供一般的天体坐标等信息外，还包括天体的类型、光谱型、天体距离等信息。它是个开放型的软件或自由软件，可扩充性强。不但支持外部数据输入功能，还可让使用者自定义天体。使用者可根据一定的格式要求把自己观测或假想的天体信息输入系统。该软件也具有望远镜控制功能。软件来源：http://www.clearskyinstitute.com
星空之旅	这个网站是一个有关天文知识的资料站。网址：http://home.jxdcb.net.cn/～mercuy
平安全息万年历	这是一套具有中国特色的万年历。利用它可以查询从 1901～2050 年间任何一天的公历、农历、节气、天干地支等信息。软件大小 2.2M，属共享软件 软件来源：http://www.bigfoot.com/～luminan
红移 RedShift 5	是 Focus Multimedia 公司在 2003 年底发布的一款标准设置的天文软件。包括二千万颗恒星、七万个深空天体、五万颗小行星以及一千五百颗彗星的数据（一张光盘）。软件来源：http://www.redshift.maris.com/index.php3
天问（2 盘）	该软件 2000 年由北京金洪恩电脑有限公司制作，含 2 张光盘，包括八大模块。即：太阳家族、宇宙探密、人和宇宙、星座漫谈、星座神话、飞向宇宙、星际遨游、星空揽胜。每个模块都有比较详尽的介绍，它属于商用软件，可登录网站：http:www.hongen.com 查询
探索宇宙（多媒体）3 盘	2004 年由北京师范大学天文系制作、北京师范大学出版社出版。包括"太阳系"、"恒星世界"和"宇宙"三张光盘，数据总量为 1300MB，所含天文知识内容丰富，有很强的专业性。不仅为各类学校开展天文教学和天文课外活动提供了丰富多彩的、多媒体化的教材，而且为天文科普的开展提供了翔实资料
简明天文学教程(网络电子版) 1 盘	2005 年由福建师范大学地理科学学院"瑾弗工作室"制作、2007 年在科学出版社出版。2013 年再版，是本书重要参考资料之一，为各类学校开展天文教学和天文课外活动提供便利的局域网天文资源

软件名称	软件简介
Winstars	虚拟天文地理软件。它可以模拟在地球上任一地方任一时间时下夜晚星空的排列，并精准地显示了月亮、太阳、主要行星、卫星、彗星、已发现的小行星等相关详细资料，并且利用网络可以随时下载新的资料
Stellarium	是一个免费开源的桌面虚拟天文馆软件，可在 Linux/Unix，Windows and MacOSX 平台上运行
Google Earth	Google Earth 是全球目前最著名的搜索引擎 Google 推出的一个 3D 卫星地图集成软件，也是非常实用的地理信息系统软件。它通过 3 颗卫星不断地实时拍摄的影像，合成出整个地球的三维地图，并允许用户以直观的方式，在一个三维的地球仪上，浏览各地的卫星影像地图。是了解地球整体知识的好工具

A.3.1　SkyMap 电子星图模拟星空

随着计算机与网络技术的普及和不断发展，电子星图、天文软件的出现给天文爱好者开拓了一片崭新的空间。人们只要坐在电脑前便可以看到实时的星空、各种天象、了解各类天体的信息，还可以通过这些软件控制望远镜或 CCD 相机进行天文观测。下面介绍教学上常用的电子星图——SkyMap Pro（汉化版）的使用方法。

1）基本操作：菜单栏、工具栏、视图设置、搜索功能

SkyMap Pro 菜单栏放置于最上方，包括文件、查看、插入、搜索计划和工具、望远镜、窗口、帮助等菜单（图 A.17）。这和其他的软件是类似的。SkyMap Pro 的基本操作主要是通过工具栏来实现的。这些工具栏分布在星图的四周，呈数个一组的按钮状。实际上可以利用鼠标的拖曳功能将这些工具栏自由地拖放在顺手的地方。也可以通过菜单上的"看查——工具栏"选择将它们一一调用出来。

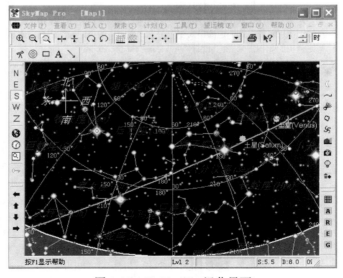

图 A.17　SkyMap Pro 汉化界面

最常用的一组按钮是"视图设置"：其中字母按钮表示星图所显示的方向：N 表示北，E 表示东，S 表示南，W 表示西，Z 表示天顶。视图设置可以选择观测地点、时间，查看按

钮可以知道星图的大小、坐标历年和星图中心。大小是指星图所显示的区域范围。这一操作同样可以通过鼠标来实现，用拖曳功能拖出小窗口再松手，则可以将视图放大显示小窗口中的天空区域。将鼠标悬停在某点处单击右键则可以选择以该点为视图中心，也可以人工在查看区域设置。

SkyMap Pro 还为使用者提供了方便的搜索功能。可以搜索行星、星座、恒星。

2）辅助坐标的选择

SkyMap Pro 对恒星定位主要采用地平坐标系和赤道坐标系来。如按赤经、赤纬栅格，首先出现的是赤经度数，然后出现赤纬度数。此外，SkyMap 还为我们提供了黄道栅格和银河栅格。这些坐标系有助于我们对把握对恒星的定位。在初识星空时，地平坐标系对我们对当时当地星空的认识与熟悉有很大的帮助。

3）认识恒星与星座

在 SkyMap Pro 的默认设置中，以带水平线的圆标记双星，以空心圆标记变星。并且当时间设置为入夜以后，或者当区域范围较小，星图放大较多时，恒星的颜色可在星图上大致显示出来。在星图中，恒星主要有四种色彩：红、黄、白、蓝。在星图上，将鼠标悬停在某颗星上，如果滞留时间比较长，可以出现天体的属性。单击鼠标右键，则有详细的属性介绍。

在天体按钮组中，可以调整星座的显示。星座名称选项设置是否显示星座名称。形状选项设置是否显示星座形状，星座选项设置是否显示星座区域。

4）行星的观测

如果要观测行星，就先在搜索中找到该行星，然后在星图中找到它的位置，看它在哪个星座，还可查属性看亮度是多少等。如果要看该行星在数天内的移动情况，可以将鼠标悬停其上，单击右键选择"X 星的轨道"，填好间隔天数与计算位置个数，确定以后软件会自动算出行星的运行轨迹并在星图上显示出来。

以某行星为中心，将星图不断放大，到足够的程度软件甚至可以显示出行星上的一些细节。比如金星与水星的盈亏情况，土星木星的卫星位置。

但是本软件的缺点是它还不是真实的星空模拟软件，不够逼真，在设计上也无法进行图形自由快速移动，而过于专业化的界面和各种参数可能会让很多只想看看星星的初学者不知所措。

A.3.2　Google Earth 卫星地图软件

Google Earth（谷歌地球、简称 GE）是全球最著名的搜索引擎 Google 推出的一个 3D 卫星地图集成软件，也是非常实用的地理信息系统软件。它通过 3 颗卫星不断地实时拍摄的影像，合成出整个地球的三维地图，并允许用户以直观的方式，在一个三维的地球仪上，浏览各地的卫星影像地图。Google Earth 和真实的地球物理信息做了匹配，也就是说其地形、海拔、经纬度信息和 GPS 输出的经纬度信息是完全重合的，有很高的实用价值。Google Earth 对于提高学生的空间思维和想象能力、区域定位能力和验证的地理原理，培养学生学习兴趣有很大的帮助。

目前 Google Earth 的版本较多，有中文、英文版，但是基本界面都比较一致，下面介绍一些软件使用中常用到的操作和使用方法。

1）安装：由于本软件是 3D 软件，要在 Windows PC 上使用 Google Earth，至少必须具有以下配置：

操作系统：Windows 2000、Windows XP、Windows Vista

CPU：500Mhz，Pentium 3

系统内存（RAM）：至少 256MB，推荐 512MB

硬盘：400MB 可用空间

网络速度：128 Kb/s

图形卡：支持 3D，并配备 16MB 的 VRAM

屏幕：1024×768，"16 位高彩色"屏幕

Direct X 9（在 Direct X 模式下运行）

安装成功之后，在桌面上会出现"Google Earth"的图标。

2）界面和常用功能介绍

Google Earth 菜单栏放置于最上方，包括文件、编辑、视图、工具、添加、帮助等子菜单，侧边是搜索、地标、层设置等栏目，右边是窗口栏，右上方是工具栏目，这些都可以在视图工具栏中进行设置。图 A.18 描述了 Google Earth 窗口中的一些常见可用功能。

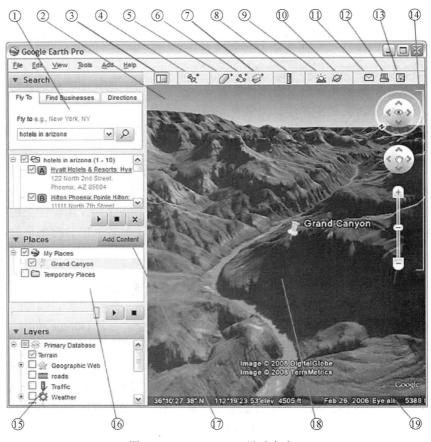

图 A.18　Google Earth 地球主窗口

（1）搜索面板：使用此面板查找位置和路线及管理搜索结果。Google Earth 企业客户端版可能会在此处显示其他选项卡。

（2）俯瞰地图：使用此选项可获取地球的其他视角。

（3）隐藏/显示侧栏：点击此选项可隐藏或显示侧栏（搜索、位置和层面板）。

（4）地标：点击此选项可添加位置的地标。

（5）多边形：点击此选项可添加多边形。

（6）路径：点击此选项可添加路径（一条或多条）。

（7）图像叠加层：单击此选项可在地球上添加图像叠加层。

（8）测量：点击此选项可测量距离或面积大小。

（9）光照：点击此选项可在景观中显示光照。

（10）天空：点击此选项可查看恒星、星座、星系、行星和地球的月球。

（11）电子邮件：点击此选项可通过电子邮件发送视图或图像。

（12）打印：单击此选项可打印地球的当前视图。

（13）在 Google 地图中显示：单击此选项在 Web 浏览器的 Google 地图中显示当前视图。

（14）导航控件：使用这些控件可进行缩放、四处查看和移动。

（15）层面板：使用此面板可显示景点。

（16）位置面板：使用此面板可查找、保存、组织和再次访问地标。

（17）添加内容：点击此选项可从 KML 图片库中导入精彩内容。

（18）3D 查看器：在该窗口中可以查看地球及其地形。

（19）状态栏：可在此查看坐标、高度、图像日期和流式状态。

3）Google Earth 基本操作

（1）查找方向、坐标和视角高度　Google Earth 窗口右上方有指南针图标，（黄颜色 N 方向为正北方），随着鼠标拖动地球，指南针可以帮助迅速辨别方向。也可以按下按钮"N"，使地球迅速回归至"上北下南"状态。`Pointer  0°00'00.00" N   0°00'00.00" E` 表示鼠标当前所在位置的精确方位，即经纬度。前面是纬度，后面是经度。`Streaming |||||||||| 100%` 表示当前图像的下载进度。`Eye alt 15983.67 mi` 指视角离地高度（mi 表示英里，ft 表示英尺）。

（2）查找地址和位置　使用 Google Earth 中的"前往"选项卡搜索特定位置（图 A.19）。要执行此操作，请在输入框中输入位置，然后单击"搜索"按钮。

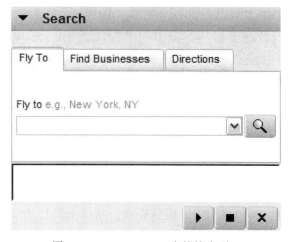

图 A.19　Google Earth 中的搜索项目

其中，![搜索]为"搜索"按钮。"搜索"面板的每个选项卡都会显示一个搜索字词的示例（图 A.20）。也可以支持邮政编码和经纬度搜索。例如，输入：26.1，119.3，表示查找的是北纬 26.1°，东经 119.3°的地区（福州市区）图像。

（3）创建新地标　对于感兴趣的景观、标志，都可以保存在地标收藏夹中。Google Earth 提供了文件夹管理功能，使用起来与 IE 收藏夹无异。具体步骤为：先找到目标位置，点击 Google Earth 右下角的添加地标按钮，弹出菜单，选取"地标"，在弹出的对话框中，给地标起个名字，指定保存文件夹，OK 即可。创建新地标功能方便下次的访问和搜索。

（4）测量长度、面积及周长　Google Earth 提供了许多用于测量距离及估算大小的工具。在"工具"菜单中，选择"标尺"，出现"标尺"对话框，选择想要用于测量的形状类型（图 A.20）。所有的 Google Earth 版本都可以用线条或路径来测量。选择测量长度、周长、面积、半径或圆周所适用的测量单位，点击 3D 查看器，设置形状的起始点，继续点击直至线条、路径或形状符合测量所需的面积大小（对于圆形，请点击中心并向外拖拽以定义圆形）。红色的点表示形状的起始点，而黄色的线会在您移动鼠标时连接到起始点。每点击一次都会在形状上添加新的线条，形状的所有测量单位都在"标尺"对话框中定义。

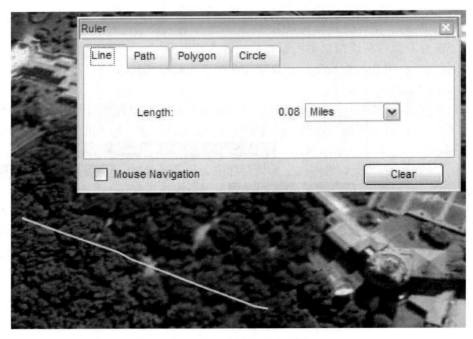

图 A.20　"标尺"对话框

（5）3D 效果　在"层"选项里有 3D 效果（图 A.21）。3D 效果中有选项"地形"和"建筑"。这两个选项，都表示 3D 立体效果，但前者表示地形地貌的 3D，后者是建筑物的 3D。建筑物的 3D 尽量选美国大城市，观看时将查看器定位于主要城市（如旧金山）的合理高度内，某些 3D 建筑从 3000m 到 360m 的视点海拔高度开始显示。检查 3D 查看器右下角的视点海拔高度表以确定当前查看高度，3D 建筑在城市图像上呈现为浅灰色物体。放大后，将会显示更多细节。使用导航控件获取最佳的建筑视图。将鼠标悬浮在某个建筑上，建筑呈现紫色。点击这些建筑，可从 3D 模型库查看更多信息。观看时，可以倾斜视角，使 3D 效果更明显。

调整总览图选项中的滑块控件，可以将总览图比例放大。

某些增强功能会影响 Google 地球的性能；那是因为增强功能越多，所需的计算机资源就越多。设置包括：

纹理颜色（Texture Colors）　修改此地图项以设置用于表示 3D 查看器中颜色的位数。真彩色（32 位）会生成更加逼真的视图。

各向异性过滤（Anisotropic Filtering）　各向异性过滤（平滑水平面）是一种在纹理映射中过滤像素的方法，以产生外观更平滑的图像。在以一个倾斜的角度观察地球时，启用此功能可在水平面产生更平滑美观的图像。它同时也需要更大的显卡内存，所以只有在您的显卡内存大于 32 MB 时才能使用此选项。默认情况下，此选项是关闭的。

标签/图标尺寸（Labels/Tcon Size）　使用此地图项更改 3D 查看器中默认的标签和图标尺寸。对于经常出现密集的标签和图标的城市区域，设置为小是最佳的，但是，如果通常同时查看大范围区域和城市区域时，请选择中，这样在 3D 查看器中会显示从较高海拔看到的地标。

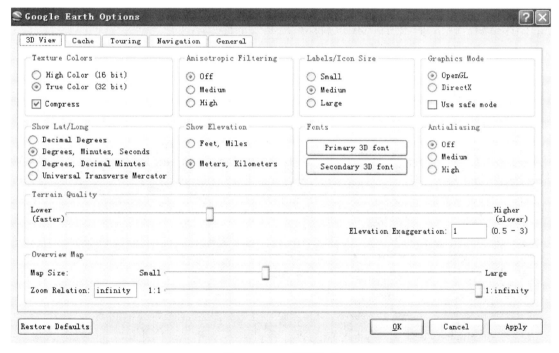

图 A.21　3D 视图选项

图形模式（Graphics Mode）　大多数图形密集型计算机应用程序（包括 Google 地球）依赖于 Windows 计算机上两个可能的 3D 渲染功能之一：OpenGL 或 Direct X。在 Linux 和 Mac 上，Google Earth 仅支持 OpenGL。因为 OpenGL 是用于大多数显卡的渲染软件，默认情况下 Google Earth 会使用该模式（图 A.22）。

显示纬度/经度（Show Lat/Long）　在 3D 查看器中移动鼠标指针时，维度和经度坐标显示在 3D 查看器的左下角。默认情况下，这些坐标是以度、分、秒的形式（DD.MM.SS）或度加小数分的形式（DD MM.MMM）显示的。可以选择"度"选项以小数度数显示地理坐标（如 37.421927°，–122.085110°）。此外，可以使用通用横轴墨卡托投影（如 580954.57 m E，4142073.74 m N）来显示这些坐标。

显示高度（Show Elevation）　　设置出现在 Google Earth 中的高度测量单位。在 3D 查看器中移动鼠标指针时，指针下的地形高度显示在 3D 查看器的左下角。默认情况下，高度的显示是以英尺和英里（足够高时）为单位的。可以选择以米和公里为单位显示高度。

字体（Fonts）　　调整 3D 查看器中显示的文本字体大小和外观。大多数情况下使用主要字体设置，因为辅助字体设置仅用于主要字体存在问题时的极少数情况。如果标签数据中含有默认字体 Arial 中没有的字符，则使用辅助字体。

地形质量（Terrain Quality）　　使用此滑块将地形质量设置为较低（较不详细）、但执行速度较好，或设置为较高（更加详细），但执行速度较慢。在 3D 查看器中开启地形时，若要调整丘陵的外观，可以将提升高度±值从 0.n 设置到 3.0（包括小数值）。此值默认设置为 1。通常高于 1.5 的设置将会为大多数地形创建过度提升的外观。

Google Earth 还提供了"图像叠加层"、"观看天空"、"数据导入"、"GPS 数据导入等多种功能，具体可以参看网站 http://earth.google.com/userguide/v4/ug_toc.html，有具体详细的操作指南。相信每位使用者用过后都会对其爱不释手。

图 A.22　3D 显示模式

A.3.3　Winstars 虚拟天文地理软件

Winstars 是一个虚拟天文地理软件（图 A.23）。它可以模拟在地球上任一地方任一时间时下夜晚星空的排列，并精准地显示了月亮、太阳、主要行星、卫星、彗星、已发现的小行星等相关详细资料，并且利用网络可以随时下载新的资料。在使用上，WinStars 可以设定显示经纬度、天象仪等坐标系统，并且可设定查询星象位置，使用者只要随着滑鼠移动就可以做到 360°的环绕视野，用滚轮更可以让星象仪放大和缩小，让使用者置身于真实的天文望远镜使用环境中。

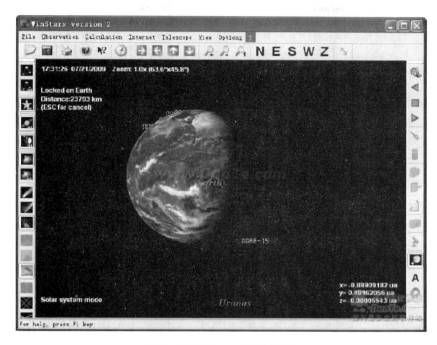

图 A.23　Winstars 软件界面

A.3.4　Stellarium 虚拟天文馆软件

Stellarium 是一个免费开源的桌面虚拟天文馆软件，可在 Linux/Unix，Windows and MacOSX 平台上运行。Stellarium 使用 OpenGL 对星空进行实时渲染，在桌面上生成一片虚拟 3D 天空，因此星空效果和用肉眼、望远镜或者天文望远镜观察到的星空别无二致。Stellarium 提供了白天模式和夜间模式（图 A.24），用户可以自行调节。Stellarium 还有精准的赤道仪方位角测定功能，可以通过调整日期，时间和地点看到不同季节（图 A.25）、不同地点（图 A.26）的星空。

图 A.24　Stellarium 软件的白天和黑夜界面

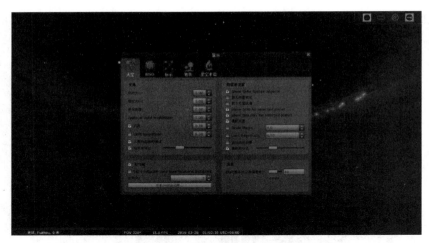

图 A.25　Stellarium 软件设定不同季节的星空界面

图 A.26　Stellarium 软件设定不同地点的星空界面

附录 B　实验项目汇总

　　地球概论是高等师范院校地理专业的一门必修基础课。该课程主要是从行星的角度和整体的观点来研究地球及其所处的宇宙环境，可以认为是天文学与地学的交叉学科。由于其中的一些知识相对较为抽象，安排适当的课程实验将有助于学生更好地理解概念、掌握理论，同时也有助于培养学生的动手操作能力，将所学的理论与实际联系起来。

　　根据课程内容，安排以下 7 个实验项目（表 B.1）。这些项目紧扣理论知识，目的明确，方法简单，易于掌握。但是，全国各院校在本课程上安排的教学时数不一，设备条件等也有所差异，可根据具体情况和参考以下项目开展实验。

表 B.1　实验项目

序号	实验项目名称	实验内容	建议学时	实验要求	实验类型	每组人数
1	天球仪使用	①观察天球仪的结构，掌握天球仪的使用操作；②在天球仪上直接求算天体位置；③演示天球的周日/周年视运动	2	必做	设计	10
2	四季星空	①活动星图的使用；②认识四季星空中主要星座和亮星	2	必做	综合	10
3	天文望远镜的使用和操作	①光学望远镜的基本原理与结构；②光学望远镜及其附件的使用和操作	2	选做	综合	10
4	天文观测	①太阳黑子、月相、行星等日常天文观测；②日月食、流星雨、金星凌日等特殊天象的观测	2	选做	综合	10
5	时间和历法换算	①时间的推算：恒星时、太阳时和太阴时、地方时及换算；②农历的编制：利用天文年历编制农历，算出日月合朔、中气的日期等	2	必做	设计	10
6	天文摄影	①月面、太阳、行星的摄影；②日月食、流星雨的摄影	2	选做	综合	10
7	相关软件使用操作	SkyMap 电子星图的使用操作 Stellarium 虚拟天文馆软件 Google Earth 卫星地图软件的使用操作 Winstars 天文地理软件使用操作	4	选做	设计	10

　　实验要求学生在掌握理论知识的同时，掌握主要天文仪器的原理与操作，熟悉相关软件的使用，进行简单的天文观测和摄影，从而验证、深化、运用和巩固课堂所学理论。

附录 C 常用的数据

表 C.1 地球常用数据

地球质量 $M_{\oplus}$	5.9742×10^{27}g
地球半径:	
赤道半径 R_e	6378.140km
极半径 R_p	6356.755km
平均半径	6371.004km
赤道周长	40075.13km
纬度 1°长度	$111.133 - 0.559\cos 2\varphi$（km，纬度 φ 处）
经度 1°长度	$111.413\cos\varphi - 0.094\cos 3\varphi$（km）
标准大气压 P_0	760mmHg= 1.03250×10^6dyn/cm^2
大气中的声速 V（0℃）	331.36m / s
大气中的声速 V（常温）	340m / s
地球表面磁场强度	5×10^{-5}T
地球磁极	76°N，101°W；66°S，140°E
地球表面重力加速度（$\varphi = 45$°处）	$g = 9.8061$m/ s^2
地球表面积	5.11×10^8km^2
陆地面积	1.49×10^8 km^2（地球表面积的 29.2%）
海洋面积	3.62×10^8 km^2（地球表面积的 70.8%）
地球体积	1.0832×10^{12} km^3
地球平均密度	5.518g/cm^3
地球年龄	4.6×10^9 年
地球表面脱离速度	11.2km / s
光行差常数 k（J2000）	20.49552″
黄赤交角 ε（J2000）	23°26′21″.448
黄径总岁差 P（J2000）	5029″.0966（每世纪）
岁差周期	25800 年
平均轨道速度	29.79km/s
距离太阳 1 天文单位处脱离太阳的脱离速度	42.1 km/s

表 C.2 太阳常用数据

太阳质量 $M_\odot$	1.9891×10^{33}g
日地距离:	
日地平均距离（天文距离单位）A	$1.5210 \times \times 10^{11}$m
日地最远距离	$1.49597870 \times 10^{11}$m
日地最近距离	1.4710×10^{11}m
太阳常数 f	1367W/m^2
太阳视差 $\pi_\odot$	$8.794148''$
太阳半径 $R_\odot$	696265km
太阳表面积	6.087×10^{12}km^2
太阳体积	1.412×10^{18} km^3
太阳平均密度	1.409g/cm^3
太阳表面有效温度	5770K
总辐射功率	3.83×10^{26}J/s
自转会合周期:	
赤道	26.9 天
极区	31.1 天
光谱型	G_2V
目视星等	-26.74 等
绝对目视星等	4.83 等
热星等	-26.82 等
绝对热星等	4.75 等
发光强度	2.84×10^{27}cd
照度	1.27×10^5lx
太阳表面重力加速度	2.74×10^4cm/s^2（为地球表面重力加速度的 27.9 倍）
太阳表面脱离速度	618km/s
太阳中心温度	1.5×10^7K
太阳中心密度	160 g/cm^3
太阳中心压力	3.4×10^{17}clgn/cm^2
地球附近的太阳风速度	450km/s
太阳速度（朝太阳向总 $\alpha = 18^h07^m$, $\delta = +30°$）	19.7km/s
太阳主要化学成分	氢约占 71%，氦约占 27%，其余为氧、碳、氮、氖、硅、铁等
太阳年龄	5×10^9 年
太阳活动周期的平均长度	11.04 年

表 C.3　月球常用数据

月球质量 $M = 7.3506 \times 10^{25}$g

　　　　　　= 1/18.3007（0.0123）（地球 = 1）

月球直径 = 3476.4km

月球体积 = 2.200×10^{10}km^3

月球平均密度 = 3.34g/cm^3

月地平均距离 = 384401km = 0.00257au = 60.2682 地球赤道半径

近地点平均距离 = 363300km

远地点平均距离 = 405500km

月球表面积～1/14 的地球表面积

黄道与白道交角 = 5°09′

轨道偏心率 = 0.0549

赤道面与黄道面交角 = 1°32′

赤道面与白道面交角 = 6°41′

平均轨道速度 = 1km/s

在平均距离处满月的亮度 = −12.7 等

月球表面温度：

最高温度 = +127℃

最低温度 = −183℃

月球表面重力加速度 = 1.62m/s^2（为地球表面重力加速度的 1/6）

月球表面脱离速度 = 2.38km/s

月球年龄约为 4.6×10^9 年

表 C.4　天文学常用数据

长度

1 天文距离单位（AU）= $1.49597870 \times 10^{11}$m

1 光年（ly）= 9.4605536×10^{15}m = 63239.8 天文单位

1 秒差距（pc）= 3.085678×10^{16}m

= 206264.8 天文距离单位

= 3.261631 光年

时间

日：

平恒星日（从春分点到春分点）= 86164.091 平太阳秒

　　= 23 时 56 秒 4.091 秒（平太阳时）

地球平均自转周期（从恒星到恒星）= 86164.100 平太阳秒

平太阳日 = 86400 平太阳秒

月：

交点月 = 27.21222 日 = 27 日 05 时 05 分 35.808 秒

分点月（春分点到春分点）= 27.32158 日 = 27 日 07 时 43 分 4.512 秒

近点月 = 27.55455 日 = 27 日 13 时 18 分 33.120 秒

朔望月 = 29.53059 日 = 29 日 12 时 44 分 2.976 秒

恒星月 = 27.32166 日 = 27 日 07 时 43 分 11.424 秒

年：

食年（黄白交点到黄白交点）= 346.62003 日

回归年（春分点到春分点）= 365.24220 日

格里历年 = 365.2425 日

儒略年 = 365.2500 日

恒星年 = 365.25636 日

近点年 = 365.25964 日

原子时秒长——铯原子跃迁频率 9192631770 周经历的时间

数学常数

圆周率 π = 3.1415926536……

1 弧度（rad）= 57°17′44″.80625

　　　　　　= 57.2957795131°

　　　　　　= 3437.74677078 ′= 206264.80625″

1 度（deg）　= 0.0174532925 弧度

自然对数的底 e = 2.7182818285……

球面上平方对数 = 41252.96125

球面度（sr）= 3282.80635 deg^2

全天球面度 $4\pi sr$ = 41252.96124

物理学常数

光速 c = 299792458m/s = 299792458 × 10^2 m/s

普朗克常数 h = 6.626176 × 10^{-34} J · s

高斯常数 k = 0.01720209895

引力常数 G = 6.6720 × 10^{-11} N · m^2/kg^2

电子电荷 e = 1.6021892 × 10^{-19} C

　　　　　= 1.6021892 × 10^{-20} 电磁单位

　　　　　= 4.803242 × 10^{-10} 静电单位

电子静止质量 me = 9.109534 × 10^{-31} kg

　　　　　　　= 5.4858026 × 10^{-4} 原子质量单位

质子静止质量 = 1.6726485 × 10^{-27} kg

　　　　　　　= 1.007276470 原子质量单位

续表

阿伏伽德罗常数 N_A= 6.022045×10^{23}/mol

原子质量单位 μ=1.6605655×10^{-27} kg

玻耳兹曼常数 k = 1.380662×10^{-23} J/K

斯提芬—玻耳兹曼常数 σ= 5.67032×10^{-8} W/（m^2·K^4）

$\qquad\qquad\qquad\qquad$ = 5.67032×10^{-12} J/（cm^2·S·K^4）

维恩位移定律常数 λmT= 2.89779×10^{-3} K/m^2

中子静止质量= 1.67493×10^{27} kg

哈勃常数 H～50～75 km/（s·Mpc）

（热化学的）/卡 = 4.1840J

1 电子伏特 eV = 1.6021892×10^{-19}J

绝对零度 T_0=−273.15℃

表 C.5 星座表

拉丁名	所有格	缩写	汉语名	星座名的含义	近似坐标		面积/平方度	星数（亮于6等）
					赤经 α/h	赤纬 σ/（°）		
Andromeda	Andromedae	And	仙女座	仙女	1	40	722	100
Antlia	Antliae	Ant	唧筒座	水泵	10	−35	239	20
Apus	Apodis	Aps	天燕座	极乐鸟	16	−75	206	20
Aquarius	Aquarii	Aqr	宝瓶座	盛水的人	23	−15	980	90
Aquila	Aquilae	Aql	天鹰座	鹰	20	5	652	70
Ara	Arae	Ara	天坛座	祭坛	17	−55	237	30
Aries	Arietis	Ari	白羊座	公羊	3	20	441	50
Auriga	Aurigae	Aur	御夫座	驾车的人	6	40	657	90
Bootes	Bootis	Boo	牧夫座	牧人	15	30	907	90
Caelum	Caeli	Cae	雕具座	雕刻用刀具	5	−40	125	10
Camelopardalis	Camelopardalis	Cam	鹿豹座	长颈鹿	6	70	757	50
Cancer	Cancri	Cnc	巨蟹座	蟹	9	20	506	60
Canes Venatici	Canum Venatcicorum	CVn	猎犬座	猎狗	13	40	465	30
Canis Major	Canis Majoris	CMa	大犬座	大狗	7	−20	380	80
Canis Minor	Canis Minoris	CMi	小犬座	小狗	8	5	183	20
Capricornus	Capricorni	Cap	摩羯座	海中之羊	21	−20	414	50
Carina	Carinae	Car	船底座	船的龙骨	9	−60	494	110
Cassiopeia	Cassiopeiae	Cas	仙后座	仙后	1	60	598	90
Centaurus	Centauri	Cen	半人马座	半人半马怪物	13	−50	1060	150

拉丁名	所有格	缩写	汉语名	星座名的含义	近似坐标		面积/平方度	星数（亮于6等）
					赤经 α/h	赤纬 σ/(°)		
Cepheus	Cephei	Cep	仙王座	仙王	22	70	588	60
Cetus	Ceti	Cet	鲸鱼座	鲸鱼	2	−10	1231	100
Chamaeleon	Chamaeleonis*	Cha	蝘蜓座	变色龙	11	−80	132	20
Circinus	Circini	Cir	圆规座	圆规	15	−60	93	20
Columba	Columbae	Col	天鸽座	鸽子	6	−35	270	40
Coma Berenices	Comae Berenices	Com	后发座	皇后的头发	13	20	386	50
Corona Austrilis	Coronae Austrilis	CrA	南冕座	南天王冠	19	−40	128	25
Corona Borealis	Coronae Borealis	CrB	北冕座	北天王冠	16	30	179	20
Corvus	Corvi	Crv	乌鸦座	乌鸦	12	−20	184	15
Crater	Crateris	Crt	巨爵座	杯子	11	−15	282	20
Crux	Crucis	Cru	南十字座	南天十字架	12	−60	68	30
Cygnus	Cygni	Cyg	天鹅座	天鹅	21	40	804	150
Delphinus	Delphini	Del	海豚座	海豚	21	10	189	30
Dorado	Doradus	Dor	剑鱼座	旗鱼	5	−65	179	20
Draco	Draconis	Dra	天龙座	龙	17	65	1083	80
Equuleus	Equulei	Equ	小马座	小马	21	10	72	10
Eridanus	Eridani	Eri	波江座	波江	3	−20	1138	100
Fornax	Fornacis	For	天炉座	火炉	3	−30	398	35
Gemini	Geminorum	Gem	双子座	双生子	7	20	514	70
Grus	Gruis	Gru	天鹤座	鹤	22	−45	366	30
Hercules	Herculis	Her	武仙座	大力神	17	30	1225	140
Horologium	Horologii	Hor	时钟座	钟	3	−60	249	20
Hydra	Hydrae	Hya	长蛇座	水怪	10	−20	1303	130
Hydrus	Hydri	Hyi	水蛇座	水蛇	2	−75	243	20
Indus	Indi	Ind	印度安座	印度安人	21	−55	294	20
Lacerta	Lacertae	Lac	蝎虎座	蜥蜴	22	45	201	35
Leo	Leonis	Leo	狮子座	狮子	11	15	947	70
Leo Minor	Leonis Minoris	LMi	小狮座	小狮子	10	35	232	20
Lepus	Leporis	Lep	天兔座	野兔	6	−20	290	40
Libra	Librae	Lib	天秤座	天平	15	−15	538	50
Lupus	Lupi	Lup	豺狼座	狼	15	−45	334	70
Lynx	Lyncis	Lyn	天猫座	山猫	8	45	545	60
Lyra	Lyrae	Lyr	天琴座	竖琴	19	40	286	45

拉丁名	所有格	缩写	汉语名	星座名的含义	近似坐标 赤经 α/h	近似坐标 赤纬 σ/(°)	面积/平方度	星数（亮于6等）
Mensa	Mensae	Men	山案座	书案山	5	−80	153	15
Microscopium	Microscopii	Mic	显微镜座	显微镜	21	−35	210	20
Monoceros	Monocerotis	Mon	麒麟座	独角兽	7	−5	482	85
Musca	Muscae	Mus	苍蝇座	苍蝇	12	−70	138	30
Norma	Normae	Nor	矩尺座	曲尺	16	−50	165	20
Octans	Octantis	Oct	南极座	八分圆	22	−85	291	35
Ophiuchus	Ophiuchi	Oph	蛇夫座	捉蛇的人	17	0	948	100
Orion	Orionis	Ori	猎户座	猎户	5	5	594	120
Pavo	Pavonis	Pav	孔雀座	孔雀	20	−65	378	45
Pegasus	Pegasi	Peg	飞马座	飞马	22	20	1121	100
Perseus	Persei	Per	英仙座	英仙	3	45	615	90
Phoenix	Phoenicis	Phe	凤凰座	凤凰	1	−50	469	40
Pictor	Pictoris	Pic	绘架座	画架	6	−55	247	30
Pisces	Piscium	Psc	双鱼座	双鱼	1	15	889	75
Piscis Austrinus	Piscis Austrini	PsA	南鱼座	南天之鱼	22	−30	245	25
Puppis	Puppis	PuP	船尾座	船的尾部	8	−40	673	140
Pyxis	Pyxidis	Pyx	罗盘座	船用罗盘	9	−30	221	25
Reticulum	Reticuli	Ret	网罟座	网	4	−60	114	15
Sagitta	Sagittae	Sge	天箭座	箭	20	10	80	20
Sagittarius	Sagittarii	Sgr	人马座	射手	19	−25	867	115
Scorpius	Scorpii	Sco	天蝎座	蝎子	17	−40	497	100
Sculptor	Sculptoris	Scl	玉夫座	雕刻师	0	−30	475	30
Scutum	Scuti	Sct	盾牌座	盾牌	19	−10	109	20
Serpens	Serpentis	Ser	巨蛇座	大蛇	18	−5	637	60
Sextans	Sextantis	Sex	六分仪座	六分仪	10	0	314	25
Taurus	Tauri	Tau	金牛座	公牛	4	15	797	125
Telescopium	Telescopii	Tel	望远镜座	望远镜	19	−50	252	30
Triangulum	Trianguli	Tri	三角座	三角形	2	30	132	15
Triangulum Australe	Trianguli Australis	TrA	南三角座	南天三角形	16	−65	110	20
Tucana	Tucanae	Tuc	杜鹃座	巨嘴鸟	0	−65	295	25
Ursa Major	Ursae Majoris	UMa	大熊座	大熊	11	50	1280	125
Ursa Minor	Ursae Minoris		小熊座	小熊	15	70	256	20

续表

拉丁名	所有格	缩写	汉语名	星座名的含义	近似坐标		面积/平方度	星数（亮于6等）
					赤经 α/h	赤纬 σ/（°）		
Vela	Velorum	Vel	船帆座	船帆	9	−50	500	110
Virgo	Virginis	Vir	室女座	处女	13	0	1294	95
Volans	Volantis	Vol	飞鱼座	飞鱼	8	−70	141	20
Vulpecula	Vulpeculae	Vul	狐狸座	狐狸	20	25	268	45

*另作 Chamaeleontis。

说明：

（1）所有格：用于天体的命名，如织女星（天琴座 α），拉丁名 αLyrae，缩写为 αLyr。

（2）面积：指星座在天球上所占面积，以平方度为单位。

（3）星数：指星座内目视星等亮于6等，即肉眼能见的恒星数目。

表 C.6　中国主要城市经纬度表

地名	北纬/（°）	东经/（°）	地名	北纬/（°）	东经/（°）
北京	39.9	116.4	青岛	36.0	120.3
上海	31.2	121.4	烟台	37.5	121.4
天津	39.1	117.2	南京	32.0	118.7
石家庄	38.0	114.4	无锡	31.5	120.3
唐山	39.6	118.1	苏州	31.3	120.6
邯郸	36.6	114.4	徐州	34.2	117.1
保定	38.8	115.4	合肥	31.8	117.3
太原	37.8	112.5	淮南	32.6	116.9
大同	40.1	113.2	蚌埠	32.9	117.3
呼和浩特	40.8	111.7	芜湖	31.3	118.3
包头	40.6	109.8	杭州	30.2	120.1
沈阳	41.8	123.4	宁波	29.8	121.5
大连	38.9	121.6	南昌	28.6	115.9
鞍山	41.1	123.0	九江	29.7	115.9
抚顺	41.8	123.9	福州	26.0	119.3
本溪	41.3	123.7	厦门	24.4	118.1
锦州	41.1	121.1	台北	25.0	121.5
阜新	42.0	121.6	高雄	22.0	102.3
长春	43.9	125.3	郑州	34.7	113.6
吉林	43.8	126.5	洛阳	34.6	112.4
哈尔滨	45.7	126.6	开封	34.7	114.3
齐齐哈尔	47.3	123.9	武汉	30.5	114.2

续表

地名	北纬/（°）	东经/（°）	地名	北纬/（°）	东经/（°）
牡丹江	44.5	129.6	宜昌	30.6	111.2
鸡西	45.3	130.9	长沙	28.2	112.9
济南	36.6	117.0	衡阳	26.8	112.6
湘潭	27.8	112.9	乌鲁木齐	43.8	87.6
广州	23.1	113.2	伊宁	43.9	81.3
汕头	23.3	116.6	喀什	39.4	75.9
海口	20.0	110.3	克拉玛依	45.6	84.8
南宁	22.8	108.3	哈密	42.8	93.4
柳州	24.3	109.7	成都	30.6	104.1
桂林	25.2	110.2	重庆	29.5	106.5
西安	34.2	108.9	自贡	29.3	104.7
延安	36.5	109.4	贵阳	26.6	106.7
银川	38.4	106.2	遵义	27.7	106.9
石咀山	39.0	106.3	昆明	25.0	102.7
兰州	36.0	103.7	个旧	23.3	103.1
玉门	39.8	97.5	拉萨	29.6	91.1
西宁	36.6	101.8	日喀则	29.2	88.8
格尔木	36.4	94.9	昌都	31.1	97.1

表 C.7　世界主要城市经纬度表

地名		位置	
英文名	中译名	经度	纬度
Abu D'habi（AbúZaby）	阿布扎比	54°22″E	24°08′N
Accra	阿克拉	0°15′W	5°33′N
AddisAbeba（Addis Abeba）	亚的斯亚贝巴	38°50′E	9°00′N
Aden	亚丁	45°12′E	12°45′N
Agana（Agaña）	阿加尼亚	144°45′E	13°28′N
Aiun，EI	阿尤恩	13°12′W	27°09′N
Alexandria	亚历山大	29°54′E	31°12′N
Amman	安曼	35°36′E	31°57′N
Amsterdam	阿姆斯特丹	4°54′E	52°22′N
Andorra la Vella	安道尔	1°31′E	42°30′N
Ankara	安卡拉	32°52′E	39°56′N

续表

地名		位置	
英文名	中译名	经度	纬度
Asunción	亚松森	57°40′W	25°16′S
Athinai（Athens）	雅典	23°43′E	37°58′N
Baghdd	巴格达	44°25′E	33°21′N
Bamako	巴马科	8°00′W	12°39′N
Bandar Seri Begawan	斯里巴加湾市	114°55′E	4°56′N
Bandung	万隆	107°36′E	6°54′S
Bangkok（Krung Thep）	曼谷	100°31′E	13°45′N
Bangui	班吉	18°35′E	4°22′N
Banjul	班珠尔	16°39′W	13°28′N
Bayrut	贝鲁特	35°30′E	33°53′N
Beograd（Belgrade）	贝尔格莱德	20°30″E	44°50′N
Berlin	柏林	13°25′E	52°30′N
Berne	伯尔尼	7°26′E	46°57′N
Bissau	比绍	15°35′W	11°51′N
Bogota	波哥大	74°05′W	4°36′N
Bombay	孟买	72°50′E	18°58′N
Bonn	波恩	7°05′E	50°44′N
Boston	波士顿	71°04′W	42°22′N
Brasilia	巴西利亚	47°55′W	15°47′S
Brazzaville	布拉柴维尔	15°17′E	4°16′S
Bridgetown	布里奇顿	59°37′W	13°06′N
Bruxelles（Brussel Brussels）	布鲁塞尔	4°20′E	50°50′N
Bucharest（Bucuresti）	布加勒斯特	26°06′E	44°26′N
Budapest	布达佩斯	19°05′E	47°30′N
Buenos Aires	布宜诺斯艾利斯	58°27′W	34°36′S
Bujumbura	布琼布拉	29°22′E	3°23′S
Cairo	开罗	31°15′E	30°03′N
Calcutta	加尔各答	88°22′E	22°32′N
Canberra	堪培拉	149°08′E	35°17′S
Caracas	加拉加斯	66°56′W	10°30′N
Chicago	芝加哥	87°38′W	41°53′N
Colombo	科伦坡	79°51′E	6°56′N
Conakry	科纳克里	13°43′W	9°31′N

地名		位置	
英文名	中译名	经度	纬度
Copenhagen（Kφbenhavn）	哥本哈根	12°35′E	55°40′N
Dacca（Dhaka）	达卡	90°22′E	23°42′N
Dar-es-Salaam	达累斯萨拉姆	39°17′E	6°48′S
Delhi	德里	77°13′E	28°40′N
Detroit	底特律	83°03′W	42°20′N
Dimashq（Damascus）	大马士革	36°18′E	33°30′N
Djazair, Al（Alger） Djazair, El（Alger）	阿尔及尔	3°08′E	36°42′N
Djibouti	吉布提	43°09′E	11°36′N
Dublin	都柏林	6°15′W	53°20′N
Fakaofo	法考福	171°14′W	9°22′S
Fort-de-France	法兰西堡	61°05′W	14°36′N
Gaborone	哈博罗内	25°55′E	24°45′S
Gangtok	甘托克（刚渡）	88°37′E	27°20′N
Geneve（Geneva）	日内瓦	6°09′E	46°12′N
Georgetown	乔治敦	58°10′W	6°48′N
Godthab	戈特霍布	51°44′W	64°11′N
Guatemala	危地马拉	90°31′W	14°38′N
Hamburg	汉堡	9°59′E	53°33′N
Hamilton	哈密尔顿	64°47′W	32°17′N
Ha Moi	河内	105°51′E	21°02′N
Havana , La	哈瓦那	82°22′W	23°08′N
Helsinki	赫尔辛基	24°58′E	60°10′N
Ho Chi Minh；Thanh Pho	胡志明市	106°40′E	10°45′N
Islamabad	伊斯兰堡	73°10′E	33°42′N
Jakarta	雅加达	106°48′E	6°10′S
Kābol（Kābul）	喀布尔	69°12′E	34°31′N
Kampala	坎帕拉	32°25′E	0°19′N
Kathmandu（Kātmāndu）	加德满都	85°19′E	27°43′N
Kiev（Kijev）	基辅	30°31′E	50°26′N
Kigali	基加利	30°04′E	1°57′S
Kinshasa	金沙萨	15°18′E	4°18′S
Kuala Lumpur	吉隆坡	101°43′E	3°09′N

续表

地名		位置	
英文名	中译名	经度	纬度
Kuwait（Kuwayt, Al）	科威特	47°59′E	29°30′N
Leipzig	莱比锡	12°20′E	51°19′N
Libreville	利伯维尔	9°27′E	0°23′N
Lima	利马	77°03′W	12°03′S
Lisbon	里斯本	9°08′W	38°43′N
Liverpool	利物浦	2°55′W	53°25′N
Lome	洛美	1°21′E	6°08′N
London	伦敦	0°10′W	51°30′N
Los Angeles	洛杉矶	118°15′W	34°04′N
Luanka	罗安达	13°30′E	9°00′S
Lusaka	卢萨卡	28°17′E	15°25′S
Luxembourg	卢森堡	6°09′E	49°36′N
Lyon	里昂	4°51′E	45°45′N
Madrid	马德里	3°41′W	40°24′N
Managua	马那瓜	68°17′E	12°09′N
Manila	马尼拉	120°59′E	14°35′N
Maputo	马普托	32°42′E	26°10′N
Maseru	马塞卢	27°29′E	29°15′S
México City	墨西哥城	99°09′W	19°24′N
Milano（Milan）	米兰	9°12′E	45°28′N
Mogadisho（Mongadiscio）	摩加迪沙	45°20′E	2°01′N
Monaco（Monacoville）	摩纳哥	7°25′E	43°43′N
Montréal	蒙特利尔	73°34′W	45°31′N
Moskva（Moscow）	莫斯科	37°35′E	55°45′N
Nagoya	名古屋	136°55′E	35°10′N
Nairobi	内罗毕	36°49′E	1°17′S
Ndjamena	恩贾梅纳	15°03′E	12°07′N
New Delhi	新德里	77°12′E	28°36′N
Niamey	尼亚美	2°07′E	13°31′N
Osaka	大阪	135°30′E	34°40′N
Oslo	奥斯陆	10°45′E	59°55′N

地名		位置	
英文名	中译名	经度	纬度
Ottawa	渥太华	75°42′W	45°25′N
Panamà City	巴拿马城	79°31′W	8°58′N
Paris	巴黎	2°20′E	8°52′N
Philadelphia	费城	75°10′W	39°57′N
Phnom Penh	金边	104°55′E	11°33′N
Plymouth	普利茅斯	62°13′W	16°42′N
Port-au-prince	太子港	72°20′W	18°32′N
Port Louis	路易港	57°30′E	20°10′S
Port of Spain	西班牙港	61°31′W	10°39′N
Potsdam	波茨坦	13°04′E	52°34′N
Praha（Prague）	布拉格	14°26′E	50°05′N
Pretoria	比勒陀利亚	28°10′E	25°45′S
Pyongyang	平壤	125°45′E	39°01′N
Qāhira,El（Qāhira, Al）	开罗	31°15′E	30°03′N
Quito	基多	78°30′W	0°13′S
Rangoon	仰光	96°10′E	16°47′N
Riyād（Riyadh, Al）	利雅得	46°43′E	24°38′N
Roma（Rome）	罗马	12°29′E	41°54′N
Saint-pierre,I.	圣皮埃尔岛	56°12′W	46°46′N
San Jose	圣何塞	84°05′E	9°56′N
San Juan	圣胡安	66°07′W	18°28′N
San Marino	圣马力诺	12°26′E	43°56′N
San Salvador	圣萨尔瓦多	89°12′W	13°42′N
Santiago	圣地亚哥	70°40′W	33°27′S
Santo Domingo	圣多明各	69°54′W	18°23′N
São Tome	圣多美	6°44′E	0°20′N
Singapore	新加坡	103°51′E	1°17′N
Sofija（Sofia）	索菲亚	23°19′E	42°41′N
Stockholm	斯德哥尔摩	18°03′E	59°20′N
Suva	苏瓦	178°25′E	18°08′S
Tehrān（Teheran）	德黑兰	51°26′E	35°40′N
Thorshavn	托尔斯港	6°46′W	62°01′N
Tirana（Tiranë）	地拉那	19°50′E	41°20′N

地名		位置	
英文名	中译名	经度	纬度
Tunis	突尼斯	10°11′E	36°48′N
Ulaanbaatar	乌兰巴托	106°53′E	47°55′N
Valletta	瓦莱塔	14°31′E	35°54′N
Vancouver	温哥华	123°07′W	49°16′N
Vienna	维也纳	16°20′E	48°13′N
Vientiane	万象	102°36′E	17°58′N
Volgograd	伏尔加格勒	44°25′E	48°44′N
Warszawa（Warsaw）	华沙	21°00′E	52°15′N
Washington	华盛顿	77°02′W	38°54′N
Wellington	惠灵顿	174°46′E	41°18′S
Windhoek	温德豪克	17°06′E	22°34′S
Yokohama	横滨	139°39′E	35°27′N